Sheshiyuanyi

设施园艺—花卉种植

主　编　韩卫民　雷勇辉　吴彩兰
编　者　赵宝龙　孙燕飞　刘长青
　　　　孙军利　李贤超　魏代谋
　　　　牛春林　徐建伟　王　唯
审　稿　王俊刚

中国劳动社会保障出版社

图书在版编目(CIP)数据

设施园艺：花卉种植 / 人力资源社会保障部教材办公室组织编写. --北京：中国劳动社会保障出版社，2021

ISBN 978-7-5167-4279-2

Ⅰ.①设… Ⅱ.①人… Ⅲ.①园艺-设施农业-职业技能-鉴定-教材②果树园艺-设施农业-职业技能-鉴定-教材 Ⅳ.①S62

中国版本图书馆 CIP 数据核字(2021)第 036192 号

中国劳动社会保障出版社出版发行

（北京市惠新东街 1 号 邮政编码：100029）

*

三河市华骏印务包装有限公司印刷装订 新华书店经销

787 毫米×1092 毫米 16 开本 16.25 印张 358 千字

2021 年 3 月第 1 版 2021 年 3 月第 1 次印刷

定价：43.00 元

读者服务部电话：（010）64929211/84209101/64921644

营销中心电话：（010）64962347

出版社网址：http://www.class.com.cn

内容简介

教材在编写过程中紧紧围绕“以企业需求为导向，以职业能力为核心”的理念，力求突出职业技能培训特色，满足职业技能培训的需要。

本教材详细介绍了设施园艺中花卉种植的最新实用知识和技术。全书主要内容包括设施花卉种植及其发展概况、花卉种植设施、设施花卉的类型及生长发育特点、设施环境对花卉生长发育的影响及其调控技术、设施花卉的繁殖技术、设施花卉生产栽培、设施花卉病虫害防治。每一单元后安排了单元测试题，供读者巩固、检验学习效果时参考使用。

本教材是花卉种植人员参加技能培训与考核用书，也可供相关人员参加在职培训、岗位培训使用。

前　言

为满足各级培训部门和广大劳动者的需要，人力资源社会保障部教材办公室、中国劳动社会保障出版社在总结以往教材编写经验的基础上，依据国家职业技能标准和企业对各类技能人才的需求，研发了农业类系列职业技能培训教材，涉及农艺工、果树工、蔬菜工、牧草工、农作物植保员、家畜饲养工、家禽饲养工、农机修理工、拖拉机驾驶员、联合收割机驾驶员、白酒酿造工、乳品检验员、沼气生产工、制油工、制粉工等职业和工种。教材除了满足地方、行业、产业需求外，也具有全国通用性。这套教材力求体现以下主要特点：

在编写原则上，突出以职业能力为核心。教材编写贯穿“以职业技能标准为依据，以企业需求为导向，以职业能力为核心”的理念，依据国家职业技能标准，结合企业实际，反映岗位需求，突出新知识、新技术、新工艺、新方法，注重职业能力培养。凡是职业岗位工作中要求掌握的知识和技能，均作详细介绍。

在使用功能上，注重服务于培训。根据职业发展的实际情况和培训需求，教材力求体现职业培训的规律，反映职业技能等级认定的基本要求，满足培训对象参加各级各类职业技能等级认定的需要。

在编写模式上，采用分级模块化编写。纵向上，教材按照国家职业技能等级编写，各等级合理衔接、步步提升，为技能人才培养搭建科学的阶梯型培训架构。横向上，教材按照职业功能分模块展开，安排足量、适用的内容，贴近生产实际，贴近培训对象需要，贴近市场需求。

在内容安排上，增强教材的可读性。为便于培训部门在有限的时间内把最重要的知识和技能传授给培训对象，同时也便于培训对象迅速抓住重点，提高学习效率，在教材中精心设置了“培训目标”等栏目，以提示应该达到的目标，需要掌握的重点、难点和有关的扩展知识。另外，每个学习单元后安排了单元测试题，方便培训对象及时巩固、检验学习效果。

本教材由于作者水平有限，时间仓促，不足之处在所难免，恳切希望各使用单位和个人对教材提出宝贵意见，以便修订时加以完善。

人力资源社会保障部教材办公室

目录

第1单元

设施花卉种植及其发展概况

花是植物的繁殖器官，有各种形状和颜色。卉是草的总称。狭义的花卉是有观赏价值的草本植物的统称，如菊花、金盏菊等。广义的花卉包括鲜切花、盆栽花卉、观叶植物、庭院花卉、绿化苗木、观赏树木、草坪等几大类，它以独特的景观价值成为美化人们生活、绿化环境的重要组成部分，如菊花、常春藤、日本樱花、仙人掌科植物、月季、石榴、凌霄、麦冬、红花酢浆草等。

花卉的种类多、分布广、性状不同、习性各异，栽培方法及用途也不尽相同。花卉产品形式有鲜切花，盆栽植物（盆花、盆景、观叶植物），种子、种球、种苗，草坪，园林绿化苗木，干花（永生花）等。

花卉在人类生活中的作用是具有实用性和观赏性。人类从众多的植物中，选出具有较高观赏价值的植物专门用于观赏。随着人类花卉审美活动的发展，花卉被赋予了更深层次的含义，在社会精神生活中占有了一定地位，花卉的应用和栽培成为人类文明的一部分，成为一种文化。正是由于人们对花卉实用价值的认识不断提高、对花卉美的欣赏和追求不断进步，促使人类从早期直接欣赏应用野生花卉，逐渐发展到人工栽培野生花卉，进而培育花卉品种并进行生产，使花卉栽培逐步走向生产栽培，形成了具有很高经济价值的花卉产业。花卉是园林绿化的重要材料，具有环境保护的作用，是人类文化生活不可缺少的内容，是国民经济生产的重要组成部分。

花卉生产是农业种植业的重要组成部分。花卉既是一种农产品，又是一种商品性极强的鲜活产品，其种类和品种受市场影响很大，更新换代速度极快。同时，现有的观赏花卉不仅包括人们通常所说的草本花卉，还包括大量的木本花卉；不仅有常见的各种当地植物，还有大量源于热带、亚热带的花卉。花卉的生态特性即对温度、光照、水分和土壤的要求各异，栽培条件各不相同，生长发育特性也多种多样，这就需要科技含量和经济效益高的花卉设施栽培产业，此产业在农业产业结构调整中成为优势项目而得到了高速发展，并已成为我国农业最具活力的新兴产业之一，对促进农业增效、农民增收和繁荣农村经济发挥着重要作用。花卉设施栽培生产过程，是通过调控环境因素，使植物处于最佳生长状态，使光、热、土地等资源得到最充分利用，可以实现周年生产和产品的均衡供应，从而大大提高了土地利用率、劳动生产率、农产品质量和经济效益。

第一节 设施花卉的概念与特点

→ 了解设施花卉种植与露地种植的栽培方式
→ 掌握设施花卉栽培的特点

一、设施花卉的概念

设施花卉生产是指在露地不适于花卉生长的季节或地区，利用温室等特定设施，人为创造适于花卉生长的环境，根据人们的需要，有计划地生产出优质、高产花卉产品的环境调控生产。用各种设施生产的花卉均为设施花卉。

设施花卉栽培是在人为创造的环境条件下，在不适宜露地花卉生长发育的寒冷或炎热季节能进行正常栽培的方式。

设施花卉种植是与露地栽培种植相对应的一种栽培方式。设施花卉种植包括在温室、塑料薄膜大棚、小拱棚、风障、浮面覆盖、地膜覆盖等设施内进行的栽培。现代化设施花卉栽培还包括全天候控制环境的植物工厂、无土栽培、工厂化穴盘育苗栽培、覆盖栽培等。

设施花卉种植是以现代生物科学、现代环境工程科学等为基础的综合性技术科学，学习适于设施花卉栽培的花卉种类、品种及其生物学特性，研究种植设施的类型、结构与性能，环境特性和调控技术，育苗技术，盆花设施种植技术，切花设施种植技术，观叶花卉设施种植技术，切花周年生产技术，设施花卉病虫害防治技术和目前生产中涌现出的其他新技术，实现设施花卉作物的优质、高产、高效生产和可持续发展，达到美化、绿化环境的目的。设施花卉种植将植物学、现代农业科学技术与当代工程技术紧密结合。学习设施花卉种植必须了解花卉的生长发育规律和习性，并通过合理的设施结构、环境调控技术、栽培技术等来满足花卉生长发育的需要，最大限度地挖掘花卉的生产潜力。

二、设施花卉栽培的特点

设施花卉栽培不仅要掌握不同花卉种类、品种的生长发育特性，掌握相关的理论知识，还要掌握环境调控技术。设施花卉栽培是科学与技术的结合，必须通过反复实践才能够掌握。

（1）设施花卉具有综合特性。设施花卉是多学科交叉、渗透、汇集和融合，集现代农业科学（栽培、育种、土壤、肥料、营养、繁殖、病虫害防治等）、环境科学、建筑科学、机械、能源（新能源）、材料（新材料）、信息科学以及农业经济学等于一体的边缘学科，只有这些学科有机结合，才能发挥设施和花卉植物的综合效益。

（2）设施花卉具有高投入、高产出的特性。设施花卉相关的产业是高投入、高产出的产业。设施花卉生产设施、设备的投入较大，所生产的花卉产量高、品质好、效益高，但是风险也大。比如观花花卉的花期是有限的，短的几天，长的几个月，花期一过就会失去商品价值，这在商品消费中被称作瞬时消费。因此，设施花卉生产与常年性消费的粮食和季节性消费的蔬菜等相比具有更大的风险性。花卉的这种瞬时消费的特点决定了花卉业是一个高效益、高风险产业。另外，花卉的文化特征、艺术特性决定了花卉属于精神消费，是一种形式上的东西，不是生活必需品，只有经济发展到一定水平，满足了人们的物质消费需求，才有可能发展精神消费。

（3）设施花卉能够达到周年供应市场。设施花卉栽培通过环境调控技术，可以在人为创造的环境条件下，使各类花卉在不适宜露地花卉生长发育的寒冷或炎热季节能正常栽培，满足各类需要。投资设施花卉产业应因地制宜，以相对少的投入取得相对高的产出，如选择适宜的品种和茬口，相应的栽培技术和设施等。

(4) 设施花卉栽培打破了花卉生产和流通的地域限制。设施花卉栽培可加快花卉种苗的繁殖速度，进行大规模集约化生产，提高劳动效率，提高花卉对不良环境条件的抵抗能力，提高花卉品质。通过调控环境，可以进行花卉的花期调控，打破花卉生产和流通的地域限制，满足市场需要，增加经济效益。

第二节　我国设施花卉栽培的历史、现状与趋势

→ 了解我国花卉栽培的历史和发展趋势
→ 掌握我国设施花卉栽培现状

一、我国花卉栽培的历史

我国园艺业开始于距今 7 000 多年的河姆渡新石器时期。考古证明，我国园艺花卉业的发展比欧美诸国早 600～800 年，比古印度、古埃及、古巴比伦王国以及古罗马帝国都要早。公元 7 世纪至公元 9 世纪唐朝时，我国的园艺技术达到了很高的水平，许多技术世界领先，而且有造诣很深的理论著作，如嵇含《南方草木状》、戴凯之《竹谱》、贾思勰农业专著《齐民要术》中记述了绿篱制作、槐与麻子混播促槐苗端直、梨树的嫁接等栽培技术。王维在辋川别业中使用植物造景、点景，有“木兰柴”“柳波”“竹里馆”等。宋朝时商业发达，大兴造园和栽花之风，花卉园艺达到高潮，花卉人格化和象征主义广泛流行，名花的社会地位日益提高。这个时期花卉著作繁多，如王观《扬州芍药谱》、王贵学《兰谱》、刘蒙《菊谱》、陈思《海棠谱》、欧阳修《洛阳牡丹记》、陈景沂《全芳备祖》等。《全芳备祖》是中国最早的花卉百科全书。明朝时造园渐盛，私家园林很多，花卉常为造景材料，注重植物的季相变化。这一时期花卉栽培及选种、育种技术有所发展，花卉种类显著增加，有大量花卉专著和综合性著作出现，如出现了中国第一部插花专著《瓶史》（袁宏道），《徐霞客游记》（徐霞客）记述了植物分布与环境的关系，《二如亭群芳谱》（王象晋）对菊花、蔷薇等花卉进行品种分类。

清代建造的园林数量和规模超过历史上任何朝代，花卉栽培繁盛。陈淏子的《花镜》记载了插花和花卉栽培方法，徐寿全的《品芳录》和《花佣月令》、百花主人的《花尘》、汪灏的《广群芳谱》记载了花卉的产地、形状、品种栽培及有关的诗词歌赋等。

二、我国花卉生产现状

20 世纪 80 年代至 2001 年，我国花卉产业进入数量扩张期。在这个阶段，我国的花卉生产面积、花卉产值和出口额逐年增加。由于具有丰富的花卉资源、优越的地理位

置和气候条件、廉价的劳动力，以及开放的社会环境，在这一时期，我国的花卉产业迅速形成并高速发展，但此时期的花卉产业管理和生产都很粗放，体制建设也刚刚起步。

2001 年至今，我国花卉业开始进入一个新时期，逐渐推行由资源依赖型向创新驱动型转变、由数量扩张型向质量效益型转变、由生产推动为主向以消费拉动为主转变、由传统花卉业向现代花卉业转变。2001 年我国加入世界贸易组织（WTO），这是我国花卉产业的一个转折点，此后我国的花卉产业开始寻求系统化、科技化、现代化发展的道路。目前，我国在世界花卉生产贸易格局中占有重要的地位。现今在全国范围内形成了花卉产业的几大生产区域，这些地区利用自身的区域优势和资源优势把花卉产业作为当地的主导产业之一。云南省鲜切花产量占全国总产量近二分之一；湖南浏阳和浙江萧山形成了我国较大的苗木生产基地；江苏的宜兴和福建的永福、辽宁的丹东形成了我国西洋杜鹃的著名产地；甘肃的临洮形成了大丽花的主要产区；河南洛阳、山东菏泽形成了牡丹的主要生产基地。此外，上海的种苗，广东的观叶植物，广州、上海、北京的盆花，江苏、浙江、河南、四川、河北、山东的观赏苗木，东北的君子兰，福建的水仙等，都形成了一定的生产规模，有些还远销海外。

在花卉产业经济建设的同时，在加入 WTO 的影响下，我国的体制建设开始受到空前重视。在政府和协会的合作下，借鉴国际标准，我国制定了一系列的花卉生产技术规程和标准，建立了花卉的认证体系，逐渐与国际接轨。

我国花卉业虽然有了长足的发展，但从总体上看还处于发展的初级阶段，与花卉发达国家相比还有较大差距。目前，我国花卉业存在的主要问题是：育种工作落后，花卉生产用的种子、种球、种苗主要依赖进口；产量低，质量差；产品结构失衡；花卉产业链没有完全形成，产后销售及售后服务存在诸多问题；花卉业相关产业，如花肥、农药、生产设备等行业发展滞后；专业化程度低。这就要求我们必须改革落后的生产、经营方式，研究前沿、国际标准和流行趋势，采用高科技手段和先进管理方法，不断创造、培育具有竞争力的丰富多彩的品种和独具特色的品牌；同时，因地制宜、合理布局，充分利用我国得天独厚的自然环境和丰富多样的植物资源，千方百计降低生产成本、提高产品质量、积极参与竞争，从而使我国花卉业在品种的质量与数量，产品的质量和价格，花卉企业的管理、流通、销售等各个环节抓住机遇、迎接挑战。

三、我国设施花卉生产的历史与现状

我国早在 2000 多年前的秦朝就能利用保护设施栽培多种蔬菜，在唐代出现了温室栽培杜鹃花和利用天然温泉的热源进行瓜类栽培的记载，明、清时期采用简易土温室进行牡丹和其他花卉的栽培。而花卉设施栽培正式作为一种高效的促成栽培技术，则是在 20 世纪 80 年代才被重视和发展起来的。我国自改革开放以来，积极引进、发展现代设施园艺技术，尤其是引进和吸收现代温室的技术与生产经验，推动了现代温室的迅猛发展。在我国，从事温室生产建设的企业、研究单位也形成了一定的规模。我国许多大城市已先后建成大型单栋或连栋温室、大棚，大棚的结构已向钢筋无柱薄壁镀锌钢管装配式发展，花卉设施栽培已成为具有一定规模和专业化程度较高的产业。

由于花卉设施栽培的生产成本高，栽培管理技术要求严格，在实践中应因地制宜。随着生产力的发展和人民生活水平的提高，保护设施由简单到复杂、由小型到大型，发展成多种类型、多种方式、多种配套设施进行花卉生产。

四、我国设施花卉生产的发展趋势

（1）与现代工业技术进一步结合，加快关键技术开发。我国目前的温室覆盖材料与国外有一定差距，尤其是塑料薄膜在透光、抗老化、防结露等方面存在严重不足，温室的结构、功能也是加快技术发展的“瓶颈”。因此，温室大型化、覆盖材料多样化、环境控制自动化、作业机械化是我国在设施栽培上发展的主要趋势。此外，无土栽培的进一步发展、温室生物防治的初步发展、温室喷灌和滴灌节水系统的广泛应用，都是缩小与国际先进技术之间差距的有效措施。

（2）设施装备制造与花卉产品向标准化发展。温室作为花卉设施栽培的重要设备，要形成产业、大面积推广应用，就必须具备从设计配套到施工安装以及运行管理各个环节的质量标准、行业规范。完善温室栽培工艺与生产技术规程标准、花卉作物质量及检测技术标准，对促进花卉产业化生产和发展具有重要意义。

（3）发展适应我国国情的现代化智能温室势在必行。我国日光温室的效益普遍较好，在很长一段时间内都会占主导地位。因此，加强科学攻关，设计开发能耗低、环境控制水平高，既适应我国经济发展水平，又能满足不同生长气候条件的现代化温室势在必行。

（4）推进设施农业的产业化进程。产业化体系包括设备设施与环境工程、种子工程、产后处理、采后保鲜等环节，是设计、制造、生产、销售一体化的系统。所以统一协调的大型产业集团也是发展的重点之一。

（5）加快新品种培育及温室技术、管理、开发人才的培养。我国设施栽培与世界先进国家的差异，其本质就是人才的差距。要加快花卉新品种培育、系统化温室管理等专门人才的培养，提高管理和生产的水平。

第三节　国外设施花卉栽培的历史、现状与趋势

→ 了解外国花卉栽培的历史和发展趋势
→ 了解外国花卉生产现状

一、外国花卉栽培的历史

据考证，古埃及和叙利亚在 3 000 年前已开始栽培蔷薇和铃兰。为求良好的遮阴

作用，种植埃及榕等乡土植物，应用形式有庭荫树、行道树以及神庙周围、墓园内的树林。使用藤本植物作棚架绿化，葡萄架尤其盛行。在宅园、神庙和墓园的水池中栽种睡莲等水生花卉。在宅园中，除了规则式种植埃及榕、棕榈、柏树、葡萄、石榴、蔷薇等树木外，还有装饰性花池和草地以及种植钵的应用，以灌木篱围成规则形植坛，其内种植虞美人、牵牛花、三色堇、矢车菊等草花和月季、茉莉等，用盆栽罂粟布置花园。与希腊文化接触后，园中大量使用草花装饰，并成为一种时尚。此外，从地中海引种一些植物，丰富园林中的植物种类。生活中用印度蓝睡莲和齿叶睡莲作为神圣、幸福的象征，表示友谊或悼念，装饰餐桌或作礼品、丧葬品，壁画上有睡莲插花。在公元前 6 世纪巴比伦空中花园史料中，有关于观赏树木和珍奇花卉的种植记载，人们在屋顶平台上铺设泥土，种植树木、草花、蔓生和悬垂植物，如图 1－1 所示。这种类似屋顶花园的植物栽培，从侧面反映了当时观赏园艺发展到了相当的水平。

图 1－1　巴比伦空中花园

古希腊是欧洲文明的摇篮，园林中的植物种类和形式对以后欧洲各国园林植物栽培都有影响。考古发掘出的公元前 5 世纪的铜壶上有祭典场所布置的各种种植钵栽植的图案。公元前 5 世纪后，一些著作中记载用芽接繁殖蔷薇培育重瓣品种。社会生活中，人们用蔷薇欢迎凯旋的英雄，或作为送给未婚妻的礼物，或用来装饰庙宇殿堂、雕像，或作供奉神灵的祭品。公元前 190 年，古罗马征服古希腊后，接受了古希腊文化，园艺得到发展，观赏园艺也逐渐发展到很高的水平，花园多为规则式布置，有精心管理的草坪，在矮灌木篱围成的几何形花坛内栽种番红花、晚香玉、三色堇、翠菊、紫罗兰、郁金香、风信子，用于采摘花朵制成花环或花冠，装饰宴会或作为馈赠的礼物。这一时期，植物修剪技术发展到较高水平，园林中使用经过修剪的植物造型，用绿篱建造迷宫，庄园中种植水果及百合、月季、紫罗兰、三色堇、罂粟、鸢尾、金鱼草、万寿菊、翠菊等花草。

中世纪时期古罗马衰亡后，西欧花卉栽培注重观赏性。修道院中栽培的花卉主要供药用和食用。药用植物研究较多，种类收集广泛，形成最早的植物园，但形式很简单。常见的有鸢尾、百合、月季、芳香植物。十字军东征时，又从地中海东部收集了很多观赏植物，尤其是球根花卉，丰富了园林花卉种类。

文艺复兴时期，花卉栽培在意大利、荷兰、英国兴起，花卉常常切取后装饰室内。这一时期出现了许多用于科学研究的植物园，研究药用植物，同时引种外来植物，丰富了园林植物种类，促进了园林事业的发展。园林中植物应用形式多样化，大量使用绿篱、树墙，花坛轮廓为曲线。意大利台地园主要使用常绿植物，使用植坛、迷园、修剪的植物雕塑和盆栽柑橘。这一时期法国园林中草本花卉的使用量很大，花坛成为花园中重要的元素，成片布置在草坪上，出现了刺绣花坛（见图 1－2）、盛花花坛、绿篱、编枝修剪植物。花坛的使用在 17 世纪凡尔赛宫达到最盛。1597 年《花园的草花》出版，1629 年《世俗乐园》出版。1667 年出版的《宫廷造园家》收集了种类繁多的花坛设计样式，对英国园林的花卉应用影响很大。

图 1－2　法国刺绣花坛

18 世纪，英国风景园出现，影响了整个欧洲的园林发展。这一时期，植物引种成为热潮。美洲、非洲以及澳大利亚、印度、中国的许多植物引入欧洲。据统计，18 世纪有 5 000 种植物引入欧洲，极大地丰富了园林植物种类，也促进了花卉园艺技术的发展。1724 年出版了第一部花卉园艺大词典——《造园者花卉词典》，1728 年出版了《造园新原则及花坛的设计与种植》。商业苗圃开始大规模种植植物，室内植物在欧洲变得非常普遍，园林中大量使用自然丛植的树丛和草地。19 世纪后注重植物的色彩造景，采用花境、花卉专类园等多种形式，形成园林中绚丽多彩的景观，如图 1－3 所示。

第二次世界大战以后，各国恢复重建，花卉在人们生活中的需求量加大，促进了花卉产业的形成。20 世纪 70 年代，随着科学技术和经济的发展，花卉园艺进入新时代，

图 1-3　加拿大布查特花园

欧美花卉业快速发展。由于全球经济发展的不平衡和经济一体化的推进，花卉生产国逐渐转移到自然气候优越的第三世界国家。而那些经济发达的花卉主要消费国，则主要进行新品种培育，新栽培技术、设施等的研发工作，为园林提供了丰富多彩、使用方便的花卉材料。

目前，欧美发达国家花卉产业结构合理，花卉生产中广泛使用先进的栽培设施，采用穴盘育苗、无土栽培、采后保鲜处理等新技术，采用科学化、专业化生产管理，产品不断依市场要求更新。值得注意的动向是，近年来园林植物生产量逐年升高，苗圃植物和花坛花卉用量逐年上升，表明人们对环境建设中绿化美化的要求在提高。

二、国外花卉生产现状

总体来说，全球花卉生产和贸易呈平稳态势。相对欧洲和北美洲而言，亚洲、南美洲和非洲花卉生产和贸易发展比较快。亚洲各国生产的花卉，除满足本国、本区域市场需求外，集中出口到欧洲市场。南美洲的哥伦比亚，依靠适宜的气候条件，外资与技术的大量输入，廉价的土地和劳动力，以及优越的地理位置（靠近北美花卉消费大市场），花卉生产和出口呈逐年上升趋势。

现代花卉产业早已突破了传统种植业的范畴，辐射到农药、肥料、基质、设施、设备等相关工业、运输业、商业、旅游业等多行业，已由小农生产方式发展为环节相互独立、多方协同的现代产业价值链体系，因此，花卉产业的健康发展具有经济、社会、环境等多方面的意义，被称为“花卉经济”。纵观国外花卉业的发展状况，主要有以下特点和趋势：

（1）花卉生产趋向于温室化、工厂化、专业化。如荷兰花卉生产温室达 6 660 hm^2，由于温室结构标准化、设备现代化大大有利于栽培技术的科学化，加之工厂化生产进行流水作业，大规模周年生产，产值比露地高出 10 倍左右；专业化促进技术进步，生产出优质产品。

（2）花卉结构和种类变化不大，但新品种层出不穷。主要以鲜切花为主（占 60%），品种高度集中，但新品种很多，如兰花目前有 2 万多个品种，郁金香有 8 000 多个品种，月季有 1.5 万个品种，唐菖蒲有 8 000 个品种，菊花有 3 000 个品种。荷兰、以色列等国，每年都投入大量资金用于新品种的培育，且迅速开发、推广，占领世界鲜切花市场。他们将品种和质量放在参与国际市场竞争的首要地位，打入欧洲市场的鲜切花，靠的就是品种的不断更新和稳定的质量。

（3）高新技术大规模应用于花卉生产。生物工程技术、信息技术被广泛地应用于花卉产业，为品种改良、保鲜、栽培、销售提供了必要的技术手段。

（4）花卉产销日益社会化、现代化。花卉产业已形成高度的社会化体系，并与生产资料、运输、咨询等行业高度相关，其产销效率、营运效率极高。以荷兰市场为例，每3 s就可以做成一笔交易；运用现代化保鲜技术，专机空运，当天就可送达世界各地。

（5）花卉消费主体分散化、全体化的趋势。目前西方发达国家消费已逐渐步入成熟期，其年增长速度已趋于平缓（10%以内）。以发展中国家为主体的消费市场开始进入成长期，以年均20%以上的速度递增。

三、国外设施花卉栽培现状

国外设施花卉栽培的发展以古罗马帝国为最早，到16世纪欧洲各地相继有所发展。19世纪后，英、法、美等国才发展起加温温室、玻璃温室和连栋温室。目前，设施园艺栽培比较先进的国家有荷兰、日本、美国、以色列等。这些国家由于政府重视设施栽培园艺的发展，在资金和政策上给予大力支持，因此设施栽培园艺起步早、发展快、综合环境控制技术水平高。荷兰是土地资源非常紧缺的国家，靠围海造田等手段扩大耕地，并能全面有效地调控设施内光、温、水、气、肥等因素，实现了高度自动化的现代化园艺栽培，是世界上拥有最多、最先进玻璃温室的国家。

温室种植包括塑料大棚栽培、无土栽培、玻璃温室栽培等，由于可控程度高、植物营养得到保证，病虫害防治的次数、化肥的用量及水的消耗量相对较少。温室种植可降低生产成本，且能提高产量和品质。近年来，全世界的温室种植业有了迅速的发展。日光温室主要分布在亚洲地区，玻璃温室主要分布在欧美地区。新型覆盖材料聚碳酸酯板（PC板）温室近几年有较快发展。从世界各国（特别是发达国家）现代设施园艺发展的情况看，现代温室大都以大型连栋温室为主。荷兰、以色列、哥伦比亚等国的花卉业比较发达，对设施栽培也比较重视，尤其对无土栽培技术的应用更为广泛，荷兰的无土栽培面积已超过了50%。栽培方法也不断推陈出新，计算机养花、生物花培育、配方营养液养花以及平菇废渣养花等新型养花方法已经出炉。计算机控制养花使得工厂化生产成为可能。许多新型的生物活性剂被用于花卉保鲜。以色列的滴灌与喷灌系统十分发达，控湿系统、计算机调控技术已达到了相当高的水平。以色列的园艺设施栽培走在了世界前列，设施花卉业也发展较快，是后起之秀。

四、国外设施花卉的发展趋势

（1）花卉生产进一步由发达国家向发展中国家转移。20世纪90年代以前，世界花卉的生产主要集中在西欧、北美及亚洲的日本等一些发达国家，但近年来，由于土地、劳动力等生产成本上升，花卉生产已转向自然条件优越、劳动力价格较低的发展中国家和地区，在肯尼亚、哥伦比亚、厄瓜多尔等地形成了一批新兴的世界花卉生产基地。

（2）花卉产品向新品种、高档次、优品质发展。由于花卉消费向新、优花卉转变以及国际花卉市场的激烈竞争，使花卉生产大国致力于发展种苗业、开发新品种，而新技术、新发明为新品种的出现提供了可能。除大力引进新品种外，荷兰、以色列、哥伦比亚、日本等花卉生产大国更注重利用先进的科学技术改进传统育种技术，采用杂交育种或生物技术育种，不断推陈出新，满足世界花卉市场求新、求异的需求。新品种、高档次、优品质的花卉尽管价格高昂，但受到消费者的追捧，是花卉拍卖市场或批发市场的宠儿。在此过程中，花卉的高附加值也得以实现。

(3) 农业合作社成为花卉产业经营的重要组织形式。在一些国家的农业一体化、规模化经营中，为农业生产提供产前、产中、产后社会化服务的组织形式主要是农业合作社。如今，无论是发达国家，还是发展中国家，农业合作社已经成为连接农业产前、产中、产后及实现农业内部与外部一体化、规模化经营的重要纽带和桥梁。花卉产业作为农业的重要组成部分，农业合作社也成为其经营的重要组织形式。在花卉产业的经营过程中，花卉的生产、销售及信贷等环节均可建立合作社。目前，在国际上，合作社更多的是建立在销售环节。例如，荷兰的阿斯米尔拍卖市场就是一个合作组织，日本的花卉生产协会负责花卉的销售。

(4) 非常重视高科技的运用。为提高在国际市场上的优势，花卉生产大国十分重视高科技的运用。在新品种培育方面，日本、澳大利亚等国家充分利用细胞工程和基因工程技术的研究成果，通过运用杂交和转基因技术，提高新品种的品质、抗性和获得其他优良性状。在花卉的生产环节，无论是切花还是盆栽植物的生产，都基本实现了温室化、工厂化和自动化。在花卉的流通环节，现代化的保鲜技术和快速运输也能有效保证产品质量。科技水平的提高必须以深入的科学研究为基础。花卉产业发达的国家对科研、立项、选题以及推广都非常重视，建立了一套完整有效的科研机制，这是他们能在世界花卉业处于领先地位的根本保证。

(5) 花卉生产和消费大国致力于构建健全高效的花卉流通体系。高效的流通体系是实现花卉产品顺畅地从产地流向各类市场和消费者的渠道，也是市场经济在花卉产业化经营中的最重要体现。从花卉的种植商到最终消费者，不同国家都根据自身特点构建顺畅的流通体系。流通体系不仅包括各类市场，更重要的是还包括为花卉销售服务的各类服务中介组织。例如，荷兰的拍卖市场不仅包括销售，而且还包括分类分级、包装、质检、海关、冷藏储运等一系列服务；哥伦比亚的花卉出口协会在花卉出口方面提供多方位的服务。这些不同形式的市场和中介服务组织构成了各国花卉的流通体系，支撑着花卉产业的发展。

单元测试题

1. 设施花卉的含义是什么？
2. 进行花卉设施生产的意义是什么？其有哪些特点？
3. 我国发展设施花卉业的优势是什么？
4. 试述世界设施花卉生产的趋势。

第2单元

花卉种植设施

第一节　花卉种植设施概述

→ 了解花卉设施栽培的概念
→ 掌握花卉种植设施的主要种类及特点

花卉设施栽培是在不适宜花卉植物生长发育的寒冷或炎热季节，建造适宜不同类型的花卉正常生长发育的各种建筑和设备，创造适宜花卉植物生长发育的小气候条件进行的生产。用于保护花卉植物栽培的场地或设备通称设施，包括温室、塑料大棚、冷床和温床、荫棚、风障及各种机械化设备、自动化设备、机具和容器等。与露地生产相比，花卉设施栽培具有以下特点：

（1）需选用必要的设施。我国现今使用的保护设施大体可分为以下几类：大型设施，如塑料薄膜大棚、单栋和连栋温室等；中小型设施，如中小拱棚、温床等；简易设备，如风障、温床、简易覆盖、地膜覆盖等。各种设施性能不同、作用各异，生产时应根据当地的自然条件、经济条件、市场需要、栽培季节、栽培目的和技术水平等选用适用、配套的设施。

（2）高投入、高产出。设施栽培除需要设施投资外，还需加大生产投资，因此必须在单位面积上获得较高的产量、优质的产品、提早或延长（延后）供应期，提高生产效率，增加收益。

（3）创造小气候条件。花卉植物的设施栽培，是在不适宜其生长发育的季节进行生产，因此设施中的环境条件，如温度、光照、湿度、营养、水分等，要靠人工或机械进行创造、调节和控制，以满足花卉植物生长发育的需要。

（4）要求较高的栽培管理技术。设施栽培较露地生产技术要求严格和复杂，必须了解不同花卉植物在不同生长阶段对外界环境条件的要求，并掌握设施的性能及其变化规律，从而创造适宜花卉植物生长的气象及土壤等方面的环境条件，及时调节小气候条件和采取相应的农业技术措施。

（5）能充分利用当地资源。设施栽培的主要条件是光源。充分利用太阳光进行加温，并用设施进行防寒保温，温度不足时进行加温或补充加温。在有条件地区应充分利用太阳能（光热）、地热（温泉）、生物酿热、工业热气或热水等热能进行设施的加温，这样可以降低成本、增加收入。

（6）要求进行专业化生产。随着设施栽培面积的逐年扩大，并建成固定的大棚、温室群及与之相关的附属设施等，可以全年生产园艺产品。因此，必须建立专业组织，进行专业化生产，以提高设施利用率，不断总结经验，提高生产技术，逐步向生产现代化发展。

第二节　日光温室

→ 了解日光温室的类型及特点

→ 掌握日光温室内温度、光照等的调控技术

一、温室的类型及特点

温室是以透明覆盖材料作为全部或部分围护结构材料，可在冬季或其他不适宜植物露地生长的季节栽培植物的建筑。温室是最完善的设施类型，利用温室可以摆脱自然条件的束缚，冬季可进行人工加温，夏季可进行遮阴降温，因此是北方栽培花卉植物的重要设施之一。

温室按材料可分为砖木温室、土木温室、钢架混凝土结构温室、玻璃温室和塑料温室等，按热源可分为日光温室和加温温室，按照透明屋面结构形式可分为单屋面温室、双屋面温室、拱圆屋面温室和连栋式温室，按照用途可分为生产温室、观赏温室。下面以日光温室为主进行介绍。

凡是热能主要来源于太阳辐射的温室叫日光温室。日光温室的特点是以太阳能作为主要热源，以保温节能为特征，充分利用反射光。为加强保温，应增加墙厚，砌成空心墙或利用山坡自然地形作后墙；南面地窗下挖防寒沟，内填防寒材料；屋面覆盖，内设天幕。下面主要介绍生产上常用的单屋面日光温室和拱圆式日光温室。

单元 2

1. 单屋面日光温室的分类和特点

单屋面日光温室可以分为一面坡式、立窗式、改良式等。

（1）一面坡式日光温室。一面坡式日光温室（见图 2－1）多为临时性土木结构温室，后墙和两面侧墙均为土墙，后屋面为土盖，前屋面扣塑料棚膜，前屋面木杆与地平面所成夹角为 32°，温室中柱高 1.5 m，因为温室空间矮，所以保温效果好。建造这种温室成本低。

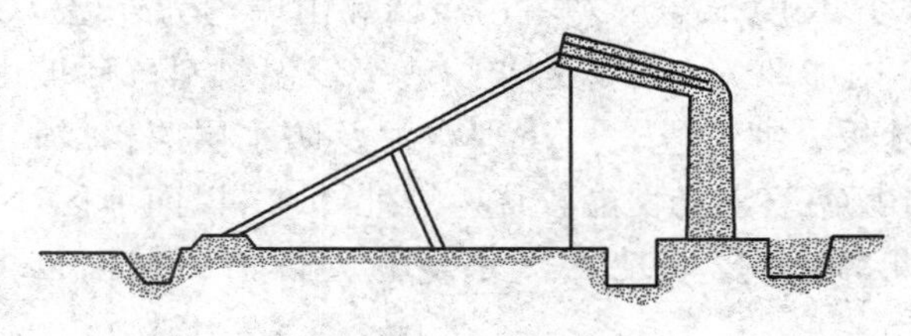

图 2－1　一面坡式日光温室

（2）立窗式日光温室。立窗式日光温室（见图 2－2）是目前庭院中建造较多的温室类型，多为土木结构农膜笼盖，也有砖石结构钢筋焊接的无立柱温室，地窗矮，与地

面所成夹角为80°～90°，天窗与地面所成夹角为27°～29°。这种温室保温效果好，作业便利，尤其是砖石结构无立柱温室，采光更佳，冬季用烟道或土暖气加温，节省燃料。这种温室主要用于全年蔬菜及花卉的生产，也可以用于冬季和春季蔬菜、花卉的育苗。

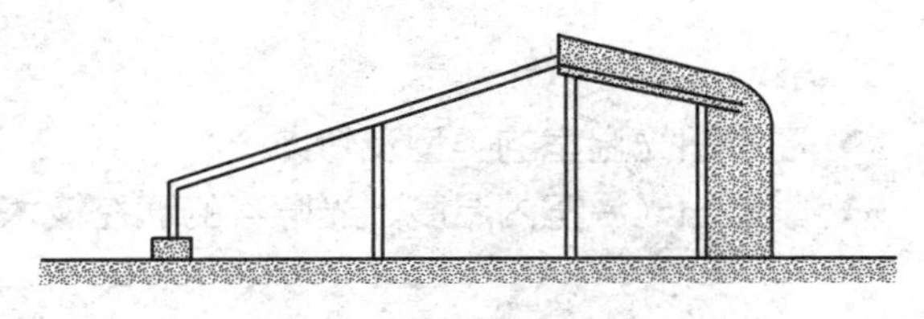

图2－2　立窗式日光温室

（3）改良式日光温室。改良式日光温室（见图2－3）宽度为6～7 m，土木结构或砖石结构，透明屋面用玻璃或农膜笼盖，天窗长与高比例为2∶1，地窗与地面所成夹角为45°，天窗与地面所成夹角为22°，用烟道或土暖气加温。因为这种温室的透明屋面由两个角度构成，室内采光好，但因为温室空间大，夜间保温效果差，冬季消耗多，故主要用于初春蔬菜及花卉的栽培与育苗。

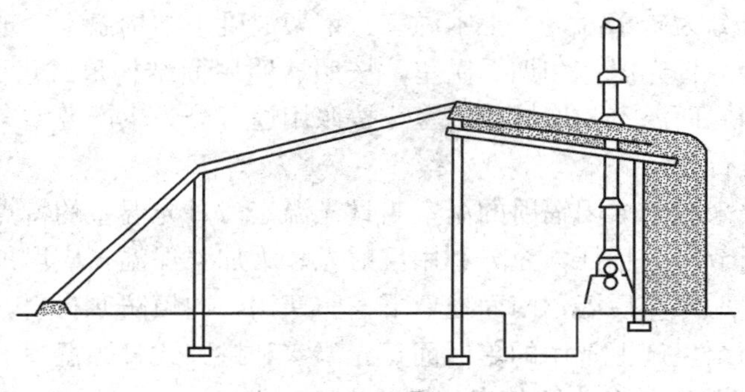

图2－3　改良式日光温室

2. 拱圆式日光温室的分类和特点

不论墙体、后屋面和骨架应用什么材料建造，只要前屋面是拱形的（圆拱形、椭圆形、抛物线形），均属于拱圆式日光温室。拱圆式日光温室的类型大体有以下三种。

（1）全钢无柱拱圆式日光温室（见图2－4）。温室跨度7～8 m，脊高3.2～3.65 m，后坡水平投影长度1.5 m左右；后墙和山墙均为外墙（37 cm厚砖墙），内墙为24 cm厚砖墙，内加20 cm珍珠岩或炉渣等保温材料；后坡由2 cm厚木板、一层油毡、1 cm厚聚苯板、细炉渣、3 cm厚水泥及防水层等构成；骨架为钢管和钢筋焊接成的桁架结构。该温室温光性能较优。在北纬41°以南地区，可全年进行育苗和蔬菜冬季生产，在北纬41°以北地区严寒季节进行辅助加温也可取得很好的生产效果。

（2）长后坡矮后墙日光温室。这种温室的代表类型有两种，一种是长后坡矮后墙砖混复合墙体钢架结构日光温室，另一种是长后坡矮后墙夯实土墙钢架结构日光温室（见图2－5）。

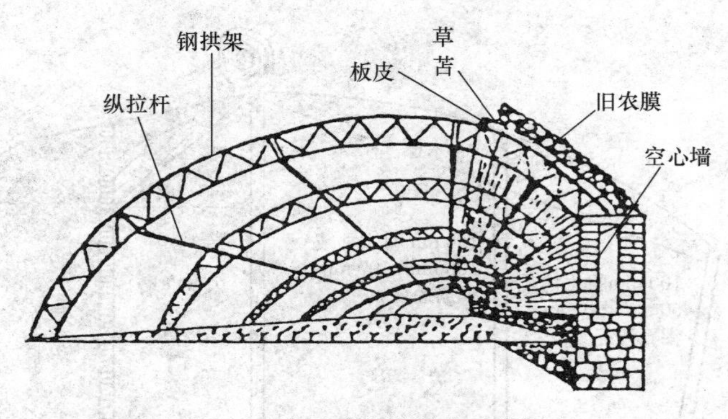

图 2-4　全钢无柱拱圆式日光温室

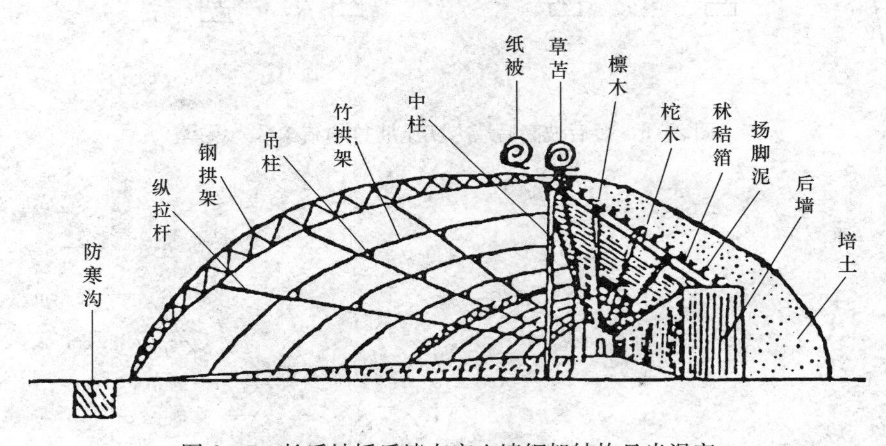

图 2-5　长后坡矮后墙夯实土墙钢架结构日光温室

这种温室通过降低后墙高度、延长后屋面，可以增加后屋面仰角、减少棚膜覆盖面积，达到增加采光量、减少散热面积，从而提高采光、保温性能的效果。一般后墙高 1.2～1.8 m，后屋面长度由普通温室的 1.5 m 左右延长至 2.4 m，可减少散热面积 10%左右。

虽然该类型温室前屋面稍小，进光量稍差，但后墙、后屋面白天都能见到阳光而吸热，夜间能辐射大量热能，因此保温性好，适于冬春季最低气温－20 ℃以下的高寒区使用。

(3) 短后坡高后墙日光温室（见图 2-6、图 2-7）。为了提高采光性能，便于操作和满足栽培喜光花卉的需要，日光温室抬高了后墙，缩短了后屋面水平投影。这种温室的代表类型有两种，一种是短后坡高后墙砖混复合墙体钢架结构日光温室，另一种是短后坡高后墙夯实土墙竹木结构日光温室。

由于这种温室缩短了后屋面，增加了前屋面长度，提高了后墙和中脊高度，因此采光面积加大，透光量显著增加，尤其是显著增加了后墙下面的光照，在春天、夏初温室后部栽培床面也能照射到直射光，从而提高了温室内的土地利用率。但因后墙加高，后坡缩短，因此后墙用料及用工量加大，夜间保温能力降低。不过白天的透光量增大，会弥补夜间保温能力下降的缺点。根据测定，短后坡高后墙日光温室内的最低气温并不比

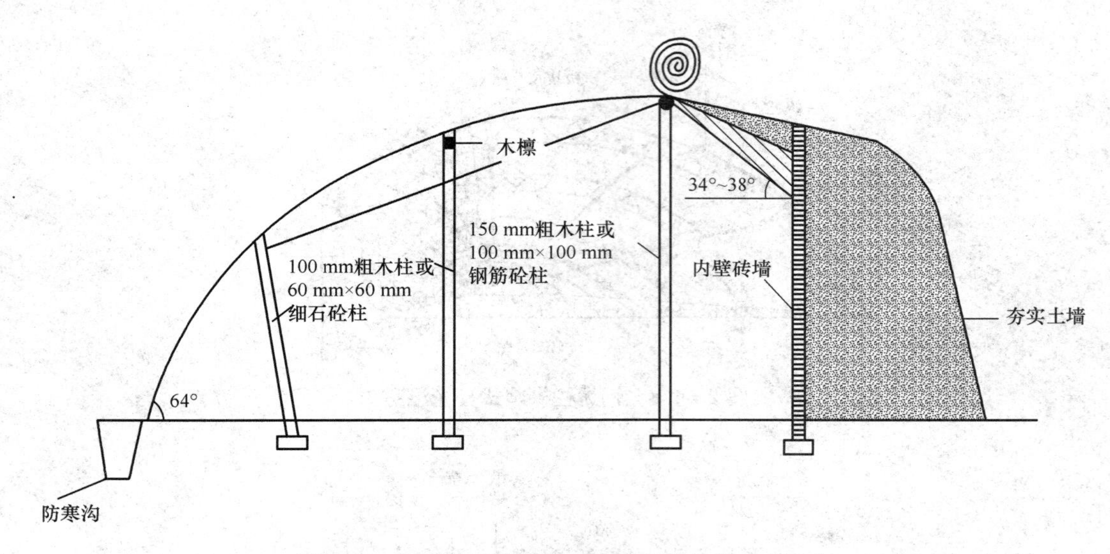

图 2-6　短后坡高后墙夯实土墙竹木结构日光温室

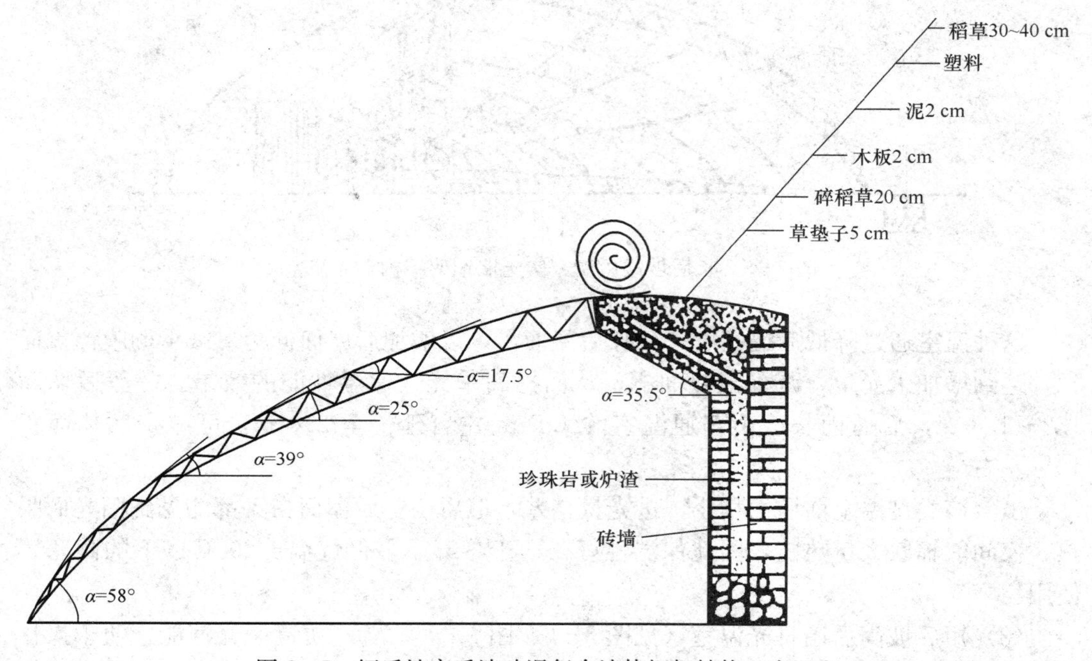

图 2-7　短后坡高后墙砖混复合墙体钢架结构日光温室

长后坡矮后墙日光温室低，而且提高了土地利用率，改善了作物生长和人工作业的空间条件。

这种温室升温快，光照充足，适合各种园艺作物栽培。但是保温效果不如前两种温室，需增加墙体厚度和后屋面厚度，前屋面夜间盖双层草苫或单层草苫加盖四层牛皮纸被。

二、温室的结构

温室结构包括屋架、墙（山墙和后墙）、地基、加温设备与覆盖物（薄膜与草帘）等，屋架又分前屋面和后屋面。温室结构主要组成部分如图 2－8 所示。

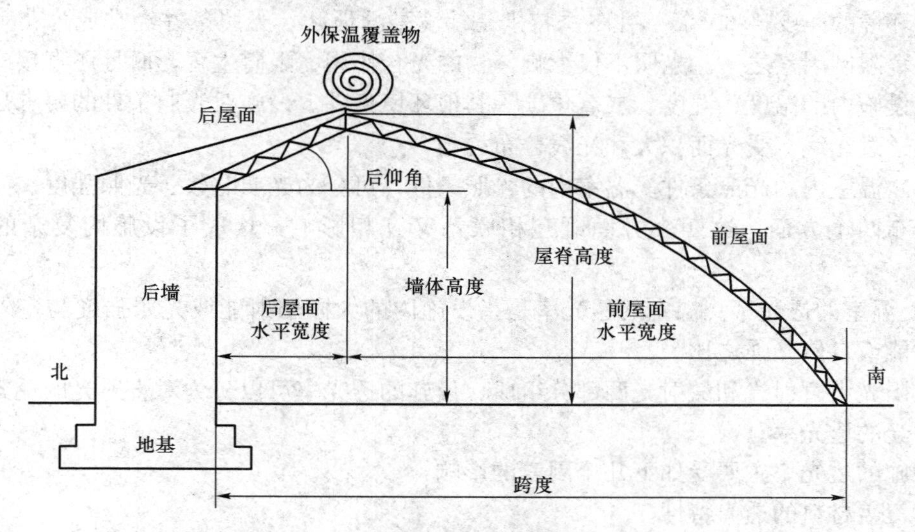

图 2－8　温室结构主要组成部分

三、温室的设计

温室的设计要充分利用光能，即使受光面积大，透光率高和光照分布均匀；在温度方面，要求保温性好，节约能源，温度高低适宜，变化稳定和通风效果好；另外，还要求坚固耐用、操作方便，能就地取材，成本低，生产面积大和利用率高。

1. 采光设计

温室热量主要来自太阳的辐射热，因此，采光设计在建造温室时非常重要，应最大限度地将阳光透射到温室内部。

2. 保温设计

保温设计在温室设计中也非常重要，利用温室栽培花卉，尤其是在严寒的冬季，温室内外的温差极大，应尽可能地减少热量损耗，充分利用太阳的辐射热，创造适于花卉生长的小气候条件。

3. 温室类型和规格设计要求

温室的类型和规格应根据生产目的、用途、经济条件及场地而定。一般庭院栽培，可选择拱圆式或改良式温室，规格：中小型温室，长 20～25 m，宽 6 m，高 2.65 m 左右，面积 120～150 m^2；大型温室，长 50～60 m，宽 7～9 m，高 3.2～4.0 m，面积 350～540 m^2。温室后墙高度 1.8～2.5 m。具体设计时，还要根据当地纬度和太阳高度角来确定适宜的前屋面角、后屋面角以及后屋面长度等。

四、温室内环境的调节

1. 光照条件及其调节控制

温室的温度条件较容易人工控制，但光照条件至今仍须依靠对自然光照的利用（只有自然环境的40%～60%）。在冬季特别是纬度高的地区，光照条件经常成为花卉植物生长发育限制因素之一。光照不仅影响作物的光合作用、阻碍生育，而且还直接或间接地影响设施内的温度、湿度、二氧化碳等其他环境条件。设施对光照条件的要求是最大限度地透过光线、受光面积大和光线分布均匀。

（1）温室内的光照条件。温室内的光照条件，可分为光照时数、光照强度、光质和光照分布四个方面，这四个方面既互相联系又互相影响，构成了设施内复杂的光照条件。

1）温室的透光率。温室的透光率是指设施内的太阳辐射能或光照强度与室外的太阳辐射能或自然光强之比。

太阳光由直射光和散射光两部分组成，设施的透光率可以分为对直射光的透光率和对散射光的透光率。

设施的透光率主要受如下几个因素的影响：

①覆盖材料的透光特性。

②覆盖材料污染（尘埃、水滴等）和老化的程度。

③温室结构、建材骨架和室内设施等。

2）覆盖材料的透光特性。投射到设施覆盖物上的太阳辐射能，一部分被覆盖材料吸收，一部分被反射，其余部分透过覆盖材料射入设施内。

3）污染和老化对透明覆盖材料透光性的影响。设施覆盖材料的内外表面经常被灰尘、烟粒污染，玻璃和塑料薄膜内表面经常附着一层水滴或水膜，使设施内光强度大为减弱。

（2）温室内光照的调节。温室内对光照的要求，一是要光照充足，二是要光照分布均匀。高纬度地区的冬季或冬季阴天多和日照时数少的地区，设施内光照不足，需要补光；相反，在光照强的季节或进行软化等特殊方式栽培时，采用遮阳的方法进行调节。

1）改进温室结构与管理技术

①覆盖物。

②屋面角度与方位。

③建材和作物的遮光。

④利用反光。

2）遮光。温室遮光主要有两个目的，一是利用遮光降低设施内的温度，二是减弱温室内的光照强度。

温室遮光20%～40%能使室内温度下降2～4 ℃。遮光方法有如下几种：玻璃面涂白灰；覆盖各种遮光物，如苇帘、竹帘遮光纱网、无纺布等，可遮光50%～55%，降低室温3.5～5.0 ℃；玻璃面流水，可遮光25%。

3）人工补光。人工补光的目的有以下两个。

①通过人工补充光照，来满足作物光周期的需要。特别是在光周期的临界时期，当黑夜过长而影响作物生育时，应进行补充光照。

②有时为了抑制或促进花芽分化，调节开花期，也需要补充光照。这种补充光照要求的光照强度较低，称为低强度补光。

2. 温度条件及其调节控制

各种花卉作物，对温室内的气温、地温都有一定的要求。花卉作物温室栽培时，温度管理的目的在于调控花卉作物的生长适宜温度，从而影响花芽分化及花朵发育，达到高产量、高品质或调节花期的目的。所以，需要根据花卉作物的种类、生长发育状况、不同生长时期、栽培条件、临界生长发育温度等要求不断调节温室内的气温、地温。

(1) 温室内的热状况。温室内的热状况比较复杂。一方面，温室是一个透明的半封闭或封闭空间，不断地以各种方式与外界进行热交换，从而改变温室内的热状况；另一方面，温室内部又是一个由土壤、作物、空气、覆盖物及构架材料和设备所构成的复杂系统，彼此间不断地进行各种形式的热量交换，从而调整内部的热状况。

(2) 温室内的温度调节

1) 保温。保温的目的是防止温室内的热量散失到外部。保温措施主要有以下几种。

①减少散热。选用各种保温的覆盖材料，如中空的复合板材、固定式双层玻璃或薄膜、双层薄膜充气结构。

②多层覆盖法。采用多层覆盖的方法，分为室内覆盖和室外覆盖。

a. 室内覆盖。设置双层保温幕或单层保温幕；设小拱棚，即在温室大棚内设置一层或两层小拱棚（若设两层，间隔距离最好在 10 cm 左右）。

b. 室外覆盖。常用草帘、苇帘等覆盖在保护地之上。一般在低温期的夜间要覆盖草席等保温层。

③减小覆盖材料的缝隙。

④加大地表蓄积热量，减少土壤的蒸发和植物的蒸腾，增加白天储存的热量；设置防寒沟，在温室周围挖一条宽 30 cm、深达冻土层的沟，沟中填入稻壳、柴草等保温材料，单屋面温室一般在南侧挖防寒沟；增大覆盖物的透光率。

2) 加温。人工补充热量，维持温室内一定的温度水平。加温方式主要有以下几种。

①火道加温。炉灶设在保护地外，通过炉灶的火道穿过保护地散热加温，设备简单。

②锅炉加温。用锅炉加热水，将热水或蒸汽通过管道输送到保护地内，再经过散热器把热量扩散到室内。散热系统由散热器、管道组成，在室内要均匀分布。

③热风加温。利用热风机把保护地内的空气直接加温。这种方法的特点是设备简单、造价低、搬动方便。

④土壤加温。土壤加温包括电热加温、酿热加温、水暖加温。

a. 电热加温。把电阻式发热线埋于苗床下，进行土壤加温，主要用于苗床育苗。电热器也可用于提高室内气温。

b. 酿热加温。利用作物秸秆和枯落物、厩肥、糠麸、饼肥等有机物质，按一定的比例混合堆放发酵，利用发酵热加温。

c. 水暖加温。在采用水暖采暖的温室内，在地下埋设塑料管道，用 40～50 ℃温水循环。进行土壤加温时，土壤容易干燥，灌水量应适当增加。

3）降温

①通气降温

a. 自然通风降温。利用保护地的通气窗口或掀开部分大棚薄膜进行自然对流，以达到降温的目的。自然通风降温同时具有降低保护地内空气湿度和补充二氧化碳的作用。

b. 强迫换气降温。侧面每隔 7～8 m 设 1 台排风扇或每 1 000 m^2 设 30～40 台排风扇，以气窗为进气通道，强迫换气降温。

②冷却系统降温（即湿帘风机降温系统）。在温室进口内设 10 cm 厚的纸垫窗或棕毛垫窗，不断用水淋湿。另一端用排风扇抽风，使空气先通过湿垫窗再进入室内，利用水蒸发吸热来降低保护地温度。

③屋面淋水。在屋面顶部配设管道，在管上间距 15～20 cm 钻直径为 3～5 mm 的小孔或每隔 0.5 m 安装一个喷头，通水后，水沿屋面均匀流下，起到降温作用。

④喷雾降温。在室内高处喷以直径小于 0.05 mm 的浮游性细雾，用强制通风气流使细雾蒸发，达到降温的目的。喷雾装置不但降低室温，还增加湿度。

⑤遮阴降温。利用遮阴网、遮阴百叶帘或苇帘遮阴降温。

⑥涂料降温。用白色稀乳胶漆或石灰水（1 份石灰＋5 份水＋0.05 份盐）涂抹前屋面，也可用稀泥涂在前屋面，可以降低温度，减弱室内光强。

五、温室内部设施

目前，我国还没有制定适用的花卉温室设计、制造和施工标准，花卉设施均为引进或自行设计建造，大多数不能适应和满足我国的环境和气候特点，北方冬季保温效果不佳，南方地区存在着部分温室通风降温能力差的问题，因此需要大力发展设施保温、加温、通风和降温等的机械化和自动化控制技术。

1. 加温设施

加温设施是我国大部分地区冬季温室养花所必备的，加温费用也成为冬季花卉养护的主要支出。加温温室除了利用太阳能外，还利用烟道、热水、蒸汽、电热等人为加温的方法来提高温室温度，使之满足花卉植物生长发育的需要。加温设施主要用于热带、亚热带花卉的越冬，一些花卉的促成栽培和催花，或播种育苗、扦插等。

目前，锅炉、燃煤或燃油热风机是我国用于花卉种植的主要加温方式。加温温室除主体构架与日光温室相同外，一般还应配备电子计算机程序控制设备或电动及手动控制设备等，各控制系统应有单独的控制开关，并装有指示灯和故障报警信号。采用加温设施，冬季提高室温 6～7 ℃，可节省能源 24%以上。

2. 降温设施

在我国大部分地区，夏季气候炎热，室外温度在 30 ℃以上。由于温室效应，温室内部温度很容易超过 40 ℃。因此，必须采取降温手段，以保证温室内能够进行正常生产。

目前，温室内常用的降温方法有通风降温、遮阳降温、湿帘-风机降温、微雾降温、屋顶喷淋降温、屋面喷白等，其中通风降温又可分为自然通风降温和强制通风降温，遮阳降温又可分为内遮阳降温和外遮阳降温。

3. 通风设施

在温室的设计和使用中，通风和降温总是密不可分的。一般来说，温室通风主要有三个目的：一是排除温室内的余热，降低温度；二是排除多余水分，降低湿度；三是调整室内空气中的气体成分，排除有害气体，提高空气中二氧化碳含量。对于夏季，通风的主要目的是室内降温，要求具有足够的通风换气量；而对于冬季，通风的主要目的则是调整室内空气成分，为了保温节能，依靠冷风渗透换气，维持最低的通风量，即可满足换气要求。

（1）自然通风。自然通风一般是在温室顶部或侧墙设置窗户，依靠热压或风压进行通风，并可通过调节开窗的幅度来调节通风量。决定自然通风量大小的主要因素为室内外温差、温室通风口高差、通风口面积、通风口阻力、室外风速风向等。自然通风因受外界气候影响比较大，降温效果不稳定，一般室内温度比室外温度高 5～10 ℃。

（2）强制通风。强制通风是在温室一端设置侧窗，在另一端设置风机，利用风机由室内向室外排风，使室内形成负压，强迫空气通过侧窗进入温室，穿越温室后由风机排出室外。由于机械设备和植物生理的原因，一般温室的通风强度设置在每分钟换气 0.75～1.5 次，这样能控制室内外温差在 5 ℃以内。强制通风的优点在于温室的通风换气量受外界气候影响很小。

4. 遮光设施

温室遮光可起到减弱光照和降低温度两个作用。一般遮光 20%～40%，便可降温 2～4 ℃。生产上多在光强季节育苗，分苗后缓苗前进行遮光。

（1）遮光方法。遮光方法主要有以下三种，常在设施花卉栽培上使用。

1）覆盖遮阳物。可覆盖草苫、苇帘、竹帘、遮阳网、普通纱网、无纺布等，一般可遮光 50%～55%，降温 3.5～5 ℃。这种方法应用最广泛。

2）玻璃面涂白或塑料薄膜抹泥浆。涂白材料多用石灰水，一般石灰水喷雾涂白面积为 30%～50%时，能削弱室内光照 20%～30%，降温 4～6 ℃。

3）流水降温。在透明屋面不断流水，不仅能遮光，还能吸热，因此虽仅遮光 25%，但可降温 4～5 ℃。

（2）遮阳系统

1）内遮阳系统。内遮阳系统具有高效的遮阳、保温、防结霜和透气性能。内遮阳系统适合于各种类型的温室，可安装于不同的温室覆盖材料之下，安装方式可选用托幕线滑动系统或悬挂系统。内遮阳系统可降低温室的热量散失。对于夜温要求高、节能要求明显的温室，内遮阳系统是一种理想的选择。

2）外遮阳系统。外遮阳系统具有遮阳降温，保持热量，保护农作物免受冰雹、暴雨破坏的功能。外用型遮阳幕适于任何覆盖材料的各种温室使用。炎热的夏季，遮阳网能使温室内部降低 3～5 ℃；冬天，幕布还能减少温室向外的热量辐射，能防止暴雨、冰雹、落物对温室建筑及植物的侵害，能将温室霜害限制在最低程度。

5. **补光设施**

补光有调节开花期的日长补光和栽培补光。日长补光是为了抑制或促进作物花芽分化，调节开花期，一般光照度不高。而栽培补光主要是促进作物光合作用，加速作物生长，要求光照度为2 000～3 000 lx，最好是具有太阳光的连续光谱，光照度能调节则更好。

人工补光所用电灯一般分为两类。第一类是发出完全连续光谱的白炽灯和弧光灯。这类灯发出的长波光较多，红橙光约占59.4%，利于加温。但由于蓝紫光较少，长期使用时植株易徒长。第二类是发出间断直线光谱的日光灯和高压气体发光灯。这类灯发出的光中短波光比例较大，蓝紫光约占16.1%，红橙光约占44.6%，加温作用较差，但植物不易徒长。两类灯如安装在一起使用，则综合效果良好。

补光时间和光照度要依花卉种类及补光目的而定。如用于调节开花期的日长补光，可在上午卷苫前和下午放苫后各补光4～6 h，以保证有效光照时间在12～14 h；也可每平方米用5～10 W的日光灯或白炽灯补光。如果用于栽培补光，可在光弱时用日光灯或高压气体发光灯，或日光灯加10%～30%的白炽灯，每平方米用100～400 W的强度，一般补光时间每天不宜超过8 h。

6. **灌溉设施**

温室是一个相对封闭的生产设施，自然降雨不能被直接利用，温室内作物需要的水分完全依靠人工灌溉措施来保证。因此，灌溉设施是温室设备的主要组成部分，可靠的灌溉技术是温室正常生产的基本保证。

微灌技术的主要优点为：可按作物需求供水，不浪费，节水效果显著，操作简单方便，省工省水；灌溉流量小，灌溉均匀，改善了作物根系周围环境，使作物增产增收，可随灌溉系统施肥施药，并易被作物吸收，提高肥效，省肥省工；由于一次灌水量和总灌水量的减少等，室内湿度明显降低，同时灌水后的地温和室温也高于其他灌溉方式，减缓了作物病虫害的发生；由于整个系统的管道化，并通过阀门控制，因而便于实现自动控制。当然，微灌技术也有一些缺点，主要是：与地面漫灌相比，一次性投资较高；灌水器出口小，容易被水中的物质堵塞；作物的栽培方式受到一定限制。

微灌技术包括滴灌、微喷灌和渗灌等，渗灌在温室内应用较少。

（1）微灌系统的组成

1）水源。河流、湖泊、水库、渠道、井水、泉水均可作为微灌的水源，但要注意其水质应符合灌溉水的要求。

2）首部枢纽。首部枢纽主要包括水泵、动力机、肥料和农药注入设备、过滤设备、控制阀、进排气阀、压力/流量测量仪表等，其作用是从水源取水增压，并将其处理成符合微灌要求的水流，送到系统中去。

①水泵。微灌系统常用的水泵有潜水泵、深井泵、离心泵等，应根据水源情况适当选取。如河、湖、水库水源宜选用潜水泵，井水水源宜选用深井泵，渠道、水池水源宜选用离心泵。水泵的流量应根据使用要求的水量选择。

②动力机。动力机可选用柴油机或电动机等。在可能的条件下，最好选择使用方便、噪声较小的电动机；若使用条件恶劣，最好选用防潮、防水性能较好的专用电动

机。动力机的功率应与水泵相匹配。

③肥料和农药注入设备。其有压差式施肥罐、文丘里注入器、水驱动注肥器和全自动水肥控制系统等。要根据使用要求、投资能力及系统的匹配等因素选择，并要安装测量仪表用于测量管道中的水流量和压力。水量表一般安装在首部施肥器前，可测量总水量；根据需要也可安装在干、支管上，测量部分水量。压力表可在过滤器和施肥装置前后各设置一个，通过压力差可判断施肥量大小和过滤器是否需要清洗。

④过滤设备。过滤设备是微灌系统中的重要设备，应装在输配水管道之前，是进一步去除固体颗粒、防止系统堵塞的重要措施。过滤器有旋流水砂分离器、砂介质过滤器（有单罐反冲洗砂过滤器和双罐反冲洗砂过滤器）、筛网过滤器、叠片式过滤器等，应根据水源情况和灌水器的种类与规格对水质的要求适当选配。上述过滤器仅是物理处理方法，其作用是去除水中的固体颗粒，而要去除水中的化学杂质和生物杂质，则要注入某些化学药剂，采取化学处理方法，常用的有氯化处理和加酸处理，要视水源水质情况而定。

3）输水管网。输水管网的作用是把经首部枢纽处理过的水输送分配到各灌水单元和灌水器，包括干、支、毛三级管道。微灌系统常用塑料管作为输水管道，主要有聚乙烯管（PE 管）和聚氯乙烯管（PVC 管）。聚乙烯管分为高压低密度聚乙烯管和低压高密度聚乙烯管。前者为半软管，管壁较厚；后者为硬管，管壁较薄。聚氯乙烯管以树脂为主要原料，抗冲击和承压能力强，刚度大，但高温性能差。另外，在需要控制的部位，应根据需要设置不同类型的闸阀。

4）灌水器。灌水器是微灌设备中最关键的部件，直接向作物施水，其作用是减小压力水的压力，将水流变成水滴、细流或喷洒水，施于作物。根据不同的灌溉方式，微灌的灌水器分为滴头、滴灌带和微喷头等。

滴灌是微灌的一种方式，它更集中地体现了微灌技术的优点，应用广泛。从总的情况分析，滴灌方式更适合于带状种植的切花、瓜类、果菜等作物，因此在这方面有广泛应用的趋势。滴灌系统的组成与一般微灌系统基本相同，主要差别在于灌水器。根据滴灌的供水方式、结构等不同，滴灌系统的灌水器分为滴头和滴灌带（管）两大类。滴头按其结构不同分为孔口滴头、纽扣式滴头、滴箭式滴头等，在安装时将滴头直接插在毛管上。其特点是滴头的安装间距可根据种植作物的株距任意调节出水位置，既可在工厂组装，也可在施工现场组装。按其工作原理，滴头又可分为非压力补偿滴头和压力补偿滴头。非压力补偿滴头的流量随压力的提高而增大，制造简单，造价较低；压力补偿滴头的流量稳定，能随压力变化而自动调节出水量和自清洗，出水均匀度高，但制造复杂，造价较高。滴灌带（管）是把滴头与毛管结合为一体，兼具配水和滴水功能，不仅造价降低，而且安装使用方便。

微喷灌是微灌方式的一种，其系统组成与滴灌没有差别，主要区别在于灌水器是由微喷头组成的。与滴头相比，微喷头的出流孔较大，流量大、流速快，不易堵塞。

（2）微灌设备的选择原则。微灌设备是温室生产系统中的重要组成部分，直接影响着温室内作物的产量和产品品质，因此要给予足够的重视。温室内微灌设备的选择，首先要根据当地的水源、水质和种植作物的种类、栽培方式及其对灌溉的要求，参照各类设备的性能特点和技术指标合理选配；同时要考虑整个温室的配置、生产水平、投资能力等情况，使整个温室生产系统匹配、协调。灌溉设备的选配，建议由专业科技单位或温室企业连同其他设备进行系统设计。

7. 二氧化碳补气系统

二氧化碳补气系统可直接使用工业瓶装或罐装气体，通过计算机控制，提高温室内二氧化碳的浓度，以提高花卉的产量和品质。

第三节 塑料大棚

→ 了解塑料大棚的类型及结构

→ 掌握塑料大棚内温度、光照等设施环境的调控技术

一、塑料大棚在花卉生产中的作用

20 世纪 70 年代，我国北方一些省（市）利用当地充足的日光资源，把塑料大棚应用于蔬菜生产并获得成功。20 世纪 80 年代末，一些省（市）把塑料大棚应用于花卉栽培也取得了成功，开启了塑料大棚在花卉生产中的应用。近年来，塑料大棚在花卉栽培中广泛应用。

1. 塑料大棚的合理使用

塑料大棚的保温性能是有限的，晴朗的白天，棚内升温快，可高于棚外 15～25 ℃；而深夜或清晨，棚内气温只高于棚外 1～3 ℃；雨雪天气，棚内气温也只高于棚外 2～4 ℃。因此，种植者需要根据不同类型的花卉，合理使用塑料大棚。

（1）需要在冷室越冬的花卉，如盆栽的茶花、杜鹃、棕竹、栀子、含笑、朱顶红等，在长江流域只要在低温时稍加保护即可在休眠状态下安全越冬。进棚后要注意晴天通风降温，不可贪图高温，如果打破了休眠进入生长状态，抗寒能力将大大降低。当然，如果以催花为目的，则另当别论。

（2）需要在高温温室越冬的花卉，如竹芋类、变叶木、仙人掌类、凤梨类、巴西铁、发财树、龙血树、热带兰等喜高温花卉，在长江流域靠单层塑料大棚越冬是不够的，还必须增加其他措施，才能安全越冬。

1）大棚外加保温材料覆盖，阻止夜间热量散失。晴天的夜间此法极为有效。

2）在大棚内再套一个简易棚，即双层棚，两层塑料薄膜间距离最好在 10 cm 左右，中间的空气导热系数较小，保温的效果较好，棚内温度较稳定。

3）加温。用电热或锅炉加温，能量消耗较大，代价较高，可结合前两项措施，在特别低温时和雨雪天短时间应用。

此类花卉在晴朗的白天，棚内温度达 25 ℃以上时也要通风，保持休眠越冬。如有加温条件，需要促成栽培者例外。

(3) 需要在温室生长，冬季或早春开花的花卉，如瓜叶菊、报春花、蒲包花、仙客来、马蹄莲等，白天气温保持在 15～20 ℃，棚内气温过高时应通风；夜间覆盖保温，气温过低时还应加温，保持在 5 ℃左右，不要低于 0 ℃。

2. 塑料大棚的管理

大棚内空气湿度大，要特别注意黑斑病、白粉病等真菌病害的防治工作。为了满足不同花卉的需求，便于管理，塑料大棚内最好是同一品种，如果没有条件也应按对温度的不同要求分类摆放。在一个大棚内，南面光线强、温度高，北面光照弱、温度相对低些，要注意合理安排或轮换。休眠越冬的花卉，要停止施肥，控制浇水，保持半干旱状态，以防烂根死苗。在棚内生长的花卉也要适度控制浇水，见干见湿，经常通风炼苗，保持苗壮生长。

二、塑料大棚的类型和结构

塑料大棚的类型多样，根据棚顶形状、骨架材料、连接方式及棚顶覆盖材料有不同的分类。根据棚顶形状可以分为拱圆形塑料大棚、屋脊形塑料大棚，根据骨架材料可以分为竹木结构、钢架混凝土柱结构、钢架结构、钢竹混合结构等，根据连接方式可以分为单栋大棚、双连栋大棚和多连栋大棚，根据棚顶覆盖材料可以分为聚氯乙烯薄膜大棚、聚乙烯薄膜大棚和乙酸乙烯薄膜大棚等。塑料大棚的类型如图 2－9 所示，图中 a、b、c 为单栋大棚，d、e 为连栋大棚。

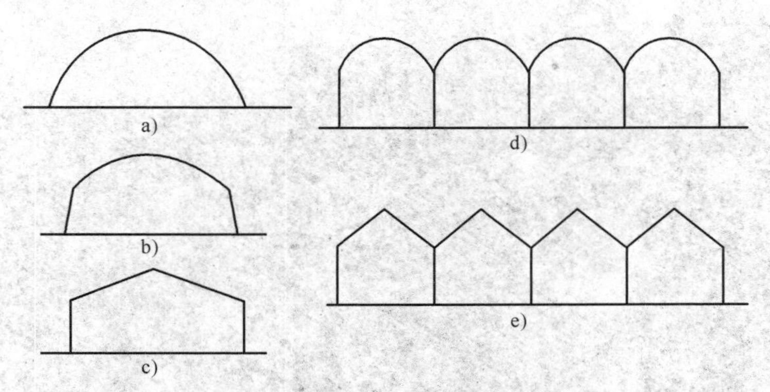

图 2－9　塑料大棚的类型

a）落地拱　b）柱支拱　c)、e）屋脊形　d）拱圆形

我国各地生产中使用的大棚，基本上都是单拱圆形骨架结构，再结合所用的骨架材料，花卉设施生产大棚主要有以下四种类型。

1. 竹木结构大棚（见图 2－10）

竹木结构大棚是由立杆、拱杆、拉杆、压杆组成大棚的骨架，架上覆盖塑料薄膜而成。这种棚多为南北延长，宽 8～12 m，长 30～60 m，中高 1.8～2.5 m，边高 1 m，每栋面积 200～667 m^2。这种棚以竹木为棚架材料，具有取材方便的优势，可因陋就简，且建造容易，成本低。缺点是竹木易朽，使用年限较短；又因棚内立柱多，遮阴面大，操作不便。

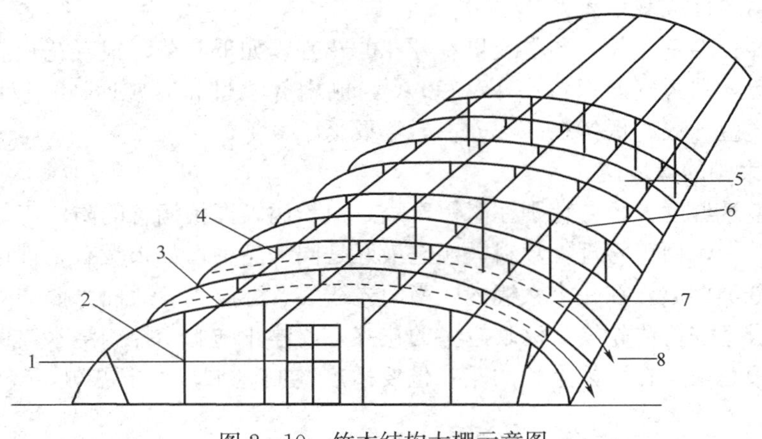

图 2-10　竹木结构大棚示意图

1—门　2—立柱　3—拉杆　4—吊柱

5—棚膜　6—拱杆　7—压杆　8—地锚

2. 混合结构大棚（见图 2-11）

大棚的结构与竹木结构大棚相同。为使棚架坚固耐用，并节省钢材，有的棚采用竹木拱架和钢筋混凝土相结合，有的棚是钢拱架、竹木或水泥柱相结合。这种结构的特点是钢材用量少，取材方便，坚固耐用。同时由于减少了立柱数量，改善了大棚内的作业条件，不过大棚的造价略高。

图 2-11　钢木混合结构大棚

3. 钢结构大棚（见图 2-12）

大棚的结构与竹木结构大棚大体相同，但大棚骨架是用轻型钢材焊接而成，材料坚固，立柱少或无立柱。依钢材型号和焊接方式的不同，可分为单梁拱架、双梁平面拱架和三角形拱架等。立柱是钢管或水泥柱。大棚的跨度一般为 10～15 m，高度为 2.2～2.5 m，拱架间距以 1.5 m 左右为宜。这种结构的大棚抗风雪能力强，光照充足，操作方便，可机械作业。但这种大棚对材料质地和建造技术要求较高，一次性投资较大，并需要对钢材进行防锈维护。

图 2-12　钢结构大棚

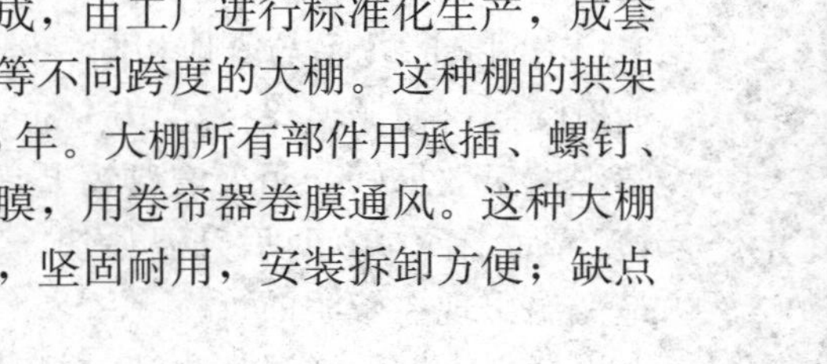

4. 组装式钢管结构大棚

组装式钢管结构大棚用镀锌薄壁钢管配套组装而成，由工厂进行标准化生产，成套供应使用单位，目前我国生产的有 6 m、8 m、10 m 等不同跨度的大棚。这种棚的拱架由热镀锌薄壁管制成，不易锈蚀，使用寿命为 10～15 年。大棚所有部件用承插、螺钉、卡销或弹簧卡具连接，用镀锌大槽和钢丝弹簧压固薄膜，用卷帘器卷膜通风。这种大棚的优点是具有一定的规格标准，结构合理，外形美观，坚固耐用，安装拆卸方便；缺点是造价较高，种植者很少采用。

三、简易大棚的建造方法

1. 场地选择

建造塑料大棚的场地应具有地势平坦、背风、向阳的特点，场地四周没有高大建筑物和树木遮阴。

2. 搭建支架

塑料大棚的构建要符合经济、有效、实用的要求。只要条件允许，大棚搭建的方向应采用南北向。大棚的高度一般为 2.5～3.0 m，宽度为 6～12 m，长度为 40～60 m。两个大棚之间相距 1.5～2.0 m。边柱距离棚边 1 m 左右，同一排立柱间距离为 1.0～1.2 m。支架由立杆、拱杆、拉杆、压杆组成。

3. 盖膜及压膜

首先按棚面的大小选择棚膜。如果准备开膛放风，则以棚脊为界，选用两块棚膜，并在靠棚脊部的薄膜边粘进一条粗绳；不准备开膛放风的，可选用一整块棚膜。最好选晴朗无风的天气盖膜，先从棚的一边压膜，再把薄膜拉过棚的另一侧，多人一齐拉，边拉边将棚膜弄平整，拉直绷紧。为防止皱褶和拉破棚膜，盖膜前拱杆用草绳等缠好，把棚膜两边埋在棚两侧宽 20 cm、深 20 cm 的沟中。扣上塑料棚膜后，在两根拱杆之间放一根压膜线压在棚膜上，使塑料棚膜绷平压紧，不能松动，线的位置可稍低于拱杆，使棚面成垄状，以利排水和抗风。压膜线为专门用来压膜的塑料带。压膜线两端应绑好横木埋实在土中，也可固定在大棚两侧的地锚上。

4. 装门

在南端或东端设门，用方木或木杆作门杠，门杠上钉上薄膜。采用塑料大棚育苗时，一般将棚内土地按大棚走向做成宽1.0～1.5 m的小厢，每厢需加盖塑料棚膜，盖的方法与小拱棚相同。没有加热设施的大棚，在严寒季节同样需采用多层塑料膜覆盖以保温防冻。

四、塑料大棚内环境特点

1. 温度条件

（1）气温。塑料薄膜具有保温性。覆盖薄膜后，大棚内的温度将随着外界气温的升高而升高，随着外界气温的下降而下降，并存在着明显的季节变化和较大的昼夜温差，越是低温期温差越大。一般在寒季大棚内日增温可达3～6 ℃，阴天或夜间增温能力仅1～2 ℃。春暖时节棚内和露地的温差逐渐加大，增温可达6～15 ℃。外界气温升高时，棚内增温相对加大，最高可达20 ℃以上，此时大棚内存在着高温及冰冻危害，需进行人工调整。在高温季节棚内可产生50 ℃以上的高温，进行全棚通风、棚外覆盖草帘或搭成“凉棚”，可比露地气温低1～2 ℃。冬季晴天时，夜间最低温度可比露地高1～3 ℃，阴天时几乎与露地相同。因此大棚的主要生产季节为春、夏、秋季。通过保温及通风降温可使棚温保持在15～30 ℃的生长适温。大棚白天温度变化和天气阴晴有关，晴天增温效果好，阴天增温效果差。在大棚常关闭不通风时，上午随日照加强，棚温迅速升高，春季10时后升温最快，12—13时达最高温；下午日照减弱，棚内开始降温，最低温出现在黎明前。

塑料大棚的增温效果还与棚体的大小、方位有关。在一定的土地面积上，棚越高大，光照越弱，棚内升温越慢，棚温越低。冬季东西向大棚比南北向大棚透光率高，夏季南北向大棚的透光率又高于东西向大棚。大棚内的不同部位也存在着一定的温差，一般白天大棚南部、中部气温偏高，北部偏低；夜间中部偏高，南北两侧偏低。

塑料大棚的增温效果还与塑料薄膜种类有关。聚氯乙烯薄膜保温性能好，它比聚乙烯薄膜平均提高0.6 ℃，且耐老化，但易生静电，吸尘性强；而聚乙烯薄膜的红外线、紫外线透过率高于聚氯乙烯薄膜，故升温快，同时又不易吸尘，棚内水滴少。为降低棚内温度，除了注意通风排湿以外，还可以通过铺地膜、改变灌溉方式、加强中耕等措施，防止出现高温高湿和低温高湿现象。

（2）地温。大棚内的地温也存在着明显的日变化和季节变化，但与气温相比，地温相对稳定，其变化滞后于气温。

2. 光照条件

大棚的光强与太阳高度、大棚方位、大棚结构及透明覆盖材料等有关。新的塑料薄膜透光率可达80%～90%，但在使用期间由于灰尘污染、吸附水滴、薄膜老化等原因，而使透光率减少10%～30%。大棚内的光照条件因季节、天气状况、覆盖方式（棚型结构、方位、规模大小等）、薄膜种类及新旧程度的不同而产生很大差异。

大棚越高大，棚内垂直方向的辐射照度差异越大，棚内上层及地面的辐射照度相差达20%～30%。在冬春季节东西延长的大棚光照条件较好，比南北延长的大棚光照条件好，局部光照条件所差无几。但东西延长的大棚南北两侧辐射照度差可达10%～20%。不同棚型结构对棚内受光的影响很大。双层薄膜覆盖虽然保温性能较好，但受光条件可比单层薄膜覆盖的棚差一半左右。此外，连栋大棚及采用不同的建棚材料等对受光也产生很大的影响。一般以单栋钢材及硬塑结构的大棚受光较好，只比露地减少透光率 28%。连栋棚受光条件较差。因此建棚采用的材料在能承受一定的荷载时，应尽量选用轻型材料并简化结构，既不能影响受光，又要保持坚固，经济实用。薄膜在覆盖期间由于灰尘污染会大大降低透光率，新薄膜使用两天后灰尘污染可使透光率降低 14.5%，10 天后会降低 25%，半个月后降低 28%以上。一般情况下，因灰尘污染可使透光率降低 10%～20%。严重污染时，棚内受光量只有 7%，而达到不能使用的程度。一般薄膜又易吸附水蒸气，在薄膜上凝聚成水滴，使薄膜的透光率减少 10%～30%。因此，防止薄膜污染、防止凝聚水滴是重要的措施。薄膜在使用期间，由于高温、低温和受太阳光紫外线的影响，使薄膜“老化”。薄膜老化后透光率降低 20%～40%，甚至失去使用价值。因此大棚覆盖的薄膜，应选用耐高温、防老化、除尘无滴的长寿膜，以增强棚内受光、提高增温效果、延长使用期。

3. 湿度条件

薄膜的气密性较好，因此在覆盖后棚内土壤水分蒸发和作物蒸腾造成棚内空气高湿，如不进行通风，棚内相对湿度很高。当棚温升高时相对湿度降低，棚温降低时相对湿度升高。晴天、风天时相对湿度低，阴天、雨天、雾天时相对湿度增高。在不通风的情况下，棚内白天相对湿度可达 60%～80%，夜间经常在 90%左右，最高达 100%。棚内适宜的空气相对湿度依作物种类不同而异，一般白天要求维持在 50%～60%，夜间在 80%～90%。为了减轻病害，夜间的相对湿度宜控制在 80%左右。棚内相对湿度达到饱和时，提高棚温可以降低湿度。如温度在 5 ℃时，每提高 1 ℃气温，湿度约降低 5%；当温度在 10 ℃时，每提高 1 ℃气温，湿度则降低 3%～4%。在不增加棚内空气中水汽含量的条件下，棚温在 15 ℃时，相对湿度约为 70%；棚温提高到 20 ℃时，相对湿度约为 50%。由于棚内空气湿度大，土壤的蒸发量小，因此在冬春寒季要减少灌水量。但是当大棚内温度升高，或温度过高时需要通风，又会造成湿度下降，加速作物的蒸腾，致使植物体内缺水使蒸腾速度下降，或造成生理失调。因此，棚内必须按作物的要求保持适宜的湿度。

4. 棚内空气成分

由于薄膜覆盖，棚内空气流动和交换受到限制，在花卉植株高大、枝叶茂盛的情况下，棚内空气中的二氧化碳浓度变化很剧烈。早上日出之前，由于作物呼吸和土壤释放，棚内二氧化碳浓度比棚外浓度高 2～3 倍（0.33%左右）；9 时以后，随着叶片光合作用的增强，可降至 0.01%以下。因此，日出后就要酌情进行通风换气，及时补充二氧化碳。另外，可进行人工二氧化碳施肥，浓度为 0.08%～0.1%，在日出后至通风换气前使用。人工施用二氧化碳，在冬春季光照弱、温度低的情况下，增产效果十分显著。在低温季节，大棚经常密闭保温，很容易积累有毒气体，如氨气、二氧化氮、二氧化硫、乙烯等造成危害。当大棚内氨气浓度达 0.000 5%时，植株叶片先端会产生水浸状斑点，继而变黑枯死；当二氧化氮浓度达 0.000 25%～0.000 3%时，叶片产生不规则的绿白色斑点，严重时除叶脉外全叶都被漂白。氨气和二氧化氮的产生，主要是由于氮肥使用不当所致。一氧化碳和二氧化硫的产生，主要是用煤火加温燃烧不完全，或煤的质量差造成的。由于薄膜（塑料管）老化可释放出乙烯，引起植株早衰，所以过量使用乙烯产品也是原因之一。为了防止棚内有害气体的积累，不能使用新鲜厩肥作基肥，也不能用尚未腐熟的粪肥作追肥；严禁使用碳酸铵作追肥，用尿素或硫酸铵作追肥时要掺水浇施或穴施后及时覆土；肥料用量要适当，不能施用过量；低温季节也要适当通风，以便排除有害气体。另外，用煤质量要好，要充分燃烧。有条件的要用热风或热水管加温，把燃烧后的废气排出棚外。

5. **土壤湿度和盐分**

大棚土壤湿度分布不均匀。靠近棚架两侧的土壤，由于棚外水分渗透较多，加上棚膜上水滴的流淌而湿度较大；棚中部土壤则比较干燥。春季大棚种植的花卉特别是地膜栽培的花卉，常常会出现因土壤水分不足而严重影响质量的现象。因此，最好能铺设软管滴灌带，根据实际需要随时施肥灌水。由于大棚长期覆盖，缺少雨水淋洗，盐分随地下水由下向上移动，容易引起耕作层土壤盐分过量积累，造成盐渍化。因此，要注意适当深耕，施用有机肥，避免长期施用含氯离子或硫酸根离子的肥料。追肥宜淡，最好进行测土施肥。每年要有一定时间不盖棚膜，或在夏天只盖遮阳网进行遮阳栽培，使土壤得到雨水的溶淋。土壤盐渍化严重时，可采用淹水压盐，效果很好。另外，采用无土栽培技术是防止土壤盐渍化的一项根本措施。

五、塑料大棚内环境的调节

1. **温度的调节**

（1）保温措施。采用隔热性能好的保温覆盖材料，增加保温覆盖的层数；提高设施的气密性；挖防寒沟；正确掌握揭盖草苫的时间；提高地温。

（2）降温措施。去掉覆盖物或塑料薄膜，开窗或开门通风，遮光，棚内洒水或喷雾，强制通风。

2. **光照的调节**

塑料大棚内对光照条件的要求，一是要求光照充足，二是要求光照分布均匀。为了达到合理的光照条件，需要采取以下技术措施：

（1）改进塑料大棚结构，提高透光率。选择适宜的建筑场地及方位，设计合理的塑料大棚结构，选择适宜的覆盖材料。

（2）改进管理技术措施。保持塑料薄膜干净；在保温的前提下，尽可能早揭、晚盖外保温材料和内保温覆盖物；合理密植；加强植株管理；选用耐弱光的品种；地膜覆盖；挂反光膜；选用有色薄膜。

（3）人工补光或遮光。有的植物在某个阶段如果需要遮光，可以通过覆盖各种遮光材料，或者在塑料薄膜上洒水，达到遮光的目的。

3. **空气湿度的调节**

大棚内空气湿度过大，不仅直接影响花卉植物的光合作用和对矿物质营养的吸收，而且还有利于病菌孢子的发芽和侵染。因此，要进行通风换气，促进棚内高湿空气与外界低湿空气交换，可以有效地降低棚内的相对湿度；棚内地热线加温，也可降低相对湿度；采用滴灌技术，并结合地膜覆盖栽培，减少土壤水分蒸发，可以大幅度降低空气湿度。

4. **塑料大棚内气体的调节**

（1）二氧化碳浓度的调节。增施有机肥；通风换气；施用固体二氧化碳肥料。

(2) 有害气体的防除。通风换气；施用腐熟的有机肥；不施或少施碳酸氢铵肥料；施用尿素时进行沟施或穴施，施用后立即覆盖；土施适量石灰，防治亚硝酸气体化；选用安全可靠、耐低温、抗老化的专用薄膜；大棚内避免存放废旧薄膜；正确施用农药；防止大气污染；防止地热水的污染。

5. 土壤环境及其调节控制

(1) 花卉植物对土壤环境的要求。土层疏松深厚；有机质含量高；结构和透气性良好；保水、保肥能力强；酸碱度适宜。

(2) 塑料大棚内土壤环境的特点。养分残留量高，特别是盐类浓度过高，产生土壤表层盐渍化；营养元素失衡；土壤酸化；病虫害严重。

(3) 塑料大棚内土壤环境的调节。平衡施肥，合理灌溉；增施有机肥；施用秸秆；换土、轮作和无土栽培；土壤消毒。

第四节　其他设施

→ 了解设施花卉栽植其他设施的类型及功能

一、荫棚

荫棚是为园林植物生长提供遮阳的栽培设施。其中一种是搭在露地苗床上方的遮阳设施，高度约为 2 m，支柱和横档均用镀锌铁管搭建而成，支柱固定于地面。这种荫棚也可在温室内使用。使用时，根据植物的不同需要，覆盖不同透光率的遮阳网。另一种是搭建在温室上方的室外遮阳设施，对温室内部进行遮阳、降温。荫棚的作用：一是在夏秋强光、高温季节进行遮阳栽培；二是在早春和晚秋霜冻季节对园林植物起到一定的保护作用，使园林植物免受霜冻的危害。

荫棚是花卉栽培必不可少的设施。温室花卉大部分种类属于阴性、半阴性植物，不耐夏季温室内的高温，需设置荫棚，以利越夏；阴性、半阴性花卉的露地栽培，宜在荫棚下进行；此外，许多切花花卉的周年生产更离不开荫棚。荫棚的种类和形式很多，一般可分为永久性和临时性两类。永久性荫棚主要用于温室花卉、兰花、杜鹃等耐阴花卉的栽培。现代化的温室内部装有遮阳网等遮光降温设施，其外部一般不再设荫棚。临时性荫棚多用于露地繁殖。如在露地栽培杜鹃、兰花等耐阴花卉时，需要适当遮阳。而通过组织培养快速繁殖种苗进行炼苗时，有时也需搭设临时性荫棚。

温室花卉用荫棚一般高 2.0～2.5 m，不宜过矮或过高，以方便日常管理为原则。临时性荫棚多以木材、竹子等构成主架，永久性荫棚则用钢管、铁管、铝合金管或水泥柱构成。金属管直径以 3～5 cm 为宜，其基部宜固定混凝土中。棚架上覆盖遮阳材料，过去多用苇帘、竹帘、板条或草帘。苇帘和竹帘容易卷放，方便操作。板条荫棚常用宽5 cm、厚1 cm的木条，间距5 cm固定于棚架上。现在多用遮阳网代替过去的覆盖材料，可根据花卉选用不同密度的遮阳网，需要的话还可以增加覆盖层数。遮阳网的特点是质轻、耐用、成本低、易于铺设。为达到美化或实用的效果，也可因地制宜采用葡萄、凌霄、蔷薇、蛇葡萄、丝瓜、扁豆等攀援植物作为荫棚，但要注意播种时间或经常疏剪。

为了避免阳光从东面或西面照射到荫棚内，在荫棚的东西两端常设倾斜的荫帘，荫帘的下缘要距地50 cm以上，以利通风。荫棚宽度6～7 m，不宜过窄，否则影响遮阳效果。一般棚内都采用东西向延长。

露地扦插床及播种床所用荫棚多较低矮，一般高度为50～100 cm，多为临时性荫棚，一般采用遮阳网覆盖。在插穗未生根前，可在遮阳网上覆盖苇帘、竹帘、草帘等；当开始生根后，慢慢去掉覆盖材料，最后全部除去。设置临时性荫棚对土地利用和多次使用有利。

夏季在室外栽培喜阴的盆栽花卉，如秋海棠、蕨类植物等，应设置荫棚，并装喷雾设备，以形成荫蔽湿润的小环境。

温室花卉使用的荫棚，应设在温室旁不积水且通风良好处，盆花宜放在花架或倒扣在花盆上，有利于通风。放置在地面时，应对地面进行铺装，材料有砖块、粗沙或煤渣（需过筛），这样有利于排水，也可防止下雨时溅污枝叶及花盆，并可防止病害的发生。

二、冷床与温床

冷床与温床是花卉生产中常用的简易设施。不加温只是利用太阳辐射热的称为冷床；除了利用太阳辐射热外，还需要人为加温的称为温床。

1. 冷床与温床的构造

（1）冷床。北方地区花卉栽培中常用的冷床形式是阳畦。

1）抢阳阳畦。抢阳阳畦由风障、畦框和覆盖物三部分组成。

①风障。风障向阳倾斜70°，外侧用土堆固定，土背底宽50 cm，顶宽20 cm，高40 cm，并且要高出阳畦北框顶部10 cm。

②畦框。畦框由垒土夯实而成。北框高35～50 cm，框顶部宽15～20 cm，底宽40 cm；南框底宽30～40 cm，顶宽25 cm，高25～40 cm。由于畦框南低北高，便于更多地接受阳光照射，所以称为抢阳阳畦。一般畦面宽1.6 m，长5～6 m。

③覆盖物。覆盖材料主要有玻璃、塑料膜薄和蒲席、草苫等。白天接受阳光照射，提高畦内温度，晚上在塑料薄膜、玻璃等上面再加上不透明的覆盖材料如蒲席、草苫等保温。

2）改良阳畦。改良阳畦由风障、土墙、棚顶、玻璃窗以及蒲席等构成。土墙高1 m，厚50 cm，最高点为1.5～1.7 m；棚架前柱高1.7 m，柁长1.7 m。在棚架上先铺上芦苇或高粱秸秆、玉米秸秆等为棚底，以不漏土为原则，上面覆盖10 cm厚的干土并用小麦秸秆和泥封固。建成的畦，后墙高93 cm，前檐高1.5 m，前柱距离土墙和南窗各1.33 m，玻璃窗的角度为45°，跨度约为2.7 m。如果用塑料薄膜覆盖，可以不设棚顶。

（2）温床。温床根据加热的方式分为酿热温床、电热温床等。

1）酿热温床。酿热温床由床框、床坑、加温设备和覆盖物组成。床框有土、砖、木等结构，以土框温床为主；床坑有地下、半地下和地表三种形式，以半地下式为主；加温设备的加温方式为酿热物加温，如马粪、稻草、落叶等，利用微生物分解有机质所产生的热能来加热温床。温床的设置，选择背风、向阳、排水良好的场地建造，床宽为 1.5～2.0 m，长度根据需要而定，床顶加盖玻璃或塑料薄膜成一倾斜面，利用阳光射入，增加床内温度。温床要用酿热物加热，需提前将酿热物装入床内，每 15 cm 左右铺上一层，装三层，每层踏实并浇温水，然后盖顶密闭，让其充分发酵。温度稳定后，再铺上一层 10～15 cm 厚的培养土或河沙、蛭石、珍珠岩等。酿热温床可用于扦插或播种，也可以用于秋播草花和盆花的越冬。

2）电热温床。电热温床是在温室和大棚内的栽培床上做成育苗的平畦，在育苗床上加铺电热线而成。将电热线铺在温室内，是一种简便、快速及效果显著的加温方法。但这种加温方法耗电量大，生产上只能用于短期临时加温。

2. 冷床与温床的功能

（1）提前播种，提早开花。春季露地播种一般在晚霜后进行，而利用冷床与温床可以在晚霜前 30～40 天播种，以提早开花。

（2）促成栽培。秋季在露地播种育苗，冬季移入冷床或温床使之在冬季开花；或者在温暖地区冬季播种，使之在春节开花。如球根花卉水仙、风信子和郁金香等常在冬季利用冷床促成栽培。

（3）花卉的越冬保护。在北方地区，一些二年生的花卉不能正常露地越冬，可在冷床或温床中秋季播种，或者直接露地播种，幼苗于早霜前移入冷床中进行保护越冬，如三色堇、雏菊等。在长江流域，一些半耐寒的盆花，如天竺葵、小苍兰、万年青、芦荟以及盆栽灌木等，常需要在冷床中进行越冬保护。

（4）小苗锻炼。在温室或温床育成的小苗，在移入露地前，需要于冷床中进行锻炼，使其逐渐适应露地气候条件，之后直接栽植于露地。

（5）扦插。在炎热的夏季，花卉栽培可利用冷床进行扦插，通常在 6—7 月进行。

单元测试题

1. 花卉生产中温室的加温措施有哪些？

2. 简述塑料大棚内温度的变化特点。

第3单元

设施花卉的类型及生长发育特点

可进行设施栽培的花卉种类很多，通过花卉的分类便于了解和掌握花卉的一般形态特征、生态习性、原产地和主要用途。通过掌握花卉生长发育特点及其所需要的环境条件，了解常见花卉的品种特性，便于选择适宜的栽培技术，对花卉进行精细的栽培管理，达到预期的生产或应用目的。

第一节 花卉的分类

→ 了解各种设施花卉的分类形式

→ 掌握设施花卉按生态习性不同的分类形式

花卉与其他作物相比，具有属和种众多、习性多样、生态条件复杂及栽培条件不一等特点。因此，设施花卉分类的依据不同，分类的方法就不同。常用的分类方法有按生态习性分类、按形态特征分类、按主要用途分类、按环境要求分类等。

一、按生态习性分类

1. 一年生或二年生花卉

（1）一年生花卉。一年生花卉是指种子发芽后，在当年开花结实，入冬前植株枯死，在一个生长季内完成生活史的植物。一年生花卉都不耐寒，一般在春季无霜冻后播种，于夏秋开花结实后死亡，如百日草、鸡冠花、千日红、凤仙花、半支莲、波斯菊、万寿菊等。

（2）二年生花卉。二年生花卉是指种子发芽当年只进行营养生长，到翌年春夏才开花结实，在两个生长季内完成生活史的植物。前一年秋季播种，生长营养器官，幼苗需经过低温春化阶段，第二年开花、结实，完成生长过程。这类花卉有一定的耐寒力，但不耐高温，大都是长日性植物，在春夏日照增长后迅速开花，如三色堇、羽衣甘蓝、须苞石竹、金盏菊、紫罗兰、瓜叶菊、报春花、虞美人等。

2. 球根花卉

球根花卉是指地下根或地下茎已变态为膨大的根或茎，以其储藏水分、养分度过休眠期的花卉。球根花卉种类很多，按照其地下部分形态的不同分为五类。

（1）鳞茎类（见图 3－1）。茎膨大呈扁平球状，由许多肥厚鳞片相互抱合而成，如水仙、风信子、郁金香、百合等。鳞茎可大致分为以下两种类型：

1）有被鳞茎。这类鳞茎的最外层，尤其在休眠的成熟鳞茎中，有一层或几层干膜质的鳞片叶包被，对内部肉质鳞叶起保护作用，如葱属、郁金香属、水仙属、文殊兰属、朱顶红属、石蒜属等。

2）无被鳞茎。这类鳞茎的外表无干膜质鳞叶，肉质鳞叶为鳞片状，旋生鳞茎盘上，如百合属、贝母属等。

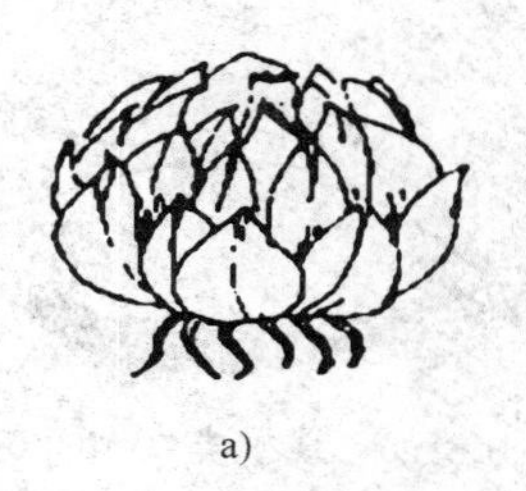

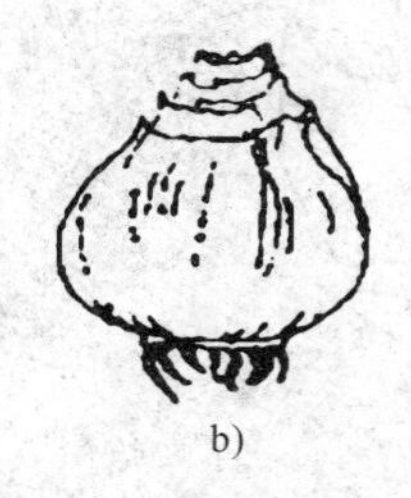

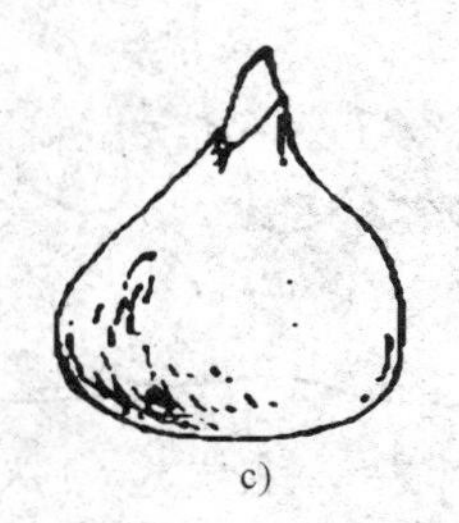

a)　　b)　　c)

图3-1　鳞茎类

a）百合　b）喇叭水仙　c）郁金香

（2）球茎类（见图3-2）。茎膨大呈球形，茎内部实质，表面有环状节痕，顶端有肥大的顶芽，侧芽不发达，如唐菖蒲、香雪兰等。

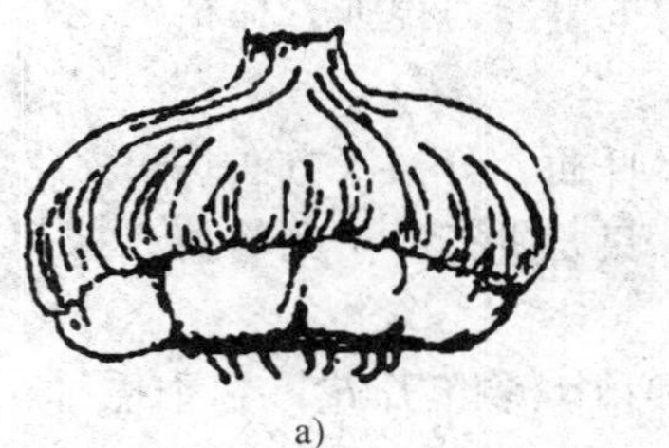

a)　　b)　　c)

图3-2　球茎类

a）唐菖蒲　b）番红花　c）香雪兰

（3）块茎类（见图3-3）。茎膨大呈块状，外形不规则，表面无环状节痕，块茎顶部有几个发芽点，如大岩桐、马蹄莲、彩叶芋等。

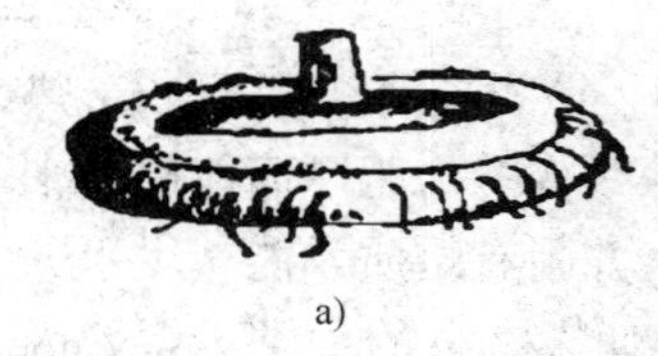

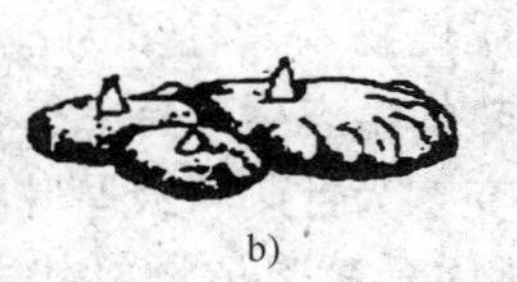

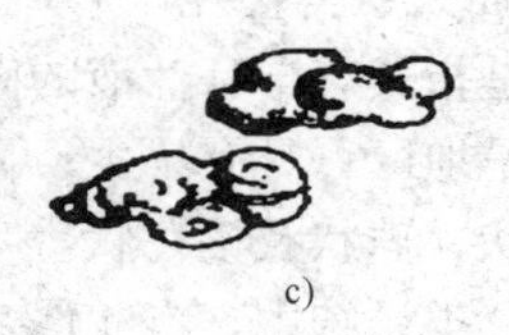

a)　　b)　　c)　　d)

图3-3　块茎类

a）球根海棠　b）花叶芋　c）银莲花　d）马蹄莲

（4）根茎类（见图3-4）。茎膨大呈粗长的根状，内部为肉质，外形具有分枝，有明显的节间，在每节上可发生侧芽，如美人蕉、鸢尾等。

（5）块根类（见图3-5）。根膨大呈纺锤体形，芽着生在根颈处，由此处萌芽而长成植株，如大丽花、花毛茛等。

3. 宿根花卉

宿根花卉是多年生草本植物的一部分，植株入冬后，根系在土壤中宿存越冬，第二年春天萌发而开花的多年生花卉。它是与一、二年生花卉相似，但又能生活多年的花卉。常见的宿根花卉有菊花、芍药、荷兰菊、玉簪、蜀葵等。

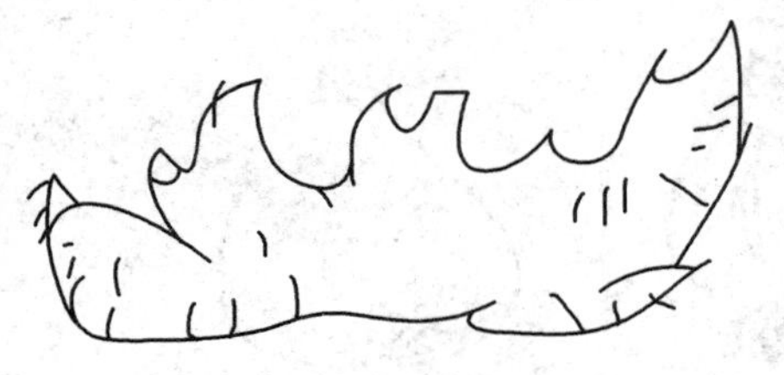
图 3-4　根茎类（美人蕉）

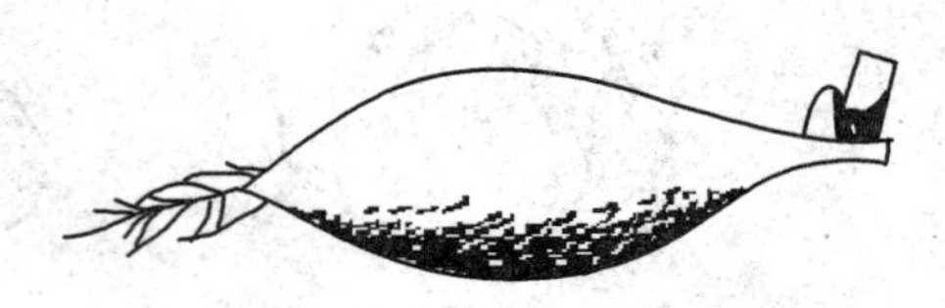
图 3-5　块根类（大丽花）

宿根花卉的优点如下：

（1）种类繁多。目前广泛栽培的宿根花卉有 200 多种，有高大直立的、匍匐攀缘的，色彩丰富。

（2）适应性强。因宿根花卉的地下根大都是块状根或纺锤状根，在缺水时能释放出平时储存的水分维持生长，因此宿根花卉的抗旱能力很强。在宿根花卉中，许多品种具有耐旱、耐瘠薄、耐盐碱等特性。

（3）栽培容易。繁殖容易，采用播种、扦插、分根等方法均可。

（4）养护简单。宿根花卉病虫害较少，只要进行科学的修剪、抹芽，配合适当的施肥和浇水便可定期开花，提高观赏效果。

（5）成本低，见效快。宿根花卉一次种植可多年开花；春季播种，夏季即可开花。如作为花坛、花境的组成部分，一般在种植后 2～3 个月即可开花。

（6）群体功能强。宿根花卉作为群体，成丛、成片或与其他花卉、植物材料进行合理配置种植，效果极好。

（7）环境效益高。由于宿根花卉具有较强的适应性，可在不同的立地条件下生长。大量种植宿根花卉可扩大绿化和美化面积，提高绿地覆盖率。

4. 多浆及仙人掌类花卉

多浆花卉是指具有丰富汁液的肉质植物（又称多肉植物）。该类花卉多数原产于热带、亚热带干旱地区，具有旱生、喜热的生态生理特点。植株茎变态为肥厚而能储存水分、营养的掌状、球状及棱柱状，叶变态为针刺状或厚叶状，并附有蜡质，能减少水分蒸发。在植物分类系统中，有 40 多科均含多浆植物，其中以仙人掌科的种类最多，因而有时又独立于多浆植物之外另成仙人掌类。常见设施栽培的多浆花卉有仙人掌科的仙人球、金琥、昙花、令箭荷花、蟹爪兰，大戟科的虎刺梅，番杏科的松叶菊，萝藦科的佛手掌，景天科的燕子掌、毛叶景天、落地生根、玉树，龙舌兰科的虎皮兰、酒瓶兰等。

5. 室内观叶植物

植株叶形奇特、形状不一、挺拔直立、叶色翠绿，以观叶为主，多盆栽供室内装饰用，如龟背叶、花叶万年青、苏铁、变叶木、蕨类植物等。室内观叶植物大多数是性喜温暖的常绿植物，许多种又较耐荫蔽，适于室内观赏，其中有不少是彩叶或斑叶种，有很高的观赏价值。蕨类植物作盆栽观叶或插花用配叶，日益受到重视，现已栽培利用的如翠云草、铁线蕨、鸟巢蕨、波斯顿蕨、肾蕨等都很受欢迎。木本植物中也有一些作室内观叶用，常见的有苏铁、异叶南洋杉、印度橡皮树、一品红、棕竹等。草本观叶植物更为丰富，以胡椒科、秋海棠科、百合科、天南星科、竹芋科、凤梨科、鸭跖草科等的

种类最为丰富。

6. 兰科花卉

兰科是植物中的第二大科，因其具有相同的形态、生态和生理特点，可采用近似的栽培与特殊的繁殖方法，故把兰科花卉独立成一类。兰科植物都是多年生、地生或附生，许多种都具有变态茎、假鳞茎。假鳞茎是由长短不一的根状茎顶部膨大而成，一般由节组成，含有大量养料与水分，供开花及新假鳞茎生长，一般以合轴分枝方式分枝。著名的有兰属、石斛属、卡特兰属、贝母兰属、兜兰属、蝶兰属、万带兰属等许多栽培种。

按生态习性不同，可将兰科花卉分为地生兰、附生兰和腐生兰。

（1）地生兰。其有绿色的带状叶片，根系肉质，生于土壤中，通常有块茎或根茎，部分有假鳞茎。根系上具有显著的丝状根毛，从土壤中吸收水分和无机养分。花序直立，花小，色素雅，有浓香。其原产于寒带和温带地区，部分原产于热带和亚热带地区。常见栽培的有兰属的春兰、蕙兰、墨兰、建兰、寒兰等，杓兰属、兜兰属和虾脊兰属大部分种类也属地生兰。地生兰又称中国兰。

（2）附生兰。其有粗壮的肉质根系附着于树干、树枝、枯木或岩石基面生长，根系大部分或全部裸露在空气中，不具根毛，常具假鳞茎。其以肉质的气生根从湿润空气中吸收水分维持生命活动。花大，色艳，无香气或有淡香；花序斜出或俯垂。其主产于热带，少数产于亚热带，适于热带雨林气候。常见栽培的有指甲兰属、蜘蛛兰属、万带兰属、卡特兰属、石斛兰、蝴蝶兰属、虎头兰等。附生兰及部分花色艳丽的地生兰又称洋兰。

（3）腐生兰。其不含叶绿素，营腐生生活，常有块茎或粗短的根茎，叶退化为鳞片状，开花时从地下抽出花序，主产于热带、亚热带。常见栽培的有著名中药材天麻。

7. 水生花卉

水生花卉是指常年生长在水中或沼泽地中的多年生草本花卉。按其生态分为以下种类：

（1）挺水植物。根生于泥中，茎叶挺出水面，如荷花、千屈菜等。

（2）浮水植物。根生于泥中，叶面浮于水面或略高于水面，如睡莲、王莲等。

（3）沉水植物。根生于泥中，茎叶全部沉入水中，仅在水浅时偶有露出水面，如莼菜、狸藻等。

（4）漂浮植物。根伸展于水中，叶浮于水面，随水漂浮流动，在水浅处可生根于泥中，如浮萍、凤眼莲等。

8. 木本花卉

木本花卉是指以赏花为主的木本植物。木本花卉，尤其是一些乔木，通常都归入观赏树木中。本教材所介绍的木本花卉，是以花或果供观赏的灌木及小乔木，也包括我国传统名花中的木本植物，这些木本花卉一般都可以矮化盆栽。

二、按形态特征分类

1. 草本花卉

草本花卉是没有主茎或虽有主茎但不具木质或仅基部木质化的观赏植物。

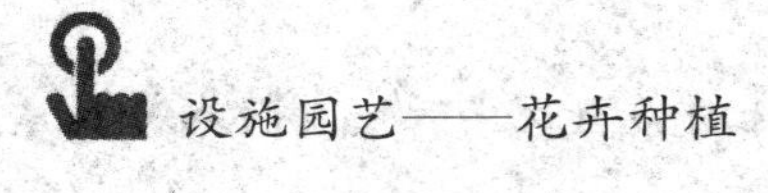

（1）多年生草本花卉。多年生草本花卉生命能延续多年，包括终年常绿花卉和地上部开花后枯萎、以芽或根蘖或地下部越冬或越夏的花卉，有肉质根类、块根类和变态茎类。

1）肉质根类。地下部有粗壮肉质根，如芍药、桔梗等。

2）块根类。根部肥大，呈块形，只在根冠处生芽，如大丽花、花毛茛等。

3）变态茎类。如鳞茎类的水仙、风信子、郁金香、百合等，球茎类的唐菖蒲、香雪兰等，块茎类的大岩桐、马蹄莲、彩叶芋等，根茎类的美人蕉、鸢尾等。

（2）一年生或二年生花卉。这类植物从种子到种子的生命周期在一年之内，春季播种、秋季采种，或秋季播种、翌年春夏开花结实。根据其耐寒性，可以分为耐寒、半耐寒、不耐寒三类。有些多年生草本如雏菊、金鱼草、石竹等常作一年生或二年生栽培。

2. 木本花卉

（1）乔木

1）常绿花木。如云南茶花、山玉兰、桂花等，多为暖地原产。

2）落叶花木。如海棠、樱花、紫薇、梅等，多为暖温带或亚热带植物。

（2）灌木

1）常绿花灌木。如杜鹃、山茶、含笑、栀子等。多数为暖地原产，需要酸性土壤。

2）落叶花灌木。如月季、牡丹、绣线菊类、八仙花类。多为暖温带原产，亦有少数来自冷温带，如新疆忍冬等。

（3）竹类。如佛肚竹、凤尾竹可作观赏盆栽。室内庭院栽培观赏的也有黄金碧玉竹等。

三、按主要用途分类

从生产的角度，根据商品的用途可将花卉分为三类，即切花类、盆花类、地栽类。但有时同一花卉的不同品种或不同的栽培方法，可生产出不同用途的产品，如菊花、月季、非洲菊等。

1. 切花类

切花栽培的目的是剪取花枝作瓶花或其他装饰用。香石竹、菊花、月季及唐菖蒲为世界四大切花，在北方常通过设施栽培。设施切花栽培的还有非洲菊、马蹄莲和丝石竹属、香雪兰属、百合属的一些观赏种类等。

2. 盆花类

盆花的商品生产仅次于切花。设施盆花生产的有菊花、一品红、花烛、非洲紫罗兰、海棠属以及其他大量的观叶、观茎及肉质多浆花卉。

3. 地栽类

大量花卉均可栽培于露地，布置花坛或点缀园景等。设施栽培也分地栽和盆栽。如温室地栽是将花卉栽培在温室内的土地上。进行地栽的温室花卉可以充分吸收温室土壤的营养和水分，充分利用地力，减少施肥和灌水，植株生长旺，适于粗放管理。

四、按环境要求分类

1. 按对水分的要求分类

（1）水生花卉。花卉全部或根部必须生活在水中，遇干燥则枯死。它们能适应水体涨落的变化，可分为挺水、浮水、漂浮及沉水四类。挺水花卉的根生于水下泥中，但叶与花高挺出水面，如荷花。浮水花卉的根也生于水下泥中，但叶片浮生于水面，如王莲、睡莲属等。漂浮花卉的根不入土，全株漂浮于水面，叶常露在空气中，如凤眼兰。沉水花卉整个植株沉没于水中，根入泥或不入泥，如金鱼缸中的苦草、鱼草及金鱼藻等。

（2）湿生花卉。湿生花卉近于挺水花卉，根部在土中，地上部均生于空气中。与挺水花卉的区别在于它不能适应深水淹没，在深水塘中不能生长。湿生花卉在土壤干燥时死亡或生长不良。常见的湿生花卉如风车草、马蹄莲、菖蒲等。

（3）中生花卉。中生花卉是适合生长于适度湿润、既不干旱也不积水的土壤中的花卉。大多数花卉都属此类。中生花卉既不耐干旱，也不耐水淹，适于有一定保水性、排水良好的土壤，但不同的种类对土壤干湿程度的要求与适应力是不同的。

（4）旱生花卉。旱生花卉是适应干旱环境的花卉。它们有很强的抗旱能力，能较长期地忍耐干旱，只要有很少的水分便能维持生命或进行生长。仙人掌类及多肉多浆类花卉都是旱生类型。

2. 按对温度的要求分类

（1）耐寒花卉。耐寒花卉原产于高纬度地区，性耐寒而不耐热。其冬季能忍受−20 ℃左右的低温，在我国西北、东北南部能露地安全越冬，如木本花卉中的榆叶梅、牡丹、丁香属、锦带花、珍珠梅属、黄刺玫、荷兰菊等。

（2）喜凉花卉。喜凉花卉在冷凉气候下生长良好，稍耐寒而不耐严寒，但也不耐高温，一般在−5 ℃左右不受冻害，在我国江淮流域及北部的偏南地区能露地越冬，如梅、桃、月季、蜡梅等木本花卉及菊花、三色堇、雏菊等草花。

（3）中温花卉。中温花卉一般耐轻微短期霜冻，在我国长江流域以南大部分地区露地能安全越冬，如木本的苏铁、山茶、桂花、栀子花、含笑、杜鹃，草本的矢车菊、金鱼草、报春花等。

（4）喜温花卉。喜温花卉性喜温暖而不耐霜冻，一经霜冻轻则枝叶坏死，重则全株死亡。喜温花卉一般在 5 ℃以上能安全越冬，在我国长江流域以南部分地区及华南能安全越冬，如茉莉、叶子花、白兰花、瓜叶菊、非洲菊、蒲包花和大多数一年生花卉。

（5）耐热花卉。耐热花卉多原产于热带或亚热带，喜温暖，能耐 35 ℃或以上的高温，但极不耐寒，在 10 ℃甚至 15 ℃以下便不能适应，在我国福建、广东、广西、海南、台湾大部分地区能露地安全越冬，如米兰、扶桑、红桑、变叶木及许多竹芋科、凤梨科、芭蕉科、仙人掌科、天南星科、胡椒科热带花卉。

3. 按对光照强度的要求分类

（1）喜光花卉。喜光花卉也称阳生花卉，只有在全光照下才能生长发育良好并正常开花结实，光照不足常使节间伸长、生长不良，不开花、少开花或不正常结实，如月季、茉莉、荷花、半支莲以及沙漠型仙人掌与许多旱生、沙生和多浆花卉。

（2）耐阴花卉。耐阴花卉也称中生花卉，在充足的直射光照下生长良好，但能忍耐不同程度的荫蔽。大部分花卉属于这一类型，如山茶、米兰、桂花、杜鹃、蜡梅、菊花、天竺葵属等。

（3）喜阴花卉。喜阴花卉也称阴生花卉，只有在一定荫蔽环境下才能生长良好，适于在散射光下生长。夏季直射的强光照易造成灼伤、叶片变黄、生长受阻甚至死亡。这类花卉如蕨类、蜘蛛抱蛋属、玉簪属、秋海棠属、常春藤属、虎耳草等。

4. 按对光周期的要求分类

（1）短日照花卉。植物的开花常受日照长短所左右，一般每天的光照短于 14 h，花芽才能正常分化与发育，在长日照下不能开花，如叶子花、一品红、蟹爪兰、仙人指、菊花、波斯菊等。在自然条件下，秋季开花的一年生花卉多为短日照花卉。

（2）长日照花卉。与短日照花卉相反，只有每天的光照时间在 12 h 以上时，花芽才能正常分化与发育，如八仙花、唐菖蒲、香豌豆、紫茉莉、瓜叶菊，以及许多十字花科花卉如桂竹香、紫罗兰、香雪球等。在自然条件下，春夏开花的二年生花卉都属于长日照花卉。

（3）日照中性花卉。这类花卉花芽的分化与发育不受日照长短的影响，只要其他条件适宜，生长到一定时期便能开花，有些花卉甚至能周年不断开花，如月季、茉莉、扶桑、天竺葵、仙客来、香石竹、矮牵牛等。

第二节　设施花卉生长发育的特点

→ 了解设施花卉生长发育的生理特点
→ 掌握设施花卉生长发育的生理过程

不同的植物种类具有不同的生长发育特性，只有充分了解花卉的生长发育特点，才能采取适当的栽培技术，达到预期的生产与应用的目的。

一、生长和发育的概念

生长和发育是花卉个体生活史中两个不同的阶段。生长即营养生长，是植株营养体细胞数量的增多和体积的增大，表现为茎、叶数量的增多和体积的增大。发育是植株个体经过营养生长阶段以后，呈现出生长停滞，生长点的分生组织发生了“质变”，分化和形成了花芽，出现了花的器官，进而开花、结果。发育就是指花卉成花、开花、结实的过程。

二、花卉生长发育的过程

从个体发育而言，由种子发芽到重新获得种子，可以分为种子时期、营养生长时期和生殖生长时期，每个时期又可分为几个生长期，每一时期都有各自的特点。

1. 种子时期

（1）胚胎发育期。胚胎发育期从卵细胞受精开始，到种子成熟为止。受精以后，胚珠发育成为种子。这个过程受到当时环境的影响，母本植株需有良好的营养条件及光合条件，才能保证种子健壮发育。

（2）种子休眠期。大多数花卉的种子成熟以后，都有不同程度的休眠期（营养繁殖器官如茎、块根等也有休眠期）。有的种子休眠期较长，有的较短，甚至没有。保存在冷凉、干燥环境中的种子，其代谢水平低，存活时间更长。

（3）发芽期。种子经过一段时间的休眠后，遇到适宜的环境（温度、氧气及水分等）即能吸水发芽。种子发芽时呼吸与生长所需的能量均来自本身储藏的物质，所以种子的大小、储藏物质的性质与数量，对发芽的快慢及幼苗的生长影响很大。栽培时要选择发芽能力强而饱满的种子，保证最合适的发芽条件。

2. 营养生长时期

（1）幼苗期。种子发芽以后进入幼苗期，即营养生长的初期。幼苗生出的根吸收土壤中的水分及营养，生出叶片后进行光合作用。子叶出土的花卉，子叶对幼苗生长的作用很大。幼苗期间子叶生长迅速，代谢旺盛，光合作用所产生的营养物质除呼吸消耗外，全部为新生的根、茎、叶生长所需。花卉幼苗生长的好坏，对以后的生长及发育有很大的影响。幼苗生长速度很快，对土壤水分及养分吸收的绝对量虽然不多，但要求严格。

（2）营养生长旺盛期。幼苗期以后，一年生花卉有一个营养生长的旺盛时期，枝叶及根系生长旺盛，为开花结实打下营养基础。二年生花卉也有一个营养生长的旺盛时期，在短暂休眠后，第二年春季又开始旺盛生长，并为开花结实做好营养准备。这个时期结束后，转入养分积累期，营养生长的速度减慢，同化作用大于异化作用。

（3）营养休眠期。二年生花卉及多年生花卉在储藏器官形成后有一个休眠期，有的是自发的休眠，但大多数是被动的（或称强制的）休眠，一旦遇到适宜的温度、光照及水分条件，即可发芽或开花。它们的休眠性质与种子的休眠不同。一年生花卉没有营养器官的休眠期，有些多年生花卉如麦冬、万年青等也没有这一时期。

3. 生殖生长时期

（1）花芽分化期。花芽分化是植物由营养生长过渡到生殖生长的形态标志。二年生花卉经过一定的发育阶段以后，在生长点进行花芽分化，然后现蕾、开花。

（2）开花期。从现蕾、开花到授粉、受精，是生殖生长的一个重要时期。这一时期对外部环境的抗性较弱，对温度、光照及水分的反应敏感。

（3）结果期。观果类花卉的结果期是观赏价值最高的时期，果实的膨大生长依靠叶片光合作用产生的养分。木本花卉在结果期继续进行枝叶的营养生长，而一、二年生花卉的营养生长时期与生殖生长时期有较明显的区分。

以上是花卉的一般生长发育过程，并不是每一种花卉都经历所有的时期。如有些无性繁殖的种类也会开花甚至产生种子，但与有性繁殖的种类有很大不同。

三、生长发育的规律性

花卉同其他植物一样，无论是从种子到种子还是从球根到球根，在一生中既有生命周期的变化，又有年周期的变化，在个体发育中大多经历种子休眠与萌发、营养生长和生殖生长三大时期，各个时期或周期的变化都有一定的规律性。由于花卉种类繁多，原产地的生态复杂，常形成众多的生态类型，其生长发育过程和类型以及外界环境条件也不同。不同种类花卉的生命周期长短差距很大，一般木本花卉的生命周期达数年至数百年，草本花卉的生命周期短的只有几天，长的可达一两年至数年。

花卉同其他植物一样，在年周期中表现最明显的有两个阶段，即生长期和休眠期的规律性变化。但是，由于花卉品种繁多，原产地立地条件也极为复杂，所以年周期的情况变化非常大，尤其是休眠期的类型和特点多种多样。一年生花卉春天发芽，当年开花结实后死亡，仅有生长期的各时期变化，年周期即为生命周期。二年生花卉秋播后，以幼苗状态越冬休眠或半休眠。多年生的宿根花卉和球根花卉在开花结实后，地上部分枯死，地下储藏器官形成后进入休眠越冬（如萱草、芍药、鸢尾以及春植球根类唐菖蒲、大丽花、荷花等）或越夏（如秋植球根类水仙、郁金香、风信子等）。还有许多常绿性多年生花卉，在适宜环境条件下几乎周年生长，保持常绿而无休眠期，如万年青、书带草和麦冬等。

因此，花卉生长发育具有顺序性、不可逆性、生长发育的生命周期性和年周期性的规律性。

四、设施花卉的生长发育生理

1. 春化作用

某些植物在个体发育过程中要求必须通过一个低温周期才能引起花芽分化，这个低温周期的作用就称春化作用。春化作用是指低温（包括人工及自然低温）诱导或促进植株开花的作用。冬性作物已萌动的种子经过一定时间低温处理，则春播时也可以正常开花结实（如郁金香等），春化作用一词即由此而来。冬性一、二年生花卉以及某些多年生草本花卉，都有春化现象，这是它们必须等到翌年才能开花的基本原因。冬性草本植物一般于秋季萌发，经过一段营养生长后度过寒冬，于第二年夏初开花结实。如果于春季播种，则只长茎、叶而不开花，或开花大大延迟。这是因为冬性植物需要经历一定时间的低温才能形成花芽。所有需要低温诱导或促进开花的植物，都可以在其营养体时期进行，但并不都能在种子萌发时进行。种子萌发时感受低温的部位是胚，营养体时期的感受部位为茎尖。1～2 ℃是最有效的春化温度，但只要低温持续时间足够长，－9～－1 ℃都有效。

可以利用人工的低温处理，来满足植物分化花芽所需要的低温，而取得过冬的效果，这种处理方式叫作春化处理。经过春化处理，即使是春天，也会像秋天播种时一样地开花；相反，未经过低温处理（人工或自然）的球根，即使叶片繁茂也不会开花。所以，在购买球根时，需特别询问球根是否已预先低温处理，如果没有，可以购回自行处理。处理的方法是将球根以报纸包裹打湿，再套上网袋，放入冰箱储存 1～3 个月即可。不过，为避免麻烦，建议购买已冷藏处理过的球根。

2. 光周期作用

光周期是指一天中白昼与黑夜的相对长度。植物对周期性的特别是昼夜间的光暗变化及光暗时间长短的生理响应特点，尤指某些植物要求经历一定的光周期才能形成花芽的现象，称为光周期现象。光周期是植物对光变化的反应。光周期会影响植物的生长，所以光周期对植物来说是很重要的。

1912 年，法国的 J. 图尔努瓦发现大麻在每日 6 h 的短日照条件下会开花，在长日照下则停留于营养生长阶段。1913 年，德国的 G. A. 克莱布斯发现人工加长每日光照时间，可使通常在 6 月开花的长春花属植物在冬季开花。但明确地提出光周期理论的是美国园艺学家 W. W. 加纳和 H. A. 阿拉德。他们在 1920 年发现，将在美国南部正常开花的烟草移至美国北部栽培时，夏季只长叶不开花，但如果在秋冬移入温室则可开花结实。他们发现大豆、紫苏、高粱等也有这种现象，并各有其日长上限（此日长限度称为临界日长），日照长度短于此数值时即可开花；同时发现菠菜、萝卜等植物相反，须在日照长度超过一临界日长时才能开花。

大多数花卉的开花取决于每日日照时间的长短。除开花外，块根、块茎的形成，叶的脱落和芽的休眠等也受到光周期的控制。花卉根据开花与光周期的关系，可分为长日照花卉、短日照花卉和日照中性花卉三种类型。

（1）长日照花卉。其要求较长时间的光照才能成花。一般要求每天有 14～16 h 的日照可以促进开花，若在昼夜不间断的光照下，促进作用更明显；相反，在较短的日照下，便不开花或延迟开花。二年生花卉秋播后，在冷凉的气候下进行营养生长，在春天长日照下迅速开花，如瓜叶菊、紫罗兰等。早春开花的多年生花卉，在冬季低温下满足春化的要求，在春季长日照下开花，如锥花福禄考等。

（2）短日照花卉。其要求较短时间的光照就能成花。在每天日照为 8～12 h 的短日照条件下能够促进开花，而在较长的光照下便不能开花或延迟开花。一年生花卉在自然条件下，春天播种发芽后，在长日照下生长茎、叶，在秋天短日照下开花；若春天播种较迟，进入秋天后，虽植株矮小，但由于在短日照条件下，仍如期开花，如波斯菊等。秋天开花的多年生花卉多属短日照花卉，如菊花、一品红等。

（3）日照中性花卉。其在较长或较短的光照下都能开花，对于光照长短的适应范围较广。其在 10～16 h 光照下均可开花，如大丽花、香石竹等。

3. 春化作用与光周期作用的关系

植物的春化作用和光周期反应两者之间有密切的关系。许多有春化要求的植物，对光周期反应也敏感，如不少长日照植物，在高温下即使在长日照条件下也不开花或延迟开花，这是高温“抑制”了长日照对花卉发育的影响。通常在自然条件下，长日照和高温（夏季）、短日照和低温（冬季）总是相互伴随和关联着。短日照处理可以代替某些植物的低温要求，低温也可以代替光周期的要求。

五、花卉的花芽分化

花芽分化与发育是花卉个体发育中的重要环节，了解和掌握花卉的花芽分化时期、特性、规律和对环境条件的要求，对花卉生产中的花期调控有重要意义。

1. 花芽分化过程

花芽分化是指叶芽的生理和组织状态向花芽的生理和组织状态转化的过程。花芽分化的整个过程可分为生理分化阶段、形态分化阶段和性细胞形成阶段，三个阶段顺序不可改变，而且缺一不可。

生理分化是形态分化之前生长点内部由叶芽的生理状态（代谢方向）转向花芽的生理状态（代谢方向）的过程，是肉眼看不见的生理变化期。

形态分化是芽内部花器官出现，表现为花部各个花器（花瓣、雄蕊、雌蕊等）的发育形成。

性细胞形成即花粉和柱头内的雌雄两性细胞的发育形成。全部花器官分化完成，称花芽形成。外部或内部一些条件对花芽分化的促进称花诱导。

当植物通过光合作用进行营养生长将营养物质积累到一定程度，并通过了春化阶段，也满足了光周期要求时，即进入生殖生长期，开始花芽分化，为开花结实做准备。此时营养生长减慢或停止。

2. 花芽分化类型

不同花卉开始花芽分化的时间以及完成花芽分化所需的时间长短是不同的，随花卉品种、生态条件、栽培技术的不同而不同。依花芽分化的时期及年限周期内分化的次数分为以下几类。

（1）夏秋分化类型。花芽分化一年一次，于6—9月高温季节进行。通常于春天开花，如牡丹、丁香、梅花及球根花卉等。

（2）冬春分化类型。原产于温暖地区的木本花卉如柑橘类多在冬季12月至次年3月分化花芽，二年生花卉及春季开花的宿根花卉如白头翁等在春季温度较低时进行。

（3）当年一次分化的开花类型。在当年生的新梢或花茎顶端形成花芽，如紫薇、木槿、木芙蓉，以及夏秋开花的宿根花卉如萱草、菊花等。

（4）多次分化类型。一年中多次发枝，每次枝顶均能形成花芽并开花，如月季、香石竹等。

（5）不定期分化类型。每年只分化一次花芽，但无一定时期，只要达到一定的营养生长阶段即可开花，如凤梨类花卉、万寿菊、百日草等。

3. 花芽分化的环境因素

（1）光照。光照周期长短对植物花芽分化有影响，这是光周期现象。各种植物成花对日照长短要求不一，根据这种特性可把植物分为长日照植物、短日照植物、日照中性植物。光照度也影响花芽分化，一般强光较利于花芽分化，所以花卉种植太密集不利于成花。光质对花芽分化的影响主要是紫外光可促进分化。

（2）温度。不同花卉花芽分化的最适温度不一样，但总的来说花芽分化的最适温度比枝叶生长的最适温度高，这时枝叶停长或缓长，花芽开始分化。许多越冬性花卉和多年生木本花卉，必须经过春化作用才能完成花芽分化和开花。根据春化的低温值不同，把植物分成冬性植物、春性植物和半冬性植物。

（3）水分。土壤水分状况好，植物营养生长旺盛，不利于花芽分化；而土壤干旱，营养生长停止或较缓慢，有利于花芽分化。花卉生产的“蹲苗”，即利用适当的土壤干旱促使开花。

4. 控制花芽分化的农业措施

控制（包括促进和抑制两方面）花芽分化主要有以下技术措施：

（1）促进花芽分化。减少氮肥施用量；减少土壤供水；生长着的枝梢摘心及扭梢、弯枝、拉枝、环剥、环割、倒贴皮、绞缢等；喷施或土施抑制生长、促进花芽分化的生

长调节剂；疏除过量的果实；修剪时多轻剪，长留缓放。

（2）抑制花芽分化。多施氮肥，多灌水；喷施促进生长的生长调节剂，如赤霉素；多留果；修剪时适当重剪，多短截。

单元测试题

1. 名词解释

喜光花卉、短日照花卉、长日照花卉、日照中性花卉、一年生花卉、二年生花卉、球根花卉、室内观叶植物。

2. 问答题

（1）花卉的分类有哪几种方法?

（2）球根花卉是如何分类的?

（3）举例说出露地花卉和温室花卉的名称。

（4）简述生长和发育的概念。

（5）简述花卉生长发育的规律性。

（6）简述春化作用和光周期作用。

（7）简述花芽分化的过程。

第4单元

设施环境对花卉生长发育的影响及其调控技术

不同的植物种类完成生长发育过程所要求的环境条件不同，只有充分了解环境条件对花卉生长发育的影响，才能采取适当的栽培技术，达到预期的生产与应用目的。如花卉栽培中经常应用的对种子与种球进行低温处理以打破休眠等，就是在充分了解花卉的生长发育规律以后应用的，这些技术不仅缩短了生产周期、降低了成本，也提高了花卉的观赏价值和经济价值。

第一节　设施环境对花卉生长发育的影响

→ 掌握环境因素对花卉生长发育的作用

→ 了解环境因素对花卉生长发育的相关性

环境因素对花卉生长发育起着重要的作用。温度、水分、土壤、光照对花卉的繁殖、生长、开花、结实的不同阶段起到的作用和影响是不同的，它们的关系是相互制约、相互依存的，过剩或不足都会导致花卉生长发育不良，只有使其均衡，才能培育出健康、生长良好的花卉。

一、温度

温度是影响花卉生长发育最重要的生态因素之一，它影响着花卉的地理分布，制约着生长发育速度及体内的物质代谢等一系列生理机制。只有温度适宜，花卉才能生长健壮。

1. 温度影响花卉的分布

温度是影响花卉分布的最主要因素。花卉生长对温度有三基点要求：最低温、最适温、最高温。花卉在最低最高温度之间进行生命活动；只有当温度的高低和持续的时间在最适宜的情况下，花卉才能健壮生长。对于温度应经常考虑三种情况，一是极端最高最低温度值和持续的时间，二是昼夜温差的变化幅度，三是冬夏温差变化的情况，这些都是促成或限制花卉生长发育和生存的条件。

一般花卉生长发育存在最适的气温与地温差异。有少数花卉要求一定的地温，如紫罗兰、金鱼草、金盏菊的一些品种，以地温 15 ℃最适宜。一般来说，较高的地温有利于根系生长和发育。大多数花卉对气温与地温差要求没有这样严格，在气温高于地温时即可生长。原产于温带的花卉要求最适昼夜温差，而原产于热带的花卉，如许多观叶植物则在昼夜温度一致的条件下生长最好。

低温是限制花卉生长的首要因素。依据花卉耐寒力的不同，将其分为耐寒性花卉、半耐寒性花卉、不耐寒性花卉（又分为高温花卉、中温花卉、低温花卉）。

（1）耐寒性花卉。耐寒性花卉原产于寒带或温带地区的露地，如二年生草本花卉、部分宿根及球根花卉等。这类花卉耐寒性强，一般能耐 0 ℃以上的低温，其中一部分能忍受−5～−10 ℃的低温，在我国华北和东北南部地区可露地安全越冬，如玉簪、萱草、蜀葵、玫瑰、丁香、迎春、紫藤、海棠、榆叶梅、金银花等。此外，大花三色堇、二月兰、金盏菊、雏菊、紫罗兰、桂竹香等在长江流域一带露地栽培时可保持绿色越冬，继续生长，有的还可继续开花，其开花适温为5～15 ℃。

（2）半耐寒性花卉。半耐寒性花卉原产于温带较暖和的地区。这类花卉耐寒力介于耐寒性花卉与不耐寒性花卉之间，通常要求冬季温度0 ℃以上，在我国长江流域能够露地安全越冬，在“三北”地区（东北、西北、华北）稍加保护也可露地越冬，如金鱼草、金盏菊、牡丹、芍药、石竹、翠菊、郁金香、月季、梅花、夹竹桃、桂花、广玉兰等。

（3）不耐寒性花卉。不耐寒性花卉原产于热带及亚热带地区，包括露地一年生草本花卉和温室花卉。这类花卉喜高温环境，耐热，忌寒冷，要求温度一般不得低于5 ℃，在我国华南和西南南部可露地越冬，在其他地区均需温室越冬，故有时也称温室花卉，如一串红、鸡冠花、百日草、文竹、扶桑、变叶木、仙人掌类及其他多浆植物等。这类花卉在生长期间要求高温，不能忍受0 ℃以下的低温，其中一部分种类甚至不能忍受5 ℃左右的温度，在这样的温度下则停止生长甚至死亡，如秋海棠类、彩叶草、吊兰、大岩桐、茉莉等要在10～15 ℃的条件下才能正常越冬，而王莲则要在25 ℃以上才能越冬。

此外，热带高原原产的花卉要求冬暖夏凉的气候，如百日草、大丽花、唐菖蒲、波斯菊、仙客来、倒挂金钟等。

花卉的耐寒能力与耐热能力是息息相关的。一般来说，耐寒能力强的花卉一般都不耐热。就种类而言，水生花卉的耐热能力最强，其次是一年生草本花卉以及仙人掌类植物，最后是扶桑、夹竹桃、紫薇、橡皮树、苏铁等木本花卉。而牡丹、芍药、菊花、大丽花等耐热性较差，却相当耐寒。耐热能力最差的是秋植球根花卉，以及仙客来、秋海棠、倒挂金钟等。这类耐热性差的花卉的栽培养护关键环节是降温越夏，同时还要注意通风。也有一些花卉既不耐寒，也不耐热，如君子兰、长寿花、杜鹃花等。

2. 温度影响花卉的休眠与萌发

（1）温度影响种子的休眠与萌发。任何花卉种子萌发都需要适宜的温度，有的范围宽些，有的范围窄些。有些花卉种子需要低温处理打破其休眠。秋播花卉要在温室中促成栽培，有些种类需要低温处理种子后方可开花。

（2）温度影响球根的休眠与萌发。夏季低温处理（冷藏）可以使郁金香、水仙、百合等一些秋植球根花卉在冬季提前萌动。大丽花、唐菖蒲等春植球根花卉需要较高的温度才能萌发生长。

（3）温度影响宿根花芽的休眠与萌发。每年秋末温度高低影响宿根花卉进入休眠的早晚，早春温度高低影响宿根花卉萌动的早晚。

3. 温度影响花卉的生长发育

花卉在不同的生长发育阶段对温度的要求也有所变化。一般而言，一年生花卉种子萌发可在较高温度（尤其是土壤温度）下进行。一般喜温花卉的种子，发芽温度在25 ℃为宜；而耐寒花卉的种子，发芽在14～15 ℃或更低时就开始。幼苗期要求温度较低，长大又要求温度逐渐升高，这样有利于进行同化作用和积累营养。至开花结实阶段，多数花卉不再要求高温条件，相对低温有利于生殖生长。一般规律是：播种期（即种子萌发期）要求温度高，幼苗生长期要求温度低；生长期需要温度高，开花结实期要求相对较低的温度，有利于延长花期和种子成熟。

二年生草本花卉幼苗期大多要求经过一个低温阶段（1～5 ℃），以利于通过春化阶段，否则不能进行花芽分化；进入旺盛生长期则要求较高的温度环境。春化时期的温度越低（但不能超过能忍耐的极限低温），通过春化阶段所需的时间越短。因此，每种花卉的不同生长发育时期对温度的要求有很大的区别。温度影响花的花芽分化和花的发育。

（1）低温进行花芽分化。有些花卉需要春化作用才能够开花。冬性越强的花卉要求温度越低，持续时间也越长。许多原产于温带中北部及各地的高山花卉，其花芽分化多要求在 20 ℃以下较凉爽的气候条件下进行，如八仙花、金盏菊、卡特兰属和石斛属的某些种类在 13 ℃左右和短日照下可促进花芽分化，一些秋播花卉如雏菊、金鱼草、飞燕草、花菱草、虞美人、石竹类、蜀葵、紫罗兰、香豌豆、大花亚麻、美女樱、三色堇、羽衣甘蓝、桂竹香、毛地黄等都要求在低温下进行花芽分化。近年的研究指出，除冬性花卉外，其他种类也表现出类似的春化现象。

（2）高温进行花芽分化。有些花卉在 20 ℃或更高的温度下通过春化阶段进行花芽分化，实际这已超出了春化作用的最初含义。许多花木类如杜鹃、山茶、梅、桃、樱花、紫藤等都在 6—8 月气温高至 25 ℃以上时进行花芽分化，入秋后植物体进入休眠，经过一定低温后结束或打破休眠而开花。许多球根花卉的花芽也在夏季较高温度下进行分化，如唐菖蒲、晚香玉、美人蕉等春植球根于夏季生长期进行分化，而郁金香、风信子等秋植球根在夏季休眠期进行分化。其他如醉蝶花、紫茉莉、半支莲、鸡冠花、千日红、含羞草、月见草、凤仙花、风船葛、长春花、彩叶草、一串红、烟草花、矮牵牛、蛇目菊、波斯菊、麦秆菊、百日草等也都是在高温条件下进行花芽分化的。

4. 温度对花色的影响

温度的高低还会影响花色，通常与光照强度共同发生作用，如高温与弱光会导致花色变浅。

温度主要影响花色素中花青素的变化。如大丽花在冷凉的气候条件下花色好；蓝白复色的矮牵牛，蓝色和白色部分的多少受温度的影响，30～35 ℃呈蓝色，15 ℃呈白色，在 15～30 ℃时呈蓝色和白色复色花。此外还有月季花、菊花等在较低温度下花色鲜艳，而在高温下花色暗淡。喜高温的花卉在高温下花朵色彩艳丽，如荷花、半支莲、矮牵牛等。而喜冷凉的花卉，如遇 30 ℃以上的高温则花朵变小，花色暗淡，如虞美人、三色堇、金鱼草、菊花等。

多数花卉开花时如遇温度较高、阳光充足的条件则花香浓郁，不耐高温的花卉遇高温时香味变淡，这是由于参与各种芳香油形成的酶类的活性与温度有关。花期遇气温高于适温时花朵提早脱落，同时，高温条件下花朵香味持续时间也缩短。

二、水分

水是植物体的重要组成部分，是植物生命活动的必要条件，是生理生化反应的介质、营养物质的溶剂、光合作用的原料。

无论是植物根系从土壤中吸收和运输养分，还是植物体内进行一系列生理生化反应，都离不开水，水分的多少直接影响着植物的生存、分布、生长和发育。如果水分供应不足，种子不能萌发，嫁接不能愈合，生理代谢如光合作用、呼吸作用、蒸腾作用也不能正常进行，更不能开花结果，严重缺水时还会造成植株凋萎、枯死；反之，如果水分过多，又会造成植株徒长、烂根，抑制花芽分化，刺激花蕾脱落，不仅会降低观赏价值，严重时还会造成死亡。

影响花卉生长发育的水分因素包括水量（土壤水分和空气水分）、水质（水的软硬度、酸碱度、营养成分及污染状况）和水温。

1. 花卉种类不同对水分的要求不同

由于原产地的雨量及其分布状况不同，花卉对水分的要求也不同，分为旱生花卉、中生花卉、湿生花卉、水生花卉。

（1）旱生花卉。旱生花卉耐旱性极强，能忍受较长时间的土壤、空气水分干燥，有特殊的生理生态及形态结构的适应性，如仙人掌及多浆植物类。

（2）中生花卉。中生花卉生长在晴雨有节、干湿交替的环境中，久干久湿均不利其生长，大部分花卉均属于此类。

（3）湿生花卉。湿生花卉要求土壤和空气湿度很高或者需要在有水的环境才能正常生长，如热带兰类、凤梨类等。

（4）水生花卉。水生花卉是指生长在水中的花卉，根、茎具有相互贯穿的通气组织，水面以上叶片大，水中叶片小，如荷花、睡莲、王莲等。

2. 不同生长期对水分的需求不同

同一种花卉在不同的生长阶段对水分的需求各不相同。种子萌芽期需要较多的水分。种子萌发后，在幼苗期因根系浅，根系吸水力弱，保持土壤湿润状态即可，不能太湿或有积水，需水量相对于萌芽期要少。旺盛生长期需要充足的水分供应。生殖生长期需水较少，空气湿度也不能太高，否则会影响花芽分化、开花数量及质量。

水分对花卉的花芽分化及花色也有影响。一般情况下，控制水分有利于花芽分化，如风信子、水仙、百合等用 30～35 ℃的高温处理种球，使其脱水可以使花芽提早分化并促进花芽的伸长。水分对花色的影响也很大，水分充足才能显示花卉品种色彩的特性，花期也长；水分不足的情况下花色深暗，如蔷薇、菊花表现很明显。

3. 空气湿度对花卉生长发育的影响

花卉可以通过气孔或气生根直接吸收空气中的水分，这对于原产于热带和亚热带雨林的花卉，尤其是一些附生花卉极为重要。对大多数花卉而言，空气中的水分含量主要影响花卉的蒸发，进而影响花卉从土壤中吸收水分，从而影响植株的含水量。

不同生长发育阶段对空气湿度的要求不同。一般来说，在营养生长阶段要求湿度大，开花期要求湿度小，结实和种子发育期要求湿度更小。不同花卉对空气湿度的要求也不同。原产于沙漠地区的仙人掌类花卉要求空气湿度小，而原产于热带雨林的观叶植物要求空气湿度大。湿生植物、附生植物，一些蕨类、苔藓植物，苦苣苔科花卉、凤梨科花卉、食虫植物及气生兰类在原生环境中附生于树的枝干，或生长于岩壁上、石缝中，吸收云雾中的水分，要求空气湿度大，这些花卉向温带及山下低海拔处引种时，其成活的主要因素之一就是保持一定的空气湿度，否则极易死亡。一般花卉要求65%～70%的空气湿度。空气湿度过大对花卉生长发育有不良影响，往往使枝叶徒长、植株柔弱，降低对病虫害的抵抗力，会造成落花落果，还会妨碍花药开放，影响传粉和结实。空气湿度过小，花卉易产生红蜘蛛等病虫害，影响花色，使花色变浓。

三、光照

光是植物的生命之源。没有光照，植物就不能进行光合作用，不能进行生长发育。一般而言，光照充足，光合作用旺盛，形成的碳水化合物多，花卉体内干物质积累就多，花卉生长和发育就健壮；而且，碳氮比高有利于花芽分化和开花。因此大多数花卉只有在光照充足的条件下才能花繁叶茂。一般来说，光照对花卉的影响主要表现在光照强度、光照时间和光质三个方面。

1. 光照强度对花卉的影响

光照强度影响花卉的生理活动、花卉的分布、花卉的生长发育和花卉的形态及结构特征。

不同种类的花卉对光照强度的要求是不同的，主要与它们的原产地光照条件相关。一般原产于热带和亚热带的花卉因当地阴雨天气较多，空气透明度较低，往往要求较低的光照强度，将它们引种到北方地区栽培时通常需要进行遮阴处理。而原产于高海拔地带的花卉则要求较强的光照条件，而且对光照中的紫外光要求较高。根据对光照强度的要求不同，花卉可分为以下三种类型。

（1）阳性花卉。阳性花卉喜强光，不耐荫蔽，具有较高的光补偿点，在阳光充足的条件下才能正常生长发育；如果光照不足，则枝条纤细、节间伸长、枝叶徒长、叶片黄瘦，花小而不艳、香味不浓，开花不良或不能开花。阳性花卉包括大部分观花、观果类花卉和少数观叶花卉，如一串红、月季、茉莉、扶桑、石榴、梅花、菊花、玉兰、棕榈、苏铁、橡皮树、银杏、紫薇等。

（2）阴性花卉。阴性花卉多原产于热带雨林或高山阴坡及林下，有较强的耐阴能力和较低的光补偿点，在适度荫蔽的条件下生长良好；如果强光直射，则会使叶片焦黄枯萎，长时间会造成死亡。阴性花卉主要是一些观叶花卉和少数观花花卉，如蕨类、兰科、苦苣苔科、姜科、秋海棠科、天南星科以及文竹、玉簪、八仙花、大岩桐等。其中一些花卉可以较长时间地在室内陈设，所以又称为室内观赏植物。

（3）中性花卉。中性花卉对光照强度的要求介于上述二者之间，既不耐阴，又怕夏季强光直射，如萱草、桔梗、白芨、杜鹃、山茶、白兰花、倒挂金钟等。

有些花卉对光照的要求因季节变化而不同，如仙客来、大岩桐、君子兰、天竺葵、倒挂金钟等夏季需适当遮阴，但冬季要求阳光充足。此外，同一种花卉在其生长发育的不同阶段对光照的要求也不同，一般幼苗期需光量低，有些甚至在播种期需要遮光才能发芽；幼苗生长至旺盛生长期需逐渐增加光照量；生殖生长期则因长日照、短日照等习性不同而不同。各类喜光花卉在开花期若适当减弱光照，不仅可以延长花期，而且能保持花色艳丽；而各类绿色花卉，如绿月季、绿牡丹、绿菊花等在花期适当遮阴则花色纯正，不易褪色。花卉与光照强度的关系不是固定不变的，随着环境条件的改变会相应地发生变化，有时甚至变化较大。

光照强度对花色也有影响。紫红色花是由于花青素的存在而形成的，花青素必须在强光下才能产生，而在散光下不易形成，如春季芍药的紫红色嫩芽以及秋季红叶均为花青素的颜色。

2. 光照时间对花卉的影响

光照长度是指一天中日出到日落的时数。昼夜之间光暗交替称为光周期。自然界中光照长度随纬度和季节而变化。在低纬度的热带地区，光照长度周年接近 12 h；在两极区有极昼和极夜现象，夏至时北极圈内光照长度为 24 h。因此分布于不同气候带的花卉，对光照长度的要求不同，高纬度地区多分布长日照花卉，低纬度的热带和亚热带地区多分布短日照花卉。植物对光照长度发生反应的现象，称光周期现象。光照长度影响一些花卉的休眠、球根形成、节间长短、叶片发育、成花、花青素形成等过程。光照长度影响一些花卉的营养繁殖，一些球根花卉的块根、块茎，如菊芋、大丽花、球根秋海棠易在短日照条件下形成。温带多年生花卉的冬季休眠受日照长度的影响。一般短日照促进休眠，长日照促进营养生长。

由于原产地不同，花卉成花过程对光照长度的要求也不同。依据它们成花时对光照长度要求的不同，最常见的有以下三类。

（1）长日照花卉。长日照花卉要求每天的光照时间必须长于一定的时间（一般在 12 h 以上）才能正常形成花芽和开花，如果在发育期不能提供这一条件，就不会开花或延迟开花，如令箭荷花、唐菖蒲、风铃草类、天竺葵、大岩桐等。日照时间越长，这类花卉生长发育越快，营养积累越充足，花芽多而充实，花多色艳，种实饱满；否则植株细弱，花小色淡，结实率低。唐菖蒲是典型的长日照植物，为了周年供应切花，冬季在温室栽培时，除需要高温外，还要用电灯来增加光照时间。通常春末和夏季为自然花期的花卉是长日照花卉。

（2）短日照花卉。短日照花卉要求每天的光照时间必须短于一定的时间（一般在 12 h 以内）才有利于花芽的形成和开花。这类花卉在长日照条件下花芽难以形成或分化不足，不能正常开花或开花少。一品红和菊花是典型的短日照花卉，它们在夏季长日照的环境下只进行营养生长而不开花，入秋以后，日照时间减少到 10 h，才开始进行花芽分化。多数在秋冬季开花的花卉属于短日照花卉。对于短日照花卉，适当延长黑暗（缩短光照）可以促进和提早开花；相反，延长光照，则推迟开花或不能成花。短日照花卉有波斯菊、金光菊、一品红、秋菊等。波斯菊、金光菊无论何时播种，都将在秋天短日照条件下开花。

（3）日中性花卉。日中性花卉对光照时间长短不敏感，只要温度适合，一年四季都能开花，如月季、扶桑、天竺葵、美人蕉、香石竹、矮牵牛、百日草等。

3. 光质对花卉的影响

光质对植物的生长、形态、光合作用、物质代谢及基因表达均有调控作用。

不同波长的光对植物生长发育作用不同。红光不仅有利于植物碳水化合物的合成，还能加速长日照植物的发育；短波的蓝紫光能加速短日照植物的发育，并能促进蛋白质和有机酸的合成。一般认为长波光可以促进种子萌发和植物的高生长；短波光可以促进植物的分蘖，抑制植物伸长，促进多发侧枝和芽的分化；极短波则促进花青素和其他色素的形成。高山地区及赤道附近极短波光较强，花色鲜艳，就是这个道理。

光的有无和强弱也影响花蕾开放的时间。如半支莲必须在强光下才能开放，紫茉莉、晚香玉需在傍晚时盛开香气更浓，昙花则在夜晚开，牵牛只盛开于晨曦，大多数花卉则晨开夜闭。

另外，光对花卉种子的萌发有不同的影响。有些花卉的种子，有光时发芽比在黑暗中发芽效果好，一般称为好光性种子，如报春花、秋海棠、六倍利等，这类种子播种后不必覆土或稍覆土即可。有些花卉的种子需要在黑暗条件下发芽，通常称嫌光性种子，如喜林草属等，这类种子播种后必须覆土，否则不会发芽。

四、土壤

土壤是栽培观赏植物的重要基质，土壤质地、物理性质和酸碱度都不同程度地影响观赏植物的生长发育。一般要求栽培所用土壤应具备良好的团粒结构，疏松、肥沃，排水性、保水性好，并含有较丰富的腐殖质，酸碱度适宜。

土壤对花卉生长发育的影响主要表现在土壤的物理性状（通透性能）、土壤肥力以及土壤的酸碱度三个方面。

1. 花卉对土壤的要求

一般一、二年生花卉对土壤要求不太严格，除重黏土及过度轻松的土壤外均可。秋播夏花类应以表土深厚的黏质壤土为宜，要求土壤保水力强，可以保证夏季的水分供给，而且一般幼苗期要求土壤的腐殖质含量更高一些。宿根花卉因根系较发达，对土壤要求不严格，但幼苗期喜腐殖质较丰富的疏松土壤，而且因生命周期长，需要土壤营养更充足一些，一般在栽植前通过施底肥来补充。球根花卉对土壤要求严格，要求腐殖质含量高而且排水性良好，实生苗（即播种繁殖苗）则要求更多的腐殖质。

2. 花卉对土壤酸碱度的要求

就土壤酸碱度而言，虽然一般花卉对土壤酸碱度要求不严格，在弱碱性或偏酸的土壤中都能生长，但大多数花卉在中性至偏酸性（pH 值为 5.5～7）的土壤中生长良好。根据花卉对土壤酸碱度的不同要求，可将其分为以下四种类型。

（1）耐强酸性花卉。要求土壤 pH 值为 4.0～6.0，如杜鹃、山茶、栀子、兰花、彩叶草和蕨类植物等。

（2）耐酸性花卉。要求土壤 pH 值为 6.0～6.5，如百合、秋海棠、朱顶红、蒲包花、茉莉、柑橘、马尾松、石楠等。

（3）中性花卉。要求土壤 pH 值为 6.5～7.5，绝大多数观赏植物属此类。

（4）耐碱性花卉。要求土壤 pH 值为 7.5～8.0，如石竹、天竺葵、香豌豆、仙人掌、玫瑰、柽柳、白蜡、紫穗槐等。

此外，土壤酸碱度对某些花卉的花色变化也有重要影响，八仙花的花色变化即由土壤 pH 值的变化引起。土壤 pH 值低花色呈现蓝色，pH 值高则呈现粉红色。

五、气体

空气是花卉生长的重要外界条件之一，没有空气（特别是空气中的氧气、二氧化碳），一切生命过程都将停止。没有空气或空气不足，花卉就不能正常生长发育。但空气中的二氧化硫等一些有害气体，对花卉的生长发育有不利的影响。

1. 空气成分对花卉生长的影响

空气中氧气和二氧化碳是需氧生物不可缺少的。在正常环境中，空气成分主要是氧气（占 21%）、二氧化碳（占 0.03%）、氮气（占 78%）和微量的其他气体。在这样的环境中，花卉可以正常生长发育。

（1）氧气。花卉的各部分都需要呼吸氧气，呼出二氧化碳。特别是种子萌发、花朵开放时，呼吸作用特别旺盛。所以种子不能长时间泡在水中，否则会因缺氧而不能发芽。土壤积水或板结也会造成缺氧，而使根系呼吸困难造成生长不良，严重时引起烂根等现象，所以需要经常松土、清除积水，保证土壤中有充足的氧气。

（2）二氧化碳。二氧化碳在空气中的浓度为 300 μL/L 左右，约占空气的 0.03%，含量虽少，但一般可以满足光合作用的需要。国外有人研究在花卉生产中采用提高二氧化碳浓度的办法来增加花卉产量和改善花卉品质，有报道说，提高二氧化碳的浓度可增加月季的产花量，改善菊花、香石竹的品质。过量的二氧化碳对人、花都有害。因此，居室内养花不能过多。北方冬季往往门窗紧闭，要注意温室、大棚和养花居室的通风换气，经常保持空气新鲜。

人们经常利用改变空气成分的方法调控花卉的花期。如正在休眠状态的杜鹃、海棠、紫丁香等，在每 1 000 m^3 体积空气中加入 10 mL 浓度为 40%的 2-氯乙醇，经过 24 h 就可以打破休眠而提早发芽开花；又如郁金香、香雪兰等均可在含乙醚或三氯甲烷的气体中催眠而提早开花，每 1 000 m^3 空气中用 20～24 g 乙醚，时间需 1～2 昼夜。

2. 空气污染对花卉生长的影响

花卉栽培常遇到的问题是二氧化硫、氨、氟化氢、一氧化碳和其他有害气体对花卉产生的危害。这些有害气体主要是工厂排放的烟尘，其危害较重，范围较大，且难以防治，表现的主要症状是叶片上出现斑点、叶脉变色、花色异常，或使叶变小、变形，并使花期推迟，或开花少、小甚至不开花结实。还有的是生理性伤害，看不到外部的症状，但植物的一些生理活动如光合作用、呼吸作用及一些合成分解代谢均受到抑制或减弱。所以，在厂区或工矿区附近，要注意摸清排放有害气体的种类，栽培对该种气体抗性强或不敏感的花卉，而不要栽植对该种气体敏感的花卉。花卉对有害气体的抗性见表 4-1。

表 4-1　　花卉对有害气体的抗性

气体	抗性强	抗性中	抗性弱
二氧化硫	龟背竹、月桂、鱼尾葵、散尾葵、令箭荷花、苏铁、海桐、肾蕨、唐菖蒲、龙须海棠、君子兰、美人蕉、牛眼菊、石竹、醉蝶花、翠菊、大丽花、万寿菊、鸡冠花、金盏菊、晚香玉、玉簪、凤仙花、菊花、野牛草、扫帚草	杜鹃花、叶子花、茉莉花、南天竹、一品红、三色苋、高山积雪、矢车菊、旱金莲、百日草、蛇目菊、天人菊、波斯菊、锦葵、一串红、荷兰菊、桔梗、肥皂草	金鱼草、月见草、硫华菊、美女樱、蜀葵、麦秆菊、滨菊、福禄考、黄秋葵、曼陀罗、苏氏凤仙、倒挂金钟、瓜叶菊
氟化氢	海桐、柑橘、秋海棠、大丽花、一品红、倒挂金钟、牵牛花、天竺葵、紫茉莉、万寿菊	美人蕉、半支莲、蜀葵、金鱼草、水仙、百日草、醉蝶花	杜鹃花、玉簪、唐菖蒲、毛地黄、郁金香、凤仙花、三色苋、万年青

续表

气体	抗性强	抗性中	抗性弱
氯气	桂花、海桐、万年青、鱼尾葵、山茶花、苏铁、朱蕉、杜鹃花、朝天椒、唐菖蒲、千日红、鸡冠花、大丽花、紫茉莉、天人菊、一串红、金盏菊、翠菊、牵牛花、小黄葵、银边翠	一品红、长春花、八仙花、三色堇、叶子花、曼陀罗、晚香玉、凤仙花、金鱼草、矢车菊、荷兰菊、万寿菊、醉蝶花、石刁柏、波斯菊、百日草	倒挂金钟、天竺葵、报春花、福禄考、一叶兰、瓜叶菊、苏氏凤仙、月见草、芍药、四季海棠

（1）二氧化硫。二氧化硫是当前最主要的大气污染物，也是全球范围造成植物伤害的主要污染物。火力发电厂、黑色和有色金属冶炼、炼焦、合成纤维、合成氨工业是主要排放源。

硫是植物的必需元素，适量的二氧化硫被植物吸收利用后甚至有好的作用，但过量就会造成伤害。二氧化硫首先从叶片气孔周围细胞开始侵入，然后逐渐扩散到海绵组织，而危害栅栏组织，使细胞叶绿体遭到破坏，组织脱水坏死。最初叶缘和叶脉出现暗绿色水渍斑，随即组织坏死，叶脉之间伤斑较多，严重时伤害叶尖和叶缘。幼叶和老叶受害轻，而生理活动旺盛的功能叶受害较重。不同植物对二氧化硫的浓度反应不同，海桐、唐菖蒲等抗性较强，金鱼草、福禄考等抗性较弱。

（2）氟化氢。氟化氢是氟化物中排放量最大、毒性最强的气体。当氟化氢的浓度为1～5 μg/L时，较长时间接触即可使植物受害。大气氟污染的主要来源是炼铝厂和磷肥厂。

植物受氟化物气体危害时，出现的症状与受二氧化硫危害的症状相似，叶尖、叶缘出现红棕色至黄褐色的坏死斑，受害叶组织与正常组织之间常形成一条暗色的带，幼叶、幼芽、新叶受害比较明显。

（3）氯气。化工厂、农药厂、冶炼厂等在偶然情况下会逸出大量氯气。氯气对植物的毒性要比二氧化硫大，在同样浓度下，氯气对植物的危害程度是二氧化硫的3～5倍。氯气进入叶片后很快破坏叶绿素，产生褐色伤斑，严重时全叶漂白、枯卷甚至脱落。不同植物对氯气的相对敏感性是不同的，女贞、美人蕉、大叶黄杨等吸收能力强，叶中含氯量高达0.8%（占叶干重）以上仍未出现受伤症状；而龙柏、海桐等吸氯能力差，叶中含氯量达干重的0.2%左右即产生严重伤害。

（4）光化学烟雾。石油化工企业和汽车所排出的废气，是一种以一氧化氮和烯烃类为主的气体混合物。这些物质升到高空，在阳光（紫外线）的作用下，发生各种化学反应，形成臭氧（O_3）、二氧化氮（NO_2）、醛类（RCHO）等气态有害物质，再与大气中的粒状污染物（如硫酸液滴、硝酸液滴等）混合成浅蓝色的烟雾。这种烟雾的污染物主要是光化学作用形成的，故称为光化学烟雾。

在光化学烟雾中，臭氧是主要成分，所占比例最大，其氧化能力极强，严重危害植物生长，可使植物的叶、花及果实生长迟缓，产量减少，质量变差，甚至助长病虫害的发展和蔓延。对光化学烟雾敏感的植物如菊花、蔷薇、兰花和牵牛花等。

3. 指示植物

很多园林植物对大气中的有毒物质都具有抗性或吸附作用，但那些对有毒物质没有抗性的“敏感”植物，在城市绿化中也有很大作用，可以成为人们监测大气污染的帮手。

（1）对二氧化硫的监测。二氧化硫的浓度达到 $1\times10^{-6}\sim5\times10^{-6}$ 时人才能感觉到其气味，浓度达到 $10\times10^{-6}\sim20\times10^{-6}$ 时人就会咳嗽、流泪。敏感植物在其浓度为 0.3×10^{-6} 时经几小时就可在叶脉间出现点状或块状的黄褐斑或黄白色斑，而叶脉仍为绿色。监测植物有地衣、紫花苜蓿、凤仙花、翠菊、天竺葵、锦葵、含羞草等。

（2）对氟及氟化氢的监测。氟是黄绿色气体，有烈臭，在空气中迅速变为氟化氢；后者易溶于水成氢氟酸。慢性氟中毒症状为骨质增生、骨硬化，肾、肝、心血管、造血系统、生殖系统也受影响。氟及氟化氢的浓度为 $0.002\times10^{-6}\sim0.004\times10^{-6}$ 时对敏感植物即可产生影响。叶片伤斑最初表现在叶端和叶缘，然后向中心部扩展，浓度高时整片叶子枯焦脱落。监测植物有唐菖蒲、玉簪、郁金香、万年青、萱草、榆叶梅、葡萄、杜鹃、樱桃、月季等。

（3）对氯及氯化氢的监测。氯气是黄绿色气体，有臭味，比空气重。氯化氢为可溶于水的强酸。氯气有全身吸收性中毒作用，呼吸道吸入浓度为 $5\times10^{-6}\sim10\times10^{-6}$，即可溶解于黏膜，从水中夺取氢而变成氯化氢。氯中毒可引起黏膜性肿胀、呼吸困难、肺水肿、恶心、呕吐、腹泻等。氯及氯化氢可使植物叶片产生褐色点斑或块斑，但斑界不明显，严重时全叶褪色而脱落。监测植物有波丝菊、金盏菊、凤仙花、天竺葵、蛇目菊、硫华菊、一串红、落叶松、油松等。

（4）光化学气体。光化学烟雾中 90%是臭氧。人在浓度为 $0.5\times10^{-6}\sim1\times10^{-6}$ 的臭氧环境下 1～2 h 就会产生呼吸道阻力增加的症状。若长期处于 0.25×10^{-6} 浓度下，会使哮喘病患者病情加重。光化学烟雾中的臭氧可抑制植物的生长，在叶面出现棕褐色、黄褐色的斑点。监测植物有烟草、秋海棠、矮牵牛、蔷薇、丁香、樟树、皂荚等。

第二节　设施花卉栽培环境调控技术

→ 掌握设施花卉栽培环境调控的原理
→ 了解设施花卉栽培环境调控的一般技术

花卉在生长发育过程中除受自身遗传因素的影响外，还与其生存的生态因素——温度、光照、水分、空气、土壤等密切相关，在适宜的环境条件下，植物生长发育旺盛。因此，掌握设施花卉生长的环境特性，通过调控花卉生长的设施环境条件，科学地进行花卉栽培和管理，可以提高花卉的产量、质量和延长花卉供应期。

一、温度调控技术

植物的生长发育及维持生命都要求一定的温度范围。在适宜温度下，植物不仅生命活动旺盛，而且生长发育迅速。温度过低或过高都会影响植物的正常生长。在自然气候条件下，因昼夜、季节和地区的不同，温度变化范围很大，容易出现不满足植物生长条件的情况，这是露地不能进行植物周年生产的最主要因素。因此，突破自然条件的限制，可靠地提供满足植物生长的、优于自然界温度环境的条件，正是设施最首要的作用。

1. 设施内温度环境特点

设施内的热量主要来自太阳辐射与加温热源。不加温温室太阳辐射是唯一热源。白天太阳光照射在覆盖材料上，少部分反射掉，大部分被吸收，使地温、空气温度升高。室内热量还以辐射、传导、对流的方式透过保护设施表面向室外释放。表面放热量的大小除与覆盖物和围护结构所用材料的特性有关外，受外界风速、内外温差的影响较大，一般风速越大放热越快，内外温差越大损失热量也就越多。

设施内外气温有明显的季节变化和日变化。室内温度始终明显高于室外温度，采光越科学，保温越有力，外界温度越低，室内外温差就越大。室内外温差最大值出现在寒冷的 1 月，以后随外界气温升高、通风量加大，室内外温差逐渐缩小。温室内日平均气温受天气影响很大，晴天平均气温增加较多，阴天特别是连阴天增加较少。

设施内气温日变化显著。白天接受大量太阳辐射能，热量支出较少，则温度上升较快且数值较高；夜间只有热量的散失，温度不断下降，温度低。温室在晴天的上午升温快，午后降温也快，夜间降温慢。

2. 设施内温度调控技术

设施按照要求建成以后，应该具有良好的保温效果，设施温度的调控是在此基础上进行保温、升温和降温三个方面的调节控制，使设施内的温度指标适应花卉各个生长发育时期的需要。保护地内的热源来自光辐射，增加了光照强度就相应地提高了温度，所以增加光照强度的措施都有利于提高温度。

温度处理法就是人为地创造出满足花卉花芽分化、花芽成熟和花蕾发育对温度的需求，达到控制花期的目的。

（1）升温法。升温法主要用于促成栽培。

1）打破休眠，提前开花。多数花卉在冬季升温后都能提早开花，如温室花卉中的瓜叶菊、大岩桐、石竹、雏菊等。冬季处于休眠状态的木本花卉及露地草本花卉升温后也能提早开花，如牡丹、落叶杜鹃、金盏菊等。人为给予较高的温度（15～25 ℃），并经常喷水增加湿度，就能提早开花。开始升温至开花的天数因花卉种类、温度高低及养护方法等而有所不同。

2）延长花期。有些原产于温暖地区的花卉，开花阶段要求的温度较高，在适宜的温度下有不断生长、连续开花的习性，但在我国北方秋冬季节气温降低时就停止生长和开花。若能在 8 月下旬开花停止前人为升温处理（18～25 ℃），使其不受低温影响，就能不断生长开花，延长花期。例如，非洲菊、美人蕉、君子兰、茉莉花、大丽花等采用此法，可确保其延长花期。

（2）降温法。降温法既可用于抑制栽培，也可用于促成栽培。

1）低温推迟花期

①延长休眠期以延迟开花。耐寒花木在早春气温上升之前还处于休眠状态，此时将其移入冷室，可使其继续休眠而延迟开花。凡以花芽越冬休眠及耐寒的花卉均可采用此法。冷室温度以 1～4 ℃为宜，控制水分供给，避免过湿。花卉储藏在冷室中的时间要

根据计划开花日期的气候条件而定。出冷室初期，要将花卉放在避风、避日、凉爽的地方，几天后可见些晨夕阳光，并喷水、施肥，细心养护。如杜鹃在秋季放在冷室，保存时间长时，室内要有灯光，存放时间以到开花前 15～20 天为宜。

②减缓生长以延迟开花。较低的温度能减缓植物的新陈代谢，延迟开花。此法多用在含苞待放或初开的花卉上，如菊花、唐菖蒲、月季、水仙、八仙花等。当花蕾形成尚未展开时，放入低温（3～5 ℃）条件下，可使花蕾展开进程停滞或迟缓，在需要开花时即可移到正常温度下进行管理，很快就会开花。

2）低温提前花期

①低温打破休眠而提早开花。某些冬季休眠、春天开花的花木类，如果提前给其一定的低温处理，可使其提前通过休眠阶段，再给予适宜的温度即可提前开花。如牡丹提前 50 天左右给予为期两周 0 ℃以下的低温处理后，再移至生长开花所需要的适宜温度下，即可于国庆节前后开花。

②低温促进春化作用而提早开花。某些一、二年生花卉和部分宿根花卉，在其生长发育的某一阶段给其一定的低温处理，即可完成春化作用而提前开花，如凤仙花、百日草、万寿菊等。

③低温促进花芽发育使开花提前。某些花卉在一定温度下完成花芽分化后，还必须在一定的低温下进行花芽的伸长发育。如郁金香花芽分化最适温度为 20 ℃，花芽伸长温度为 9 ℃；杜鹃花花芽分化适宜温度为 18～23 ℃，花芽伸长温度为 2～10 ℃。

（3）生产上的主要措施

1）适时揭盖保温覆盖设备。保温覆盖设备揭得过早或盖得过晚都会导致气温明显下降。冬季盖上覆盖设备后，短时间内回升 2～3 ℃，然后下降非常缓慢。若盖后气温没有回升，而是一直下降，说明盖晚了。揭开后气温短时间内应下降 1～2 ℃，然后回升。若揭开后气温不下降而立即升高，说明揭晚了；揭开后薄膜上出现白霜，温度很快下降，说明揭早了。揭开覆盖设备之前若室内温度明显高于临界温度，日出后可适当早揭。在极端寒冷和大风天气，要适当早盖晚揭。阴天适时揭开有利于利用散射光，同时气温也会回升，不揭时气温反而下降。生长期采用遮盖保温覆盖设备的方法进行降温是不对的，因为影响光合作用。

2）设置防寒沟。在温室前沿外侧和东西两头的山墙外侧，挖宽 30 cm、深 40～50 cm 的沟，沟内填入稻壳、锯末、树叶、杂草等保温材料或马粪产热增温，经踩实后表面盖一层薄土封闭沟表面。防寒沟可以阻止室内地中热量横向流出，阻隔外部土壤低温向室内传导，减少热损失。大棚可在周围挖防寒沟。

3）增施有机肥，埋入产热物。有机肥和马粪等产热物在腐烂分解过程中放出热量，有利于提高地温。同时，放出的二氧化碳对光合作用有利。

4）地膜覆盖，湿度控制。地面覆盖地膜，有保温保湿的作用，一般可提高地温 1～3 ℃，并使土壤保湿，减少土壤蒸发，增加白天土壤储藏的热量；此外，地膜也可增加近地光照。覆盖地膜，地面不宜过湿，有利于提高温度。降温可浇水、喷水。

5）适时放风。保护地多用自然通风来控制气温的升高。只开上放风口，排湿降温效果较差；只开下放风口，降温作用更小；上下放风口同时开放时，加强了对流，降温排湿效果最为明显。通风量要逐渐增大，不可使气温忽高忽低，变化剧烈。换气时尽量使保护地内空气流速均匀，避免室外冷空气直接吹到植株上。

放风时机要根据季节、天气、保护地内环境和花卉状况来掌握，以放风前后室内稳定在花卉适宜温度为原则。冬季、早春通风要在外界气温较高时进行，不宜放早风，而且要严格控制开启通风口的大小和通风时间。放风早，时间长，开启通风口大，都可引起气温急剧下降。进入深冬重点是保温，必要时只在中午打开上放风口排出湿气和废气，并适时而止。

二、光环境调控技术

1. 设施内光环境的特点

用于培育花卉的温室是典型的采光建筑，因而透光率是评价温室透光性能的一项最基本指标。透光率是指透进温室内的光照量与室外光照量的百分比。温室透光率受温室透光覆盖材料透光性能和温室骨架阴影率的影响，而且随着不同季节太阳辐射角度的变化而不同。一般来说，连栋塑料温室的透光率为50%～60%，玻璃温室为60%～70%，日光温室的透光率可达70%以上。设施内的光环境具有以下特点：

（1）光照度减弱。由于温室透光的屋面材料对太阳光具有吸收和反射作用，加上不透光材料的遮挡作用，使室内光照度较外界光照度低，光照度较弱是普遍问题。其中温室结构材料的遮光可使透光率降低5%～15%，固定覆盖层每增加一层透光率降低10%～15%，尘埃污染表面结露一般可降低透光率15%～30%。从温室设计和管理方面增加光照度是生产中的重要技术环节。

（2）光照度水平分布不均匀。温室内的光照度往往由于建筑方位布置不合理、温室结构及骨架遮阴等原因，使光照度分布不均匀。日光温室内光照度的分布不均匀具有水平差异和垂直差异。南北方向上中柱以南为强光区，中柱以北为弱光区；东西方向中午时中部光照最强，东部和西部由于侧墙遮光，分别在10时以前和13—17时光照最强。垂直方向上光照度由上向下逐渐减弱，差异明显。随着温室高度的增加，地面的光线越来越弱。各地不同类型温室光照度水平分布趋势是一致的。

（3）光照时数减少。由于早晚室外气温低，从保温角度考虑，在日出后卷草苫，日落前放草苫，加上卷、放草苫所消耗的时间，使室内光照时数比外界自然光照时数缩短了很多。冬季太阳升于东南，落于西南，北方大部分地区的日照时数只有11 h左右，而日光温室多采用草苫和纸被覆盖保温，这些保温覆盖物多在日出数小时后揭开，在日落数小时前盖上，从而减少了温室内的光照时数（12月和1月每天仅为6～8 h），影响植物的生长发育。

（4）光质不全面。由于温室采光屋面所用透明材料对光的选择性吸收，使进入室内的光质不全面。一般紫外线的透过率大小关系是聚乙烯薄膜>聚氯乙烯薄膜>玻璃；可见光的透过率大小关系是聚氯乙烯薄膜＝玻璃>聚乙烯薄膜；红外线的透过率最高，大小关系是聚乙烯薄膜>聚氯乙烯薄膜>玻璃。一般来说，选择紫外线透过率高的聚乙烯薄膜，不仅利于室内杀菌，还利于果实着色，抑制植株徒长。聚乙烯薄膜对红外线透过率高，其保温性不及聚氯乙烯薄膜，更不如玻璃保温能力高。

2. 设施内光环境调控技术

设施内光照的调控包括减少光照和增加光照。设施花卉生产在秋季、冬季和早春时，太阳光照在全年当中最弱，以增加光照为主。增加光照主要从两个方面着手：一是改进保护设施的结构与管理技术，加强管理，增加自然光的透入；二是人工补光。根据花卉花芽分化与发育对光周期的要求，在长日照季节对短日照花卉进行遮光处理，在短日照季节对长日照花卉进行人工补光处理，均可使之提前开花；反之则抑制或推迟开花。

（1）光照度的调控。光照度的调控包括补光与遮光。人工补光的补光量应依据植物种类和生长发育阶段来确定，光照弱时需强光或加长光照时间，连续阴天等要进行人工补光。改进园艺设施结构、选择适宜的建筑场地及合理的建筑方位、保持透明屋面洁净、利用反光，可使设施内光照增强 40%左右。减小覆盖材料的遮光率可以提高产量。据统计，覆盖材料的遮光率减小 1%，就可以提高花卉产量 1%。常用的措施就是减少骨架和机械设备的遮光面积。夏季遮光的主要目的是削减部分光热辐射，一般遮光率为 40%～70%，遮光 20%～40%就能降温 2～4 ℃。常用的遮光材料有遮阳网、芦帘、合成纤维网、遮阳帘、无纺布等。

1）补光处理。补光处理即长日照处理，要求长日照花卉在秋冬季自然光照短的季节开花，应给予人工补光。可以在夜间给予 3～4 h 光照，进行夜间光照间断处理；亦可于傍晚加光，延长光照时数。如我国北方冬季栽植唐菖蒲时，欲使其开花，必须人工增加光照时间，每天下午 16 时以后用 200～300 W 的白炽灯在 1 m 左右距离补充光照 3 h 以上，同时给予较高的温度，经过 100～130 天的温室栽培，即可开花。对短日照花卉除自然光照时数外，人工增加光照时数，则可推迟花期。如菊花，在 9 月花芽分化前每日给予 6 h 人工辅助光，则可推迟花期，至元旦开花。

2）遮光处理。遮光处理即短日照处理，在长日照季节里，要求短日照花卉开花，则可采取遮光的方法。可用于短日照处理的花卉有菊花、一品红等。在长日照季节里可将此类花卉用黑布、黑纸或草帘等遮暗一定时数，使其有一个较长的暗期，可促使其开花，一般多遮去傍晚和早上的光。遮光处理一定要严密，并连续进行不可中断，如果有光线透入或遮光间断，则前期处理失败。每天遮光时数与遮光持续天数因花卉品种不同而不同。如一品红于 7 月下旬开始遮光，每天只给 8～9 h 光照，处理 1 个月后可形成花蕾，经 45～55 天可开花。

3）昼夜颠倒处理。采用白天遮光、夜间照光的方法，可使在晚上开花的花卉白天开花。如昙花对光照的反应不同于其他花卉，其一般在夜间开放，不便于观赏；但如果在其蕾长 6～10 cm 时，白天遮去阳光，夜晚照射灯光，则能改变其夜间开花的习性，使之在白天盛开，并可延长开花时间。

（2）光质调控。研究最多的是对红色光/蓝色光（R/B）和红色光/远红色光（R/FR）的调控。自然光是由不同波长的连续光谱组成的，因此可利用不同分光透过特性的覆盖材料进行调控。某些塑料膜或玻璃板可过滤掉不需要的红色光或远红色光，以达到调节花卉的高度或抑制种苗徒长的效果。也可在塑料覆盖材料中添加不同助剂来改变其分光透过特性，从而改变 R/B 和 R/FR。该方法已经得到实际应用，来控制植物的花芽分化、果叶着色等。玻璃基本不透过紫外线辐射，影响花青素的显现及果色、花色和维生素的形成。采用聚乙烯（PE）和玻璃纤维增强聚丙烯树脂（FRA）覆盖材料的温室能透过较多紫外线辐射，种植紫色花卉等的品质和色度比玻璃温室好。光质调控也可以利用人工光源实现，许多研究成果表明，在自然光照前进行蓝色光的短时间补光可以促进花卉幼苗的生长，人工光源条件下蓝色光、红色光、远红色光对植物生长有复合影响。

（3）光周期调控。与光照度和光质的调控相比，光照时间的调控要容易得多。植物生产中一般根据植物种类控制其光照时间，通常通过间歇补光或遮光的方式调节光照时间。适当降低光照度而延长光照时间、增加散射辐射的比例、间歇或强弱光照交替等均可大大提高植物的光利用效率。人工光周期补光多是为了促进或抑制花卉的花芽分化，调节开花期，因此，对补光强度的要求不高，由于消耗功率不大，可以选择价格便宜的白炽灯或荧光灯。光照周期遮光的主要目的是延长暗期，保证短日照花卉对最低连续暗期的要求，以进行花芽分化等的调控。延长暗期通常采用黑布或黑色塑料薄膜在花卉顶部和四周严密覆盖。

三、湿度环境调控技术

湿度是设施内除温度、光照之外的一个影响设施花卉生长发育的重要环境因素。由于温室是一个相对封闭的农业生态系统，为达到保温的目的，室内湿气不易散发，室内湿度一般高于露地，而过高的空气湿度对植物生长发育不利，因此，对湿度环境的调控非常重要。

1. 设施内湿度环境的特点

设施内的湿度受到多种因素的影响，包括室内土壤湿度、植物的茂盛程度、室内加温和通风情况等。设施内空气中的水分主要来自土壤表面的蒸发和植物叶面的蒸腾作用；而通风换气时排出室内湿度较大的空气，使室内空气湿度减小。室内空气的水汽在这些作用下达到一种动态平衡状态，形成设施内不同于室外的特有湿度环境。

在白天，随着室内气温的升高，空气相对湿度降低，其降低的程度与气温的升高程度、室内地面的土壤潮湿程度和植物茂盛程度有关。气温升高较大、室内地面干燥、植物较稀少时，相对湿度降低较多，一般情况下相对湿度可降低 20%，室内相对湿度降到 80%左右；而在阴雨天白昼室内气温升高较少时，室内相对湿度则可能高达 95%左右。室内相对湿度降低时，可增加室内植物的蒸腾作用，会导致室内空气绝对湿度升高。如进行通风换气，因室外干燥空气进入，可使绝对湿度降低。如室外空气湿度较低，进入设施后的温度升高较快，再加上室内较为干燥的条件，将使室内相对湿度降到很低，甚至低于 50%，但这种情况较少见。夏季通风时，采用湿垫或喷雾降温，室内绝对湿度增加较多，相对湿度也较高。

一般情况下，由于设施内相对封闭的环境，室内湿度通常比室外高得多。设施内空气湿度一日内变化总的特点是，绝对湿度白天高、夜间低，而相对湿度则是白天低、夜间高。我国北方日光温室平均一日内相对湿度高于 90%，且时间在 6 h 以上的出现频率在 89%；在冬季，夜间相对湿度高于 90%的频率高达 95%，而阴天情况下温室内则全天相对湿度高于 90%。南方在冬春季节因光照弱、雨天多，温室内的湿度相对于北方更高。

2. 设施内湿度调节技术

花卉对水分的消耗取决于生长状况。一般是“看天看地看花浇水”。忌浇冷水、截腰水。休眠期的鳞茎和块茎，不仅不需要水，有水反而会引起腐烂。如朱顶红种植后只要保持土壤湿润，便会终止休眠，生出根来；一旦抽出花茎，蒸腾增加，就需少量灌水；当叶子大量发育后，就需充足供水。又如四季秋海棠重剪之后失去很多叶片，减少了蒸腾面积，就应控制灌水，以防因土壤积水引起烂根。因此，应经常保持根系与叶的平衡，并且通过灌水加以调节。多肉植物在冬季休眠期温度在10 ℃以下时可以不灌水，其他半肉质植物如天竺葵等也可忍受上述处理方法。根自土壤中吸收水分受土温的影响，不同植物间也有差别。原产于热带的花卉在10～15 ℃时才能吸水，原产于寒带的苔藓类甚至在0 ℃以下还能吸水，多数室内花卉在5～10 ℃时吸水。土温越低，植物吸水越困难，根不能吸水，也就越容易引起积水。

空气湿度也会影响一些花卉的生长，许多花卉要求60%～90%的相对湿度，常常通过空中喷雾和地面洒水以提高空气湿度。

设施内湿度大小主要对植物的光合作用和病害有较大影响。一般情况下，在相对湿度75%～85%时净光合速度达到最大。相对湿度过高，达到90%以上时，花卉的蒸腾作用受到抑制，将影响和阻碍根系对养分的吸收和输送，会造成光合强度的下降。持续的高湿度环境下植物易发生各种病害，霜霉病、灰霉病等都与此相关。高湿度影响花卉生长和形态，特别是对于一些盆栽花卉，使得叶片生长率降低，干物质积累减少。而相对湿度过低，植物将部分关小气孔开度来控制蒸腾量，这样将造成二氧化碳不足而减弱光合强度。如相对湿度过低而同时日照强烈、气温较高时，植物将失水过多而造成萎蔫。持续的低湿会使植株因水分不足、细胞缺水而萎蔫变形、纤维增多、色泽暗，产品质量降低。

（1）降低室内湿度。通风换气是最经济有效的降湿措施，尤其是室外湿度较低时，换气可以有效排除室内的水汽，使室内绝对湿度和相对湿度得到显著降低。但是，在室外温度较低的季节，通风排除室内多余水汽的同时，设施内的热量也被排出室外，将引起室内气温显著降低，因此应控制通风量的大小，或采取间歇通风的方法。

（2）增加室内湿度。一般情况下，设施内出现干燥的环境较少，但是在夏季高温干燥季节，采用无土栽培方式或采用床架栽培方式、采用混凝土地面等时，室内相对湿度可能低于40%，这时就需要进行加湿调节。常用的加湿方法有增加灌水、喷雾加湿和湿垫-风机降温系统加湿等。在喷雾与湿垫加湿的同时，还可达到降温的效果。

四、土壤环境调控技术

设施内的土壤与露地有较大不同。在覆盖物遮挡下，土壤不受雨水淋洗，灌溉水量小，几乎不发生肥料流失；另外，土壤湿度较高，易使土壤中病原菌迅速增殖，容易诱发病害，也往往会出现盐类积累的危害和其他生理障碍。土壤环境调节就是要创造能够给植物根系提供适宜的温度、一定的气体条件、足够的水分与营养物质，并能支持固定好植株，保证植物正常生长发育的人工环境。

1. 设施内土壤环境的特点

（1）土壤盐分浓度大。由于设施内连年大量施肥，植物吸收利用不完全，土壤中各种肥料及游离的硫酸根和盐酸根没有雨水的淋溶冲刷，会长期留在耕层土壤中；又由于设施内的土壤水分是由下层向表层移动，上述残留肥料及酸根会随水分向表层积聚，使设施表土盐分浓度偏高，植物生长发育发生障碍。通常，黏质肥沃的壤土缓冲能力强，盐分浓度升高慢。腐殖质丰富的土壤盐分聚积少，而腐殖质少的土壤盐分聚积多。保护地使用年限越长，盐分浓度可能越高。

盐分浓度升高影响花卉吸水，造成生理性干旱。一般水分多的土壤，花卉吸水障碍轻，土壤干旱加重吸水障碍，易造成烧根。设施生产中，常出现表土湿润而根层干旱的现象，这是因为反复灌水使盐类聚积到表层形成硬壳，孔隙度减小，再灌水时水分不易下渗，造成土壤板结。

(2) 土壤养分转化分解快。设施内地温高于露地，土壤水分含量稳定，土壤微生物活动旺盛，加快了土壤养分分解。

(3) 土壤酸化。施肥不当是造成土壤酸化的主要原因。氮肥施用过多，如底肥中施入大量含氮量高的鸡粪、饼肥、油渣等，追肥还施入较多氮肥，造成土壤中积累的硝酸根较多，使土壤 pH 值明显下降。另外，过多地施用氯化钾、硫酸钾、氯化铵、硫酸铵等生理酸性肥也可导致土壤酸化。

土壤酸化对耐酸性差的植物危害严重。土壤过酸会直接破坏根的生理功能，导致根系死亡。土壤过酸还会降低土壤中磷、钾、钙、镁、钼的可溶性，间接降低这些营养元素的吸收，引发缺素症；与此相反，铝、锰吸收过多，则会抑制酶活性，影响养分的吸收。土壤酸化还不利于土壤微生物的活动，使养分分解、转化缓慢，尤其影响氮元素的转化和供应。

(4) 土壤营养失衡。如果长期单一施用某种肥料，会破坏各元素间的浓度平衡关系，影响土壤中本不缺少的某种元素的吸收，使植物发生缺素症。如偏施氮肥易引起磷元素吸收减少；氮肥浓度过高，也易发生危害。土壤酸化及盐类积聚是发生缺素症的重要原因。

(5) 土壤中病原菌聚集。由于设施植物连作栽培十分常见，土壤休闲期短，使得土壤中有益微生物受到抑制，而对植物有害的病菌却不断繁殖、积累，土壤微生物自然平衡遭到破坏，这不仅使肥料分解过程越来越迟缓，而且使土传病害及其他病害发生日趋严重，造成连作障碍，也严重影响其他植物种类的生产。

2. 设施内土壤环境调控技术

(1) 设施土壤温度调节。土壤温度主要影响种子萌发、根系生长和吸收水分及养分。土壤温度越高，种子萌发越快。不同种类植物最适宜的地温相差不多，多为 15～25 ℃，最高温度界限多为 34～38 ℃，最低温度界限多为 12～14 ℃，喜冷凉的植物低温界限多为 4～6 ℃。设施内常通过调节土壤水分和土壤通气来调节土壤温度，如覆盖地膜、秸秆、草席等。

(2) 设施土壤养分调节。设施内施用的基肥量和追肥量一般都远远高于露地。对于具有自动喷灌、滴灌系统的设施，常将施肥与自动喷灌、滴灌结合进行。应多施有机肥，可以改良土壤结构。同时，应选择易被土壤吸附、土壤盐分浓度不易升高、不含植物不能吸收利用的残存酸根的优质化肥，如尿素、过磷酸钙、磷酸铵等。

(3) 设施土壤气体调节。在设施中，由于灌水频繁，加上地膜覆盖等因素，土壤气体交换更弱，土壤气体中氧气含量仅 10%左右。对于设施内结构性差的土壤，应采用适时耕作、合理增施腐熟有机肥等措施改善土壤结构，进而达到增加土壤总孔隙度和空气孔隙度、改善土壤通气性的目的。对于易板结的土壤，应适时进行灌溉和中耕松土，破除地表结壳，提高土壤的通气性。还应将地膜覆盖面积控制在 80%以下，以保证大气与土壤气体间有一定的扩散通道。

(4) 设施土壤水分调节。土壤水分调节的关键是在改善土壤结构的基础上，对栽培花卉进行适时、适量的水分灌溉。

1）灌水时间。灌水时间的确定主要依据花卉各生育期需水规律、花卉生长表现、地温高低、天气阴晴等情况。一般播种时灌足水；出苗后控水，抑制地上部徒长，促进根系发育；定植时灌足水；花现蕾期适当控水。地温高时灌水，水分蒸发快，植物吸收也多，一般不会导致土壤过湿。地温在 20 ℃以上时灌水合适；地温低于 15 ℃时灌水要慎重，必要时要灌小水，并灌温水；地温在 10 ℃以下禁止灌水。冬季最好选晴天上午灌水，灌水后可闷棚提温，不至于降低地温太多。但久阴骤晴时地温低，不宜灌水，如缺水可进行叶面喷洒。

2）灌水方式。温室植物的灌溉方式主要有沟畦灌、微灌和地下灌三种，目前生产上多以沟畦灌为主。由于沟畦灌往往造成土壤结构不良等，近年来温室植物深冬生产多改用地膜覆盖膜下暗灌技术，有效地解决了温室空气湿度过大的问题。微灌技术是一种新型的节水灌溉工程技术，包括滴灌、微喷灌和涌泉灌。微灌可根据花卉需水量，通过低压管道系统与安装在末级管道上的灌水器，将水和花卉生长所需的养分以很小的流量，均匀、准确、适时、适量地直接输送到花卉根部附近的土壤表面或土层中进行灌溉，从而使灌溉水的深层渗漏和地表蒸发减小到最低限度。微灌系统可分为固定式和半固定式两种，固定式常用于宽行作物，半固定式可用于密植的露地花卉。目前生产上日光温室的灌溉多选用滴灌。

3）灌水量。温室相对密闭，土壤水分消耗较慢，因此灌水量应比露地要小，每次灌水量以灌水后湿透畦（垄）背为宜。

(5) 土壤生物环境的调节。设施内的土壤，由于温湿度较高，病原菌的发生及繁殖较快。土壤消毒是控制病虫害，获得稳产、高产的重要措施。简单的做法就是更换土壤，一般每隔 3～4 年进行一次换土或拆迁设施到新场地进行栽培；或在播种或定植前对设施土壤进行药剂消毒，可杀死土壤中的病菌或虫卵，预防或减轻设施花卉生长期的病虫危害。土壤消毒时，可根据常年病虫害发生情况，有针对性地选择药剂和用量。对于大型设施，常用的药剂有甲醛（40%）、硫黄粉、多菌灵（50%）等。也可采用蒸汽消毒和热水消毒。蒸汽消毒是土壤热处理消毒中最有效的方法，大多数土壤病原菌用 60 ℃蒸汽消毒 30 min 即可被杀死。另外，还可以采用太阳热消毒的方法，既消毒土壤，又减少盐分聚积，且节省能源，效果较好。

五、设施综合环境调控技术

设施是一个集结构、机电、生物与环境于一体的综合系统。一个现代化的农业设施由框架结构、覆盖材料、通风系统、灌溉施肥系统、二氧化碳施肥系统、室内喷雾、屋顶喷淋和湿帘风机系统、加热系统、计算机控制系统和必要的生产机具等组成。设施内影响花卉生长发育的主要环境因素包括温度（空气温度及土壤温度）、光照（光照度、光质和光周期）、水分（空气湿度和土壤湿度）、土壤（土壤肥力、化学组成、物理性质及土壤溶液的反应）、空气（大气及土壤中空气的特性、二氧化碳含量、有毒气体含量）、生物条件（土壤微生物、杂草及病虫害）等，所有这些条件之间是相互作用、相互联系、相互耦合的，花卉的生长发育是这些条件综合作用的结果。

设施环境综合调控的研究涉及计算机技术、传感器技术、控制技术、通信技术、生物技术以及环境科学等多种技术和学科，现阶段功能齐全、完全智能化的环境监控系统实际应用还不多，目前市场上出现的多是单因素控制器，如温度控制器、湿度控制器、温湿度控制器或二氧化碳控制器等，也有一些国内外大公司生产的智能设施监控系统或控制器，但价格昂贵。构建一个完整的设施环境综合调控系统应注意以下几个方面：

（1）综合环境调控技术。设施内花卉生长是温度、湿度、二氧化碳气体、光照、营养液等生长环境综合作用的结果，应该综合地、动态地研究环境控制问题。要以节能为核心，根据被控对象不同生长阶段对生态环境的要求，进行光、温、水、气、肥环境因素协调控制。基于花卉生长模型和环境因素动态模型的互反馈作用，研究光合、呼吸和蒸腾作用与设施内环境因素之间的耦合关系，建立花卉生长模型和设施环境效果模型的协调关系。

（2）基于经济最优的环境控制技术。从国内不少引进设施的运行情况来看，提供花卉最适宜的环境条件，由于运行费用高，不能获得最佳的经济效益。生产者的兴趣不在于环境的冷热，而是着眼于如何以一种最经济有效、最安全的环境控制方法满足花卉工厂化生产的需要。因此不能孤立地谈降温、加热或二氧化碳施肥，而应该着眼于整个生产系统，寻求最佳的环境控制管理技术，提高设施生产效益。根据花卉生长模型预测花卉的预期经济产出，以产出投入比最大为控制目标，实现对设施环境参数的优化控制和控制决策。

（3）设施资源高效利用技术。设施资源高效利用技术，如节水节肥技术、增温降温节能技术、补光技术等，可降低消耗，提高资源利用率。由于能耗高是设施经营困难的主要因素，能源成本占运行成本的40％～60％，因此应加强在设施保温及光能、生物质能等可再生能源利用方面的研究。

（4）智能化控制技术。设施环境系统具有不确定性、多目标、时变、滞后性强、耦合性强、干扰大、难以建立精确数学模型等特点，智能控制具有处理这些复杂问题的能力，因此在设施环境自动控制中引入智能控制理论，进行基于知识表示的非数学广义模型和数学模型综合（混合）控制，对控制过程动态特征进行辨识，模仿人的思维进行决策控制，实现设施环境智能控制。国外提出了一种智能化的构想——“会说话的植物”，就是利用多传感器技术，采集植物生长所需的各项指标，然后进行智能控制。将来，“物理型”的环境控制器将转化为“生理型”的环境控制器，种植者将不再关注马达、泵等设备的控制，而将专心致力于花卉生长发育方面的研究，最终按照植物的实际所需为植物提供适宜的环境。

六、其他调控技术

1. 药剂处理法

应用植物生长调节剂是控制设施花卉生长发育的一种有效方法。不同植物生长调节剂具有解除休眠、加速生长、抑制生长、促进开花、延迟开花等作用，可以提高花卉的产量和品质。

（1）植物生长调节剂的种类。目前常用药剂包括：促进植物生长的调节剂，生长素类如吲哚乙酸（IAA）、吲哚丁酸（IBA）、萘乙酸（NAA）等，赤霉素类如赤霉素（GA）等，细胞分裂素类如细胞分裂素（CTK）等；抑制植物生长的调节剂，如脱落酸（ABA）、乙烯利等；延缓植物生长的调节剂，如多效唑（PP333）、缩节胺（PIX）、矮壮素（CCC）、丁酰肼（B9）等。

（2）植物生长调节剂的使用方法。通常采用根基施用、叶面喷施、局部涂抹等。但必须使用得当，特别是要注意使用的浓度、方法和时间等。

2. 栽培管理方法

（1）掌握适宜的繁殖期，通过调节播种期或栽球期来调节花期。例如需国庆节开放的花卉，一串红可在 4 月上旬播种，鸡冠花可在 6 月上旬播种，万寿菊、旱金莲可在 6 月中旬播种，百日草、千日红可在 7 月上旬播种。若“五一”用一串红，应前一年播种或 3 月下旬、4 月上旬进行扦插。

（2）通过摘心推迟花期以及用其他修剪手段来控制花期。一般生产上通过摘心可以推迟花期 25～30 天。例如重要节日用花矮串红、荷兰菊、大串红等，如任其自然开放，不按期摘心控制，常在节日前开败；若使其适时开放，一般需在节日前 20～30 天进行摘心处理。用其他修剪手段亦可以控制花期，例如月季从一次开花修剪到下次开花一般需 45 天，欲使其在国庆节开放，可在 8 月中旬将当年发生的粗壮枝叶从分枝点以上 4～6 cm 处剪截，同时将零乱分布的细弱侧枝从基部剪下，并给予充足的水肥和光照，就能适时盛开。

（3）通过肥水管理来控制花期。有些花卉在营养生长后期或春季开花后，就会积累养分形成花芽，准备在秋季或翌年开花。在此期间如果控制浇水，通过施用磷肥、钾肥和控制施用氮肥就能促进花芽分化，使日后开花更加繁茂。如梅花、四季海棠、连翘等，春季过后就应尽早修剪、追肥，促进新枝健壮生长；夏季形成花芽应增施磷肥，适当控水，花芽形成后先降温和疏叶，再放在更低一些的温度下使其休眠；到计划开花前一个月时，将其放在 15～25 ℃的环境下，正常肥水管理，就能适时开花。

3. 主要花卉的花期控制技术

（1）菊花。菊花为短日照植物，只有在短日照条件下才会花芽分化，因此可通过控制日照长短来控制花期。要在长日照条件开花，应进行短日照处理。预先把植株培育健壮，嫩枝长到 9～12 cm 时，每天只给 9～10 h 的光照，其余时间可用黑布或黑塑料薄膜等将植株罩起来（以早晚为宜，因中午过热）。短日照的有效感应在顶端，故上部一定要完全黑暗，基部则要求不严。经 30～40 天处理，菊花即可形成花蕾，之后可去罩，并加强肥水管理。为了延迟开花，也可选择晚花品种，采用延长日照的方法，阻止花蕾的形成从而推迟开花。

（2）一品红。一品红是典型的短日照植物，故通过调节光照时间的长短，就可达到控制花期的目的。如为使其在国庆节开花，则可从 8 月上旬开始，以短日照处理约 30 天，即可在 9 月下旬显出美丽的红色苞片；若要在新年开花，则不必遮光，移入温室栽培，则苞片自然变红。若要延迟花期，可通过灯光加长光照时间达到目的。

（3）杜鹃花。杜鹃花在秋季进行花芽分化，为使其在冬季开花，可将其移至温室培养，控温，并经常在枝叶上喷水，这样约一个半月可开出繁茂的花朵。如要在元旦开花，则进温室前先经 1～2 周 15 ℃左右的低温处理即可。为使杜鹃延迟开花，可让其一直处于低温状态，放在冷室，保存时间长时室内要有灯光，存放时间以到所需开花时间前15天为宜。

单元测试题

1. 举例说明花卉的花芽分化对温度的要求，例如唐菖蒲、菊花等。

2. 环境各因素对花卉生长发育的影响有哪些?

3. 简述影响温室透光率的因素及其调控措施，以及增加设施内光照度的途径和方法。

4. 设施内的光环境特征和主要影响因素是什么? 什么是光质调控?

5. 温室花卉对温度的基本要求是什么? 简述温室内温度变化的特征。

6. 简述温室温度调节与控制的方法。

7. 简述温室湿度环境的特点、对花卉的影响和调控方法。

8. 如何控制土壤湿度? 设施内的土壤环境与露地相比有何特点?

9. 如何控制设施内的土壤温度和土壤气体环境? 如何进行土壤消毒?

10. 设施环境的组成要素是什么? 设施内影响花卉生长发育的主要环境因素有哪些?

11. 构建一个完整的设施环境综合调控系统应注意哪几个方面?

第5单元

设施花卉的繁殖技术

繁殖是用各种方法增加个体的数量，以延续其物种和扩大群体的过程和方法。花卉繁殖是繁衍花卉后代、保存种质资源的手段，只有将种质资源保存下来并繁殖一定的数量，才能为园林应用和花卉选种、育种提供条件。在自然界，各种植物以自身的规律及特点进行着繁殖。不同品种的花卉，各有其不同的繁殖方法和时期。根据不同的花卉选择正确的繁殖方法，不仅可以提高繁殖系数，还可以使幼苗健壮生长。因此，在花卉生产中，繁殖是重要的环节，必须对繁殖的类型、原理及技术有充分的认识。

花卉的繁殖有多种类型，任何一种花卉常有几种繁殖方法供选择。花卉的繁殖方法分为有性繁殖和无性繁殖。有性繁殖又叫种子繁殖，是雌雄两配子结合形成种子而培育成新个体的方法。无性繁殖也称营养繁殖，是由母体的一部分直接产生子代的繁殖方法，是利用植物营养体（根、茎、叶、芽等）具有再生能力的特性，通过人工培育成新个体，包括分生繁殖、扦插繁殖、嫁接繁殖、压条繁殖、孢子繁殖和组织培养繁殖。

花卉中有相当一部分种类不能结实或结实少，无发芽能力，必须用无性繁殖方法繁殖后代。无性繁殖可在短时间内快速繁殖大批植株，防止植物病毒的侵害，可培育出许多植物新品种。如大丽花、月季、菊花、郁金香等，栽培品种都是高度杂合体，只有用无性繁殖才能保持品种特性。但是，无性繁殖方法不如有性繁殖简便，不易发生变异，适应外界环境条件差，有些依靠种子繁殖的植物长期无性繁殖可能会导致根系不完整，生长不够健壮，寿命短。

第一节　播种繁殖

→ 了解花卉种子寿命与储藏特性
→ 掌握一般花卉种子的休眠调控技术及繁殖技术

种子繁殖是雌雄两配子结合形成种子而培育成新个体的方法。种子是一个处在休眠期的有生命的活体，只有优良的种子，才能产生优良的后代。花卉植物种类繁多，其种子的形状、大小、颜色、寿命和发芽特性都不一样。大部分一、二年生花卉和部分多年生花卉常采用种子繁殖，这些种子大部分为 F1 代种子，具有优良的性状，但需要每年制种，如一串红、鸡冠花、矮牵牛、百日草等。

种子繁殖有许多优点，主要体现在：种子便于储藏和运输，播种操作简单，短时期内能获得大量植株，对环境适应性较强；种子繁殖的后代生命力强、寿命长，可以提供无病毒植株。但种子繁殖也有缺点，如异花授粉作物用种子繁殖易发生变异，不易保持优良特性；许多木本花卉，用种子繁殖后要度过漫长的“童期”才能开花，如牡丹，从播种到开花需要 3～5 年。

一、种子的品质

优质种子是播种育苗成败的关键。优良种子的标准有三个：第一，纯度高，有本品种的典型特征；第二，种子成熟度要好，籽粒饱满，无病虫害；第三，种子的生活力强，有较高的发芽率和发芽势。花卉种子的品质包括品种品质和播种品质。

1. 品种品质

种子的品种品质是指种子的真实性和纯度。品种纯度用本品种种子占供检样品的百分率表示，纯度的检验以该品种稳定的重要质量性状为主要依据。种子室内鉴定常用种子的形状来判别。

2. 播种品质

播种品质是指种子净度、千粒重、发芽率、发芽势及含水量等指标。净度以完好种子占供检样品重量的百分率表示。千粒重指 1 000 粒风干种子的重量。同一品种种子，颗粒饱满、发育充实则千粒重大，种子发育也好。发芽率是指在足够的时间内，在适宜的条件下，正常发芽的种子占全部供检种子的百分数。发芽势是指在种子萌发前 1/3 时间内，发芽种子占供检种子的百分数。不同类种子萌发时间不一样。发芽率和发芽势是确定种子使用价值的主要依据。新采收的种子比储藏的种子生活力强，发芽率和发芽势都高。含水量是按规定的程序把种子样品烘干，风干水分占试样重量的百分数，它是种子安全储运的重要内因。

二、种子的识别

种子识别的目的在于正确认识种子，以便正确实施播种繁殖和进行种子交换，防止不同种类种子混杂，保证栽培工作顺利进行。种子的识别可依据种子的大小、形状、色泽及附属物来判定。

种子的大小可按粒径分为大粒种子（粒长轴径在 5.0 mm 以上）、中粒种子（粒长轴径为 2.0～5.0 mm）、小粒种子（粒长轴径为 1.0～2.0 mm）和微粒种子（粒长轴径在 0.9 mm 以下），也可用千粒重来表示。

花卉种子的形状有弯月形，如金盏菊的种子，有地雷形，如紫茉莉的种子，有棉絮形，如千日红的种子，有椭圆形，如百日草的种子，还有芝麻形、圆球形、鼠粪形等。花卉种子形状很有特色，通过种子的形状也能确认品种。有些花卉种子表面有不同的附属物，如翅、钩、突起、槽等，也可作为识别种子的依据。

三、花卉种子的成熟与采收

1. 种子的成熟

种子的成熟分形态成熟和生理成熟两方面。形态成熟是指种子外部形态及大小不再变化。从植株上或果实内脱落的形态上成熟的种子，即生产上所称的成熟种子。生理成熟的种子是指具有良好发芽能力的种子。大多数形态成熟的种子已具备了良好的发芽力，如菊花和许多十字形花科植物、报春花属花卉，形态成熟的种子在适宜环境下可立即发芽。但蔷薇属、苹果属、李属等许多木本花卉的种子，外部形态和内部结构均充分发育，在适宜条件下并不能发芽，生理上未成熟，需层积处理，让其完成后熟的过程才能够发芽。

种子达到形态成熟时必须适时采收、及时处理。采收过早，种子的储藏物质尚未充分积累，生理上也未成熟，干燥后瘦小，千粒重低，不耐储藏。理论上讲种子越成熟越好，但生产上采收应稍早，因为完全成熟的种子易自然散落，且易被鸟虫取食，或因雨湿造成种子在植株上发芽及品质降低。

2. **种子的采收**

种子的采收要考虑种子的类型和开裂方式、种子着生部位。干果类种子，包括蒴果、蓇葖果、荚果、角果等，果实成熟时自然干燥开裂而散出种子，或种子与干燥的果实一同脱落，可在果实充分成熟脱落前采收，也可提前套上袋子，使种子成熟后落入袋内。陆续成熟的种子可分批采收，如半支莲、凤仙等，开花结实期延续很长，必须从尚在开花的植株上陆续采收种子。种子采收后宜置于浅盘中或敞放于通风处风干。有的花卉种子成熟后不散落，如千日红、桂竹香、屈曲花等，当整个植株全部成熟后，可一次采收，装于纸袋内或成束悬挂于室内通风处干燥，初步干燥后及时脱粒并筛选，清除发育不良的种子、植物残屑、尘土、石块等杂质，最后进一步干燥到符合含水量标准再储藏。

肉质果成熟时果皮含水多，一般不开裂，成熟后自母体脱落或腐烂，常见的有浆果、核果、瓠果等。肉质果成熟的指标是果实变色、变软，成熟后要及时采收，过熟会自落或遭鸟啄食，若果皮干燥后再采收会加深种子的休眠。肉质果采收后先在室内放几天使种子充分成熟，腐烂前用清水将果肉洗净，并去掉浮于水面的不饱满种子。若将果肉短期发酵（21 ℃下 4 天），果肉更易清洗。洗净后的种子经干燥后再储藏。

四、花卉种子的寿命及储藏

1. **花卉种子的寿命**

花卉种子的寿命是指花卉种子保持生命力的年限。生产上将种子发芽率降低到原发芽率的 50%时的时间段判定为种子的寿命。观赏植物在栽培和育种中，有时只要可以得到种苗，即使发芽率低也可以使用。了解花卉种子的寿命，在花卉栽培及种子储藏、采收和种质保存上都有重要意义。

影响种子寿命的主要内在因素是种子的遗传因素和种子采收时的状态、质量。在相同的外界条件下，花卉种子寿命长短存在天然的差别。有些观赏植物的种子如不在特殊条件下保存，其保持生活力的时间不超过 1 年，如报春类、秋海棠类种子的生活力只能保持数个月，非洲菊更短，这类种子被称为短命种子。多数花卉种子可保存 2～3 年，被称为中命种子。可保存 4 年以上的种子被称为长命种子。在中国东北泥炭土中出土的千年前的古莲籽，完整的种皮破开后仍能正常发芽。种子采收时的状态和质量不同，种子寿命也不同。成熟、饱满、无病虫的种子寿命长。种子含水量也是影响种子寿命的重要因素。大多数种子含水量保持在 5%～8%为宜，含淀粉种子不超过 13%。各种花卉种子都有一定保存年限，超出保存年限，种子会降低或失去生活力。

影响种子寿命的环境条件有空气湿度、温度、氧气条件等。高湿环境不利于种子寿命的延长。对多数花卉种子来说，干燥储藏时相对湿度维持在 30%～60%为宜。低温可延长种子的寿命。多数花卉种子在干燥密封后，储存在 1～5 ℃的低温下为宜。降低氧气含量能延长种子的寿命，据多项试验表明，不同种类的种子储藏在氮、氢、一氧化碳中，其效果各不相同。

空气的相对湿度与环境温度共同发生作用，影响种子寿命。低温干燥有利于种子储存。但对于多数树木类种子，在比较干燥的条件下容易丧失发芽力。此外，花卉种子不要长时间暴露于强烈的日光下，否则会影响发芽力及寿命。

2. 花卉种子的储藏

一般情况下，密闭、低温都是抑制呼吸的方法，所以要将干燥的种子放在密闭的容器中，置于 1～5 ℃的低温条件下储藏。不同种类的花卉种子适宜的储藏方法不同。生产和栽培中种子的主要储藏方法有以下几种：

（1）干燥储藏法。该法适用于耐干燥的一、二年生草本花卉种子。将种子充分干燥后，放进纸袋中保存。第二年播种，不能长期储存。

（2）干燥密闭法。把充分干燥的种子装入能封紧的容器中，密闭放在低温处。该法比干燥储藏法可延长一段保存时间。

（3）干燥低温密闭法。把充分干燥的种子密封后放在 1～5 ℃的条件下，可较长时间保存种子。

（4）沙藏法。有些花卉的种子，较长时间放于干燥条件下容易丧失生活力，可用层积法保存，即把种子与湿沙作层状堆积或混于一起。

（5）水藏法。有些水生花卉的种子，如睡莲、王莲等，必须储藏在水中才能保持发芽力。

五、种子的休眠

具有生活力的种子处于适宜的发芽条件下仍不正常发芽称为种子休眠。休眠是植物在长期演化过程中形成的对季节和环境变化的适应，以利于个体的生存、物种的繁衍与延续。温带四季明显，秋季成熟的种子均进入休眠，不立即发芽，可避免冬季寒冷对幼苗的伤害。早春成熟的种子，如杨属、柳属植物，成熟时环境适于生长，不经休眠立即发芽。湿润热带四季温暖高湿，植物的种子无休眠期。

1. 种子休眠的原因

种子休眠主要是由以下三方面原因引起的：

（1）胚未成熟。一种情况是胚尚未完成发育。如银杏种子成熟后从树上掉下时还未受精，等到外果皮腐烂，吸水、氧气进入后，种子里的生殖细胞分裂，释放出精子后才受精。兰花、人参、冬青、当归、白蜡树等的种胚体积都很小，结构不完善，必须要经过一段时间的继续发育，才能达到可萌发状态。另一种情况是胚在形态上似已发育完全，但生理上还未成熟，必须通过后熟作用才能萌发。后熟作用是指成熟种子离开母体后，需要经过一系列的生理生化变化后才能完成生理成熟而具备发芽的能力。后熟期长短因植物而异，莎草种子的后熟期长达 7 年以上，某些禾本科植物后熟期只有 14 天。

（2）种皮、果皮的限制。豆科、锦葵科、藜科、樟科、百合科等植物种子，有坚厚的种皮、果皮，或附有致密的蜡质和角质，被称为硬实种子。这类种子往往由于种壳的机械压制或由于种皮、果皮不透水、不透气阻碍胚的生长而呈现休眠，如莲子、椰子、苜蓿、紫云英等。

（3）抑制物的存在。有些种子不能萌发是由于果实或种子内有萌发抑制物质存在。这类抑制物氢氰酸（HCN）、氨（NH_3）、乙烯，醛类化合物中的柠檬醛，酚类化合物中的水杨酸，生物碱中的咖啡碱、古柯碱，不饱和内酯类中的香豆素、花楸酸以及脱落酸等。这些物质存在于果肉（苹果、梨、番茄）、种皮（苍耳、甘蓝、燕麦）、果皮（酸橙）、胚乳（鸢尾、莴苣）、子叶（菜豆）等处，能使其内部的种子潜伏不动。萌发抑制物质抑制种子萌发有重要的生物学意义。如生长在沙漠中的植物，种子里含有这类抑制物，要经一定雨量的冲洗，种子才萌发；如果雨量不足，不能完全冲洗掉抑制物，种子就不萌发。这类植物就是依靠种子中的抑制剂使种子在外界雨量能满足植物生长时才萌发，巧妙地适应干旱的沙漠条件。

2. 种子休眠的调控

生产上有时需要解除种子的休眠，有时则需要延长种子的休眠。

（1）种子休眠的解除

1）机械破损。机械破损适用于有坚硬种皮的种子，可用沙子与种子摩擦、划伤种皮或者去除种皮等方法来促进萌发。如紫云英种子加沙和石子各 1 倍进行摇擦处理，能有效促使萌发。

2）清水漂洗。番茄、辣椒和茄子等种子外壳含有萌发抑制物，播种前将种子浸泡在水中，反复漂洗，让抑制物渗透出来，能够提高发芽率。

3）层积处理。一些木本植物的种子，如苹果、梨、榛、山毛榉、白桦、赤杨等，要求低温、湿润的条件来解除休眠。通常用层积处理，即将种子埋在湿沙中，置于 1～10 ℃温度中，经 1～3 个月低温处理就能有效地解除休眠。在层积处理期间，种子中的抑制物质含量下降。一般来说，适当延长低温处理时间，能促进萌发。在层积催芽过程中，使种胚经历一个类似春化作用的阶段，为发芽做好准备。有些种子需要高温层积催芽，例如，香雪兰花原基是在种球萌发后才分化，将挖起的种球储藏在 28～31 ℃条件下，经 10～13 周，栽植时就可以迅速出芽；储藏在 13 ℃条件下出现蛹化球，休眠期可达 8 个月。还有些需要变温层积催芽，如唐菖蒲、郁金香、大丽花、美人蕉等的种球，可以用变温处理促进花芽分化。

4）温水处理。某些种子（如百日草等）经日晒和用 35～40 ℃温水处理，可促进萌发。油松、沙棘种子用 70 ℃水浸泡 24 h，可增加透性，促进萌发。

5）生长调节剂处理。多种植物生长物质能打破种子休眠，促进种子萌发。其中 GA3 效果最为显著。药用植物黄连的种子由于胚未分化成熟，需要低温下 90 天才能完成分化过程，如果在 5 ℃低温条件下用 10～100 μL/L 的 GA3 溶液进行处理，只需经 48 h 便可打破休眠而发芽。

6）光照处理。需光性种子种类很多，对光照的要求也不一样。有些种子一次性感光就能萌发。如泡桐浸种后给予 1 000 lx 光照度 10 min 就能诱发 30%种子萌发，8 h 光照萌发率达 80%。有些则需经 7～10 天、每天 5～10 h 的光周期诱导才能萌发，如八宝树、榕树等。藜、莴苣、云杉、水浮莲、芹菜和烟草的某些品种，种子吸胀后照光也可解除休眠。

7）物理方法。用 X 射线、超声波、高低频电流、电磁场处理种子，也有破除休眠的作用。

（2）种子休眠的延长。延长种子休眠，可增加种子的耐储性，在实践上有重要意义。对于需光种子可用遮光来延长休眠。对于种皮或果皮有抑制物质的种子，如要延长休眠，收获时可不清洗种子。本书中提到的保存种子的方法，其中多数也是延长种子休眠的方法。

六、花卉种子的繁殖技术

1. 种子萌发的条件

（1）水分。种子发芽必须有适当的水分。不同结构种子对水分的需求量不同。如文殊兰的种子，在胚乳中含较多的水分和空气，且有厚壳保水，所以吸水量少；有些种子如豆科植物，种子完全干燥，吸水量就大。种子播前的处理很多情况就是为了促进吸水，以利萌发。

（2）温度。花卉种子萌发需要适宜的温度，不同原产地的花卉适宜温度不同。通常原产于热带的花卉需要温度较高，而亚热带和温带次之，原产于温带北部的花卉则需要一定的低温才能萌发。一般来说，花卉种子的萌发适温比其生育适温高3～5 ℃。原产于温带的一、二年生花卉萌芽适温为20～25 ℃，如鸡冠花、半支莲等，以春播为好。也有一些种类萌芽适温为15～20 ℃，如金鱼草、三色堇等，适于秋播。

（3）氧气。供氧不足会影响种子萌发。种子催芽时要定期翻动种子，就是为了满足种子发芽对氧的需求。但对于水生花卉来说，只需少量氧气就可满足种子萌发的需要。

（4）光照。并不是所有的花卉种子萌发都需要光。发芽期间必须有光的种子称需光种子，如报春花、毛地黄等。这类种子常常是小粒的，发芽靠近土壤表面，没有从深层土中伸出的能力，所以在播种时覆土要薄。照光时不发芽的种子称嫌光种子，如黑种草、雁来红等。但一般播种花卉类的种子对光很少考虑，因为大多数花卉种子萌发对光不敏感。

2. 播种前种子处理

（1）种子层积与沙藏。有些种子有一定的休眠期，必须经过一定的低温时期才能发芽。为使种子播前通过低温阶段，应进行层积处理。方法是在秋季或初冬将种子与湿沙混合，种子与沙的重量比一般为1∶3，沙的含水量约为15%，用手攥能成团，但不出水滴，手感潮湿即可。也可将种子与沙分层储藏于花盆、木箱内。先放在温暖室内，待种子膨胀后移入冷藏地点，温度为0～5 ℃。每隔半个月左右翻动种子一次，注意通气，必要时洒些水保持湿润。

（2）浸种。发芽缓慢的种子，播前可先浸种，温水浸种比冷水浸种效果好。在实际工作中多用冷水浸种，时间以不超过24 h为宜。

（3）机械处理。种皮坚硬的种子可用此法，如棕榈、美人蕉、荷花可锉去部分种皮，令其吸水发芽。

（4）药物处理。对于种皮坚硬的种子，通常采用盐酸或硫酸浸泡种子，浸到种皮软为止，然后取出种子用清水充分冲洗干净再播种，注意处理的时间视种皮的质地而定。也可用赤霉素处理，对完成生理后熟要求低温的种子有代替低温的作用。

3. 播种技术

播种时间大致为春、秋两季，通常春播时间为3—4月，秋播时间为9—10月。

（1）地播。整地作床露地播种要选择通风向阳、土壤肥沃、排水良好的圃地。先施入基肥，整地作畦，选晴天的上午播种。保护地内地播，作畦宽 1～1.2 m，方便管理。

根据花卉种类、特点，可选择点播、条播和撒播的方法。

1）大粒种子（粒长轴径在 5.0 mm 以上）用点播法，即按一定的株行距单粒点播或多粒点播，如牵牛、紫茉莉、芍药、丁香、金盏菊等。

2）中粒种子（粒长轴径为 2.0～5.0 mm）用条播法，便于通风透光，如文竹、天门冬、凤仙花、一串红等。

3）小粒种子（粒长轴径为 1.0～2.0 mm ）和微粒种子（粒长轴径在 0.9 mm 以下）用撒播法，占地面积小，出苗量大，如鸡冠花、桔梗、虞美人、石竹等。注意撒播要均匀，最好掺沙播种；出苗后注意管理，及时分苗。

覆土的深度或盖土的厚度取决于种子的大小和盖土的湿度。通常大粒种子覆土深度为种子厚度的 3 倍，中粒种子为 0.5～1 cm，小粒种子和微粒种子以不见种子为度。有的种子如蒲包花、四季海棠等，需用木板将种粒压入土内，不必覆土。

（2）室内盆播。盆播一般采用深 10 cm、直径 30 cm 的浅盆，底部要有 5～6 个排水孔；也可用 60 cm×30 cm×10 cm 的浅木箱，下设排水孔。先用碎盆片或瓦片凸面朝上覆盖排水孔，然后铺一层碎盆片、粗砂或筛出的粗粒土、煤渣屑等，深度相当于盆高的 1/3～1/2，以利排水。然后填满混合土，在地面或植床上轻振盆底使土落实，用木板沿盆边刮去多余的土，并用压土板压实土壤，使土面中间略高，周边低于盆缘 1～2 cm。播后将浅盆放入水盆或水池中，用盆底浸水法使其充分吸水，到盆土全部湿润为止。最后盖上薄膜或玻璃片保湿提温。

注意播种要均匀，切忌过密。小粒种子可掺混适量细沙或培养土、草木灰再播。播种时以手指轻捏种子，使种粒均匀向各方散落，或手持种子袋以食指轻击袋边，种子即均匀散落。由于不同种类花卉种子的出苗期不同，同一盆或箱中仅宜播同种种子，条件不允许时亦须选择出苗期相近的种类。播种到出苗前，土壤要保持湿润，不能过干过湿，早晚要将覆盖物掀开数分钟，使之通风透气，白天再盖好。一旦种子发出幼苗，立即除去覆盖物，使其逐步见光，不能立即暴露在强光之下，以防幼苗猝死。幼苗过密，应该立即间苗，去弱留强，以防过于拥挤，使留下的苗能得到充足的阳光和养料而茁壮成长。间苗后需立即浇水，使留下的幼苗根部不会因松动而死亡。当长出 1～2 片真叶时，即行移植。

第二节　扦插繁殖

→ 了解影响花卉扦插繁殖成活的因素

→ 掌握花卉扦插繁殖的方法

扦插繁殖是利用植物营养器官（茎、叶、根）的再生能力或分生机能，将其从母体上切取，在适宜条件下，促使其发生不定芽和不定根，成为新植株的繁殖方法。用这种方法培养的植株比播种苗生长快，开花时间早，短时间内可育成多数较大幼苗，能保持原有品种的特性。扦插苗无主根，根系常较播种苗弱，多为浅根。对不易产生种子的花卉，多采用这种繁殖方法。它也是多年生花卉的主要繁殖方法之一。

一、扦插方法及扦插后的管理

1. 扦插方法

扦插依材料、插穗成熟度分为枝插、叶插、叶芽插和根插。

（1）枝插。枝插是采用花卉的枝条作为插穗的扦插方法，可在露地进行，也可在室内进行。依季节及种类不同，可以覆盖塑料棚保温，或搭荫棚保温。因取材和时间的差异，枝插又分为硬枝插、绿枝插和嫩枝插等。

硬枝插是在休眠期用完全木质化的一、二年生枝条作插穗的扦插方法。插条应选长势旺、节间短、粗壮、无病虫害的枝条，采集后的枝条捆成束，储藏于室内或地窖的湿沙中，温度保持在 0～5 ℃。扦插时截取中段有饱满芽的部分，剪成有 3～5 个芽、约 15 cm 长的小段，上剪口在芽上方 1 cm 处，下剪口在基部芽下 0.3 cm 处，并削成斜面。硬枝插多在露地进行，春季地温上升后即可开始，我国中部地区在 3 月，东北等地在 5 月。插时应斜插，与地面成 45°角。

绿枝插是在生长期用基部半木质化带叶片的绿枝作插穗的扦插方法。花谢 1 周左右，选取腋芽饱满、叶片发育正常、无病虫害的枝条，剪成 10～15 cm 的小段，上剪口在芽上方 1 cm 处，下剪口在基部芽下 0.3 cm 处，切面要平滑。叶片剪去 1/3 或 1/2，插时应先开沟或用相当粗细的木棒插一孔洞，然后插入插穗的 1/2 或 2/3 部分，用手指在四周压紧或喷水压实。绿枝插的花卉有月季、大叶黄杨、小叶黄杨、女贞、桂花、含笑等。多浆植物如仙人掌类、石莲花属、景天属等植物，在生长旺盛期进行扦插极易生根，但剪枝后应放在通风处干燥几日，待伤口稍有愈合状再扦插，否则易腐烂。插后不必遮阴。

嫩枝插是在生长期采用枝条尖部嫩枝作插穗的扦插方法。在生长旺盛期，大多数的草本花卉生长快，取 10 cm 长度幼嫩茎尖，基部削面平滑，插入蛭石、砻糠、河砂基质中，喷水压实。菊花采用抱头芽进行扦插，一品红、石竹、丝石竹采用茎尖进行扦插。

（2）叶插。叶插是用花卉叶片或叶柄作插穗的扦插方法，用于能自叶上发生不定芽及不定根的种类。凡能用叶插繁殖的花卉大多数有粗壮的叶柄、叶脉或肥厚的叶片。要选发育充实的叶片作插穗。叶插发根部位有叶缘、叶脉、叶柄。

全叶插以完整叶片为插穗。用平置法切取叶片后，切去叶柄及叶缘薄嫩部分以减少蒸发，在叶脉交叉处用刀切断，将叶片平铺于基质上，然后用少量砂子或石子铺压叶面或用玻璃片压叶片，使其紧贴基质不断吸收水分以免凋萎。之后在切口处会长出不定根并发芽长成小株。此法适用于秋海棠类。

直插法也称叶柄插法，将叶柄插入沙中，叶片立于面上，叶柄基部就发根。大岩桐适用此法，先于叶柄基部形成小球并生根发芽。用此法繁殖的还有非洲紫罗兰、豆瓣绿、球兰等。

片叶插是将一个叶片分切成为数块，分别进行扦插，使每块叶片上形成不定芽。将叶柄叶片基部剪去，按主脉分布情况分切为数块，使每块上含有一条主脉，叶缘较薄处适当剪去，然后将其下端插入基质中，不久自叶脉基部发生幼小植株，下端生根后即可分栽。此法适用于蟆叶秋海棠、大岩桐、豆瓣绿、虎尾兰等。虎尾兰的叶片较长，可横切成 5 cm 左右的小段，将其下端插入沙中，不可倒插，自下端可生出幼株。为防上下颠倒，可在切时在形态的上端剪角作为标记。

（3）叶芽插。叶芽插是用一枚叶片附着叶芽及少许茎扦插的方法，介于叶插和枝插之间。叶芽插主要为温室花木类使用。插穗为一芽附一片叶，芽下部带有盾形茎部或一小段茎，插入沙床中，露出芽尖即可。茎可在芽上附近切断，芽下稍留长一些，这样生长势强、生根壮。一般插穗以 3 cm 长短为宜，叶大的可卷起固定。橡皮树、八仙花、菊花、万寿菊等可用此法。

（4）根插。根插是用根作插穗的扦插方法。根插法可分为以下两种：

1）细嫩根类。将根切成长 3～5 cm，布于插床或花盆的基质上，再覆土或沙土一层，注意保温、保湿，发根出土后可移植。宿根福禄考、肥皂草、牛舌草、毛蕊花等均可用此法繁殖。

2）肉质根类。将根截成 2.5～5 cm 的插穗，插于沙内，上端与沙面齐或稍突出。用此法繁殖的有荷包牡丹、芍药、霞草、牡丹等。注意上下方向不可颠倒。

2. 扦插后的管理

扦插后的管理非常重要。北方的硬枝插和根插要防冻，土温高于气温 3～5 ℃较适宜。另外，扦插初期，硬枝插、绿枝插、嫩枝插和叶插的插穗无根，为防止失水太多，需保持 90%的相对湿度。晴天要及时遮阳防止插穗蒸发失水影响成活。扦插后要逐渐增加光照，加强叶片的光合作用，尽快产生愈伤组织而生根。随着根的发生，应及时通风透气，以增加根部的氧气，促使生根快、生根多。

二、影响扦插生根的内在因素

1. 植物种类

不同种类，甚至同种的不同品种间也会存在生根差异。如景天科、杨柳科、仙人掌科普遍生根容易，而菊花、月季花等品种间差异大，所以要针对不同的生根特点采用不同的处理方法或用不同的繁殖方式。

2. 母体状况与采条部位

营养良好、生长正常的母株，是插条生根的重要基础。有试验表明：侧枝比主枝易生根；硬木扦插时，取自枝梢基部的插条生根较好；软木扦插以顶梢作插条比下部生根好；营养枝比结果枝更易生根；去掉蕾比带花蕾生根好；许多花卉如大丽花、木槿属、杜鹃花属、常春藤属等，采自光照较弱处母株上的插条比采自强光下的生根好，但菊花例外。

三、扦插生根的环境条件

1. 基质

扦插基质是扦插的重要环境，直接影响水分、空气、温度及卫生条件。理想的扦插基质应具有保温、保湿、疏松、透气、洁净，酸碱度呈中性，成本低，便于运输的特点。扦插基质可按不同植物的特性配备。如蛭石呈微酸性，适宜木本、草本花卉扦插；珍珠岩酸碱度呈中性，适宜木本花卉扦插；新的砻糠灰呈碱性，适宜草本花卉扦插；河床中的冲积沙，酸碱度呈中性，适宜草本花卉扦插。

2. 温度

不同种类的花卉，对扦插温度要求不同。喜温植物需温较高，热带植物可在 25～30 ℃生根，一般植物在 15～20 ℃较易生根。土温较气温略高 3～5 ℃时对扦插生根有利。如果气温大大超过土温，插条的腋芽或顶芽在发根之前就会萌发，于是出现假活现象，使枝条内的水分和养分大量消耗，不久就会回芽而死亡。

3. 水分与湿度

插穗在湿润的基质中才能生根，基质中的水分含量以 50%为宜。插条生根前要一直保持高的空气湿度，以避免插穗枝条中水分的过度蒸腾。尤其是带叶的插条，短时间的萎蔫就会延迟生根，干燥会使叶片凋枯或脱落，导致生根失败。

4. 光照强度

强烈的日光对插条会有不利的影响，因此在扦插期间白天要适当遮阴并间歇喷雾以促进插条生根。在夏季进行扦插时应设荫棚、荫帘或用石灰水洒在温室或塑料面上以遮阴。研究表明，扦插生根期间，许多木本花卉如木槿属、锦带花属、连翘属，在较低光照下生根较好，但许多草本花卉如菊花、天竺葵及一品红，在适当强光照下生根较好。

四、促进扦插生根的方法

1. 插穗应在处理当时切取

天气炎热时宜于清晨切取。处理前应将枝条包裹在湿布里，并在阴凉处操作。早上的花木枝条含水量多，扦插后伤口易愈合，易生根，成活率高。

2. 选花后枝扦插

花后枝内养分含量较高，而且粗壮饱满，扦插后发根快，易成活。

3. 带踵扦插

从新枝与老枝相接处下部 2～3 cm 处下剪得到的枝条即为带踵枝条。带踵枝条节间养分多，发根容易，成活率高，幼苗长势强。此法适用于桂花、山茶、无花果等。

4. 机械处理

（1）剥皮。对较难发根的品种，插前先将表皮木栓层剥去，加强插穗吸水能力，可促进发根。

（2）纵刻伤。用刀刻 2～3 cm 长的伤口至韧皮部，可在纵伤沟中形成排列整齐的不定根。

(3）环剥。剪穗前 15～20 天，将准备用作插穗的枝条基部剥一圈皮层，宽 5～7 mm，以利插穗发出不定根。

5. 黄化处理

对枝条进行黄化处理，即在枝条生长的部位遮光，使其黄化，再作为插条可提高生根力。

6. 增加插床土温

早春扦插常因土温不高而造成生根困难，人为提高插条下端生根部位的温度，同时喷水通风降低上端芽所处环境温度，可促进生根。

7. 药剂或激素处理

常用药剂包括生长调节剂和杀菌剂，处理浓度依植物种类、施用方法而异。一般而言，草本、幼茎和生根容易的种类用较低的浓度，反之则用高浓度。

第三节　嫁接及压条繁殖

→ 了解影响花卉嫁接及压条繁殖成活的因素
→ 掌握花卉嫁接及压条繁殖的方法

一、嫁接繁殖

嫁接是用植物营养器官的一部分，移接于其他植物体上。用于嫁接的枝条称接穗，所用的芽称接芽，被嫁接的植株称砧木，接活后的苗称为嫁接苗。在接穗和砧木之间发生愈合组织，当接穗萌发新枝叶时，即表明接活，剪去砧木萌枝，就形成了新个体。休眠期嫁接一般在 3 月上中旬，有些萌动较早的种类在 2 月中下旬。秋季嫁接在 10 月上旬至 12 月初。生长期嫁接主要是进行芽接，7—8 月为最适期，桃花、月季多在此期间嫁接。嫁接繁殖是繁殖无性系优良品种的方法，常用于梅花、月季等。嫁接的主要原则是切口必须平直光滑，不能毛糙、内凹。嫁接绑扎的材料，现在多为塑料薄膜剪成的长条。

1. 嫁接繁殖的特点

嫁接繁殖可提高植物对不良环境条件的抵抗力。对于某些不易用其他无性方法繁殖的花卉，如梅花、桃花、白兰等，用嫁接法可大量生产种苗。另外，嫁接可提高特殊种类的成活率，如仙人掌类的黄、红、粉色品种只有嫁接在绿色砧木上才能生长良好。嫁接可提高观赏植物的可观赏性，如垂榆、垂枝槐等嫁接在直立的砧木上更能体现下垂的姿态。用黄蒿作砧木的嫁接菊可高达 5 m。嫁接还可促进或抑制生长发育，提早开花结实，使植株乔化或矮化。

2. 砧木与接穗的选择

（1）砧木的选择。砧木要选择和接穗亲缘近的同种或同属植物，与接穗有良好的亲和力；应适应本地自然条件，生长健壮；对接穗的生长、开花、寿命有良好的影响；满足生产上的需求，如矮化、乔化、无刺等；以一、二年生实生苗为好。

（2）接穗的采集。接穗应从品种优良、特性强的植株上采取，枝条生长健壮充实、芽体饱满，取枝条的中间部分，过嫩、过老都不行。春季嫁接采用二年生枝，生长期芽接和嫩枝接采用当年生枝。

3. 嫁接的方法和要求

（1）切接。切接一般在春季 3—4 月进行，适用于砧木较接穗粗的情况，根颈接、靠接、高接均可。选定砧木，离地 10～12 cm 处水平截去上部，在横切面一侧用嫁接刀纵向下切约 2 cm 稍带木质部，露出形成层。截取接穗 5～8 cm 的小段，上有 2～3 个芽，下部削成正面 2 cm 左右的斜面，反面再削一短斜面，长为对侧的 1/4～1/3。注意切口要平滑。将接穗插入砧木，使它们的形成层相互对齐。若接穗较砧木细小，只使接穗形成层的一侧与砧木形成层的一侧对齐即可。插放后用麻线或塑料膜带扎紧，不能松动。

（2）劈接。劈接常用于较大的砧木，一般在春季 3—4 月进行。将砧木上部截去，于中央垂直切下，劈成约 5 cm 长的切口。再在接穗的下端两边相对处各削一斜面，使其呈楔形，然后插入砧木切口中，使接穗一侧形成层密接于砧木形成层，用塑料膜带扎紧即可。此法常用于草本植物如菊花、大丽花的嫁接，以及木本植物如杜鹃花、榕树、金橘的高接换头。

（3）T 字形芽接。选枝条中部饱满的侧芽作接芽，剪去叶片，仅留叶柄。在接芽上方 5～7 mm 处横切一刀，深达木质部，然后在接芽下方 1 cm 向芽的位置削去芽片，芽片呈盾形，连同叶柄一起取下；在砧木的一侧横切一刀，深达木质部，再从切口中间向下纵切一刀长 3 cm，使其成 T 字形，用芽接刀把皮轻轻挑开，将芽片插入口中，使芽片上部横切口与砧木的横切口平齐并密接，合拢皮层包住芽片，用塑料条扎紧。接后 7～10 天检查叶柄，用手轻触即脱落的已活，芽皱缩的要重新接。

（4）靠接。靠接用于嫁接不易成活的或贵重珍奇的种类。为了方便操作，接前先将砧木或接穗上盆，上盆时可将植株栽于靠盆边的一侧，以便于嫁接时贴合。嫁接应在植物生长期间进行，接时在二植株茎上分别切出切面，深达木质部，然后使二者的形成层紧贴扎紧。成活后，将接穗截离母株，并截去砧木上部枝茎即可。

（5）髓心接。髓心接是仙人掌类植物的嫁接方法，是接穗和砧木以髓心愈合的嫁接技术。仙人掌科许多种属之间均能嫁接成活，而且亲和力强。三棱剑特别适宜于缺叶绿素的种类和品种作砧木，在我国应用最普遍。而仙人掌属也是好砧木，对葫芦掌、蟹爪兰、仙人指等分枝低的附生型花卉很适宜。

1）平接法。平接法适用于柱状或球形种类。先将砧木上面切平，外缘削去一圈皮，平展露出砧木的髓心。接穗基部平削，接穗与砧木接口安上后，再轻轻转动一下，排除接合面间的空气，使接穗与砧木紧密吻合。用细线或塑料膜带纵向捆绑，使接口密接。

2）插接法。插接法适用于接穗为扁平叶状的种类。用窄的小刀从砧木的侧面或顶部插入，形成一嫁接口，再选取生长成熟饱满的接穗，在基部 1 cm 处两侧都削去外皮，露出髓心。把接穗插入砧木嫁接口中，用刺固定。用叶仙人掌做砧木时，只需将砧木短枝顶端的韧皮部削去，顶部削尖，插入接穗体的基部即成。

3）仙人掌类嫁接的注意事项

①嫁接时间以春、秋为好，温度保持在 25 ℃下易于愈合。

②砧木、接穗要选用健壮无病、不太老也不太幼嫩的部分。

③嫁接时，砧木与接穗不能萎蔫，要含水充足。已萎蔫的接穗，必要时可在嫁接前先浸水几小时，使其充分吸水。嫁接时砧木和接穗表面要干燥。

④砧木接口的高低由多种因素决定。无叶绿素的种类要高接。接穗下垂或自基部分枝的种类也要接得高些，以便于造型。鸡冠状种类也要高接。

⑤嫁接后 1 周内不浇水，保持一定的空气湿度，放到阴凉处，不能让日光直射。10 天左右就可去掉绑扎线。成活后，要及时去掉砧木上长出的萌蘖，以免影响接穗的生长。

二、压条繁殖

压条繁殖是利用枝条的生根能力，将母株的枝条或茎蔓埋压入土中，生根后再从母株割离成为独立新株的繁殖方法。对枝条进行环剥、刻伤、拧裂更可促进发根。凡扦插容易生根的种类均不用压条法繁殖，如蜡梅、桂花、结香、米兰等。因为用压条法繁殖数量受限制，所以往往在用其他法不易成功或要求分出较大新株时用此法。压条繁殖常在早春发叶前进行，常绿树则在雨季进行。

1. 单枝压条

取靠近地面的枝条作为压条材料，使枝条埋于 15 cm 深土中，将埋入地下枝条部分施行割伤或轮状剥皮，枝条顶端露出地面，以竹钩固定，覆土并压紧。连翘、罗汉松、棣棠、迎春等常用此法繁殖。此法还可在一个母株周围压条数枝，增加繁殖株数。

2. 堆土压条

此法多用于丛生性花木，可在第一年将地上部剪短促进侧枝萌发，第二年将各侧枝的基部刻伤堆土，生根后分别移栽。凡丛生花木，如绣线菊、迎春、金钟等均可用此法繁殖。

3. 波状压条

将枝条弯曲于地面，将枝条割伤数处，将割伤处埋入土中，生根后切开移植，即成新个体。此法用于枝条长而易弯曲的种类。

4. 高空压条

此法通常用于株形直立，枝条硬而不易弯曲，又不易发生根蘖的种类。选取当年生成熟健壮枝条，施行环状剥皮或刻伤，用塑料薄膜套包环剥处，用绳扎紧，内填湿度适宜的苔藓和土，等到新根生长后剪下，将薄膜解除，栽植成新个体。压条不脱离母体，均靠母体营养，要注意埋土压紧。切离母体时间视品种而异，月季当年可切离，桂花翌年切离。栽植时尽量带土，以保护新根，有利成活。

第四节　分生繁殖

→ 掌握花卉分生繁殖的类型和方法

分生繁殖是花卉营养繁殖的方法之一，是利用植株基部或根上产生萌枝的特性，人为地将植株营养器官的一部分与母株分离或切割，另行栽植和培养而形成独立生活的新植株的繁殖方法。分生繁殖是多年生花卉的主要繁殖方法。这种方法操作简便，新株易活、成苗快，遗传性状稳定，只是繁殖系数低。分株一般在春秋两季进行。分生繁殖是利用植物的分生能力和再生能力进行繁殖的方法。

分生能力是指某些植物能够长出专为营养繁殖的一些特殊器官，如鳞茎、球茎、根蘖、匍匐枝等。

再生能力是指植物的营养器官（根、茎、叶）的一部分，能够形成自己所没有的其他部分的能力，如叶插能够长出根和芽，茎插能够长出叶及根等。

分生繁殖有以下几种类型。

一、分株繁殖

分生繁殖是指将根或地下茎发生的萌蘖切下栽植，使其成为独立的植株。将母株掘起，脱去土团，由根部用刀切开，分割成数丛，使每株都有自己的根、茎、枝、叶，栽培于另外一个地方，浇水夯实。常见的多年生宿根花卉如兰花、芍药、菊花、萱草等，以及木本花卉如牡丹、蜡梅、棕竹、月季、丁香、南天竹等均用此法繁殖。分株繁殖一般结合移植进行，分离下来的植株要有两条以上的主根系，栽植前要剪掉一部分枝叶，减少蒸发蒸腾，保证成活。

分株时应注意检查病虫害，一旦发现立即销毁或彻底消毒后栽培。根部的切伤口在栽培前用草木灰消毒，这样栽培后不易腐烂。中国兰分株时不要伤及假鳞茎；君子兰分株时吸芽必须有自己的根系，否则不易成活。春季分株时注意保墒，秋季分株时注意防冻。

以兰花为例，分株时把植株从盆中倒出，用清水洗净，去掉腐根、烂根，在两株之间距离较大的地方用快刀切断，分成两丛，在割伤处涂上木炭粉或新鲜草木灰，放在通风阴凉处晾 1～2 天，即可上盆栽植。

二、分球繁殖

分球繁殖是由球根花卉的地下变态茎如球茎、块茎、鳞茎、根茎和块根等产生的仔球进行分级种植繁殖的方法。分球繁殖的主要时间是春季和秋季，球根采收后将大小球按级分开，置于通风处，使其经过休眠后进行种植。

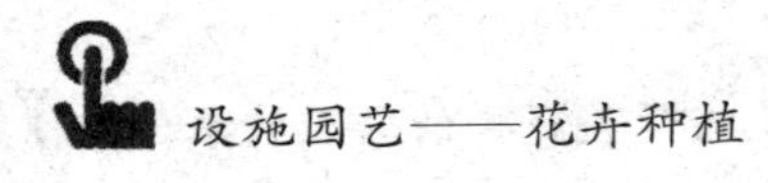

1. **球茎类花卉**

如唐菖蒲、香雪兰、番红花等栽培中老球生新球，新球茎基部四周长出小球，秋天掘取后晒干，除去干枯老球，将新球与小球剥离，分别储藏，春季分别栽植。

2. **鳞茎类花卉**

如百合、水仙、郁金香等，一般都采用自然分殖法，待鳞茎分化形成数个新鳞茎后，分离栽培。为提高繁殖率，也可进行人工繁殖。

3. **块根类花卉**

如大丽花，在入冬前把植株挖起，沙藏于室内；第二年春（3—4 月份）取出，埋入疏松的土壤中，露出芽眼；当芽眼明显萌发时，把地下块根带芽切成许多小块，分别栽植于露地或花盆中。由于芽在根上，分割繁殖时必须每块连带着芽切分。

4. **块茎类花卉**

如马蹄莲、花叶芋，分割时要注意不定芽的位置，切割时不要伤及芽而且每块要带芽。

5. **根茎类花卉**

如美人蕉、鸢尾含水分多，储藏期要防止冻害，切割时要保护芽体，伤口要注意防腐。

三、其他类型的分生繁殖

分生繁殖还有分根蘖、分走茎、分吸芽、分珠芽、零余子等类型。

1. **分根蘖**

将根或地下茎发生的萌蘖切下栽植，使之形成独立的植株体。

2. **分走茎**

分走茎为叶丛抽生出来的节间较长的茎。节上生叶、花和不定根、小植株，分离小植株另行栽培。吊兰有匍匐枝，枝端产生一个具有叶芽和气生根的小植株，剪下后可以另行栽植。龙舌兰的根部接近地表处有叶芽和不定根可以用于繁殖。

3. **分吸芽**

一些植物根茎或近地面叶腋自然发生的短缩、肥厚呈莲座状的短枝上有芽，称吸芽。吸芽长在下部可自然生根，可自母体分离另行栽植。

4. **分珠芽和零余子**

一些植物特殊形式的芽，如卷丹叶腋间生长的芽，观赏葱类生于花序中的芽都叫珠芽。薯蓣类呈鳞茎或块茎状的特殊芽叫零余子。珠芽和零余子脱离母体后落地可生根。

第五节　孢子繁殖

- 了解影响花卉孢子繁殖成活的因素
- 掌握花卉孢子繁殖的方法

孢子生殖，是很多低等植物和真菌等利用孢子进行的生殖方式，是无性生殖方式之一。在生物体的一定部位产生的一种特殊的生殖细胞叫孢子。孢子能直接长成新个体。植物界中的藻类、菌类、苔藓、蕨类等植物都能用孢子繁殖，所以称这几类植物为孢子植物。观赏蕨类植物可用孢子繁殖。

一、孢子繁殖的过程

蕨类植物是进化水平最高的孢子植物。孢子体和配子体独立生活。孢子体发达，可以进行光合作用。配子体微小，多为心形或垫状叶状体。蕨类植物绿色自养或与真菌共生，无根、茎、叶的分化；无种子，用孢子进行有性繁殖，有性生殖器官为精子器和颈卵器。

孢子来自孢子囊。蕨类植物繁殖时，孢子体上有些叶的背面出现成群分布的孢子囊，这类叶称为孢子叶，其他叶称为营养叶。孢子成熟后，孢子囊开裂，散出孢子。孢子在适宜的条件下萌发生长为微小的配子体，又称原叶体，其上的精子器和颈卵器同体或异体而生，大多生于叶状体的腹面。精子借助外界水的帮助进入颈卵器与卵结合，形成合子。合子发育为胚，胚在颈卵器中直接发育成孢子体，分化出根、茎、叶，成为观赏的蕨类植物。

二、孢子繁殖的方法

当孢子囊群变褐色，孢子将散出时，给孢子叶套袋，连同叶片一起剪下，在 20 ℃下干燥，抖动叶子，帮助孢子从囊壳中散出，收集孢子。然后把孢子均匀撒播在浅盆表面，盆内以 2 份泥炭藓和 1 份珍珠岩混合作为基质。也可以将孢子叶直接在播种基质上抖动散播孢子。以浸盆法灌水，保持清洁并盖上玻璃片。将盆置于 20～30 ℃的温室荫蔽处，经常喷水保湿，3～4 周“发芽”并产生原叶体（叶状体）。此时第一次移植，用镊子钳出一小片原叶体，待产生出具有初生叶和根的微小孢子体植物时再次移植。

蕨类植物孢子的播种，常用双盆法。把孢子播在小瓦盆中，再把小瓦盆置于盛有湿润水苔的大盆内，小瓦盆借助盆壁吸取水苔中的水分，更有利于孢子萌发。

第六节　组织培养繁殖

→ 了解花卉组织培养繁殖的一般程序
→ 掌握花卉组织培养繁殖的特点与类型

组织培养是在无菌的条件下将活器官、组织或细胞置于培养基内，并放在适宜的环境中，进行连续培养而生成细胞、组织或个体。组织培养作为一种新技术、新途径，可广泛应用于遗传育种、快速繁殖、种苗脱毒、种质资源保存与交换、生理学及病理学研究、有机物生产等方面。

一、组织培养繁殖的特点

1. 可控性强

根据不同花卉对环境条件的要求进行人为控制。外植体在人为提供的培养基质中进行生长，可根据需要随时调节营养成分及培养条件，因而摆脱了大自然四季、昼夜以及多变的气候对于花卉生长带来的影响，形成均一的条件，更有利于花卉生长，可以稳定地进行周年生产。

2. 节省材料

每一株花卉的茎尖及腋芽、根、茎、叶、花瓣、花柄等均可作为培养的材料，只需取母株上的极小部分即可繁殖大量的再生植株，尤其适用于名贵、珍稀、新特花卉中原材料少、繁殖困难的种类。

3. 繁殖速度快，生长周期短

组织培养繁殖完全在人为控制的条件下进行，可有的放矢，根据不同的花卉种类、不同的离体部位而提供不同的生长条件，因此生长繁殖速度快，生长周期短。一般草本花卉 20 天左右即可完成一个繁殖周期；木本花卉的繁殖周期较草本花卉长一些，一般在 1～2 个月内继代繁殖一次。每一继代的繁殖数量以几何级数增长。例如，兰花的某些种，一个外植体在一年内可增殖几百万个原球茎，有利于大规模工厂化生产。尤其对于采用常规繁殖方法繁殖率低或难于采用常规繁殖方法繁殖的优良花卉种类，组织培养繁殖是进行快速繁殖的行之有效的途径。

4. 后代整齐一致

组织培养繁殖实际上是一种微型的无性繁殖，取材于同一个体的体细胞而不是性细胞，因此，其后代遗传性一致，能保持原有品种的优良性状。

5. 管理方便

人为提供植物生长所需要的营养和环境条件，因而可以进行高度集约化、高密度的科学培养生产，较田间的常规繁殖和生产省去了除草、浇水、病虫害防治等繁琐的管理环节，有利于自动化和工厂化生产。

6. 要求一定的设备和药品

组织培养繁殖需要接种台、培养室、培养基用药、高压灭菌设备等。

二、组织培养的类型

按外植体分，植物组织培养可分为以下几类。

1. 胚胎培养

植物的胚胎培养，包括胚培养、胚乳培养、胚珠和子房培养，以及离体受精的胚胎培养等。

2. 器官和组织培养

器官培养是指植物某一器官的全部或部分或器官原基的培养，包括茎段、茎尖、块茎、球茎、叶片、花序、花瓣、子房、花药、花托、果实、种子等。组织培养有广义和狭义之分。广义的组织培养包括各种类型外植体的培养；狭义的组织培养所说的组织包括形成层组织、分生组织、表皮组织、薄壁组织和各种器官组织，以及其培养产生的愈伤组织。

3. 细胞培养

细胞培养包括利用生物反应器进行的，旨在促进细胞生长和生物合成的大量培养系统和利用单细胞克隆技术促进细胞生长、分化直至形成完整植株的单细胞培养。

4. 原生质体培养

植物原生质体是去掉细胞壁的由质膜包裹的具有生活力的裸细胞。

三、组织培养的基本要求

进行花卉组织培养快速繁殖需要具备一定的条件。

（1）建立一套用于组织培养快速繁殖的实验室及试管苗移栽的配套温室。进行试管快速繁殖需要具备与生产规模相匹配的组织培养实验室或组织培养生产车间，以及移栽用的温室，必需的仪器、设备、培养容器及操作工具等。

（2）具有严格的无菌操作条件。试管繁殖的全过程均是在无菌条件下进行的，如不能保证严格的无菌条件和无菌操作，不可能实现试管繁殖，将会导致繁殖的失败，造成人力、物力、财力的浪费。

（3）较高素质的技术人员和操作人员。花卉试管快速繁殖生产是一种综合性且科技含量高的密集型集约化生产，要求技术人员的知识范围广、生产管理水平高，操作人员需具备较高的操作技能并进行合理分工。

总之，花卉的大规模组织培养快速繁殖生产需要有严密的计划和组织管理，才能在花卉业中生存和发展。

四、组织培养的一般程序

培养是指把培养材料放在培养室（有光照、温度条件，无菌）里，使之生长、分裂和分化形成愈伤组织，或进一步分化成再生植株的过程。花卉组织培养快速繁殖的一般程序是：外植体选取和采集→无菌培养体系的建立→初代培养→继代增殖→生根→试管苗的锻炼及移栽。

单元测试题

1. 花卉繁殖的类型有哪些？各有何特点？
2. 花卉种子生长有哪几种类型？
3. 种子处理方法有哪些？
4. 扦插繁殖的类型有哪些？何时进行？
5. 影响插条成活的因素有哪些？
6. 孢子繁殖的特点是什么？
7. 组织培养繁殖的特点和要求是什么？

第6单元

设施花卉生产栽培

花卉生产是农业中的重要生产活动。花卉既是一种农产品，又是一种商品性极强的鲜活产品，其品种受市场影响很大，更新换代速度极快。花卉生长发育对温度、光照、水分和土壤的要求各异，栽培条件各不相同，生长发育特性也多种多样。花卉设施栽培生产，通过调控环境因素，使植物处于最佳的生长状态，使光、热、土地等资源得到充分利用，可以实现周年生产和产品的均衡供应，从而大大提高土地利用率、劳动生产率、农产品质量和经济效益。设施花卉栽培对促进农业增效、农民增收和繁荣农村经济具有重要作用，在农业产业结构调整中优势显著，已成为我国农业最具活力的新兴产业之一。设施花卉种类很多，在生产栽培中，不同种类栽培管护要求不同。

第一节　设施花卉栽培管护要点

→ 掌握盆栽花卉和切花花卉的栽培管护要点

设施花卉因种类和栽培目的不同，主要有盆栽花卉和切花花卉两类，各自的栽培管护要点不同。

一、盆栽花卉栽培管护要点

原产热带、亚热带及南方温暖地区的花卉，在北方寒冷地区栽培需要在设施内种植，一般不作切花生产，仅作盆栽观赏。盆栽花卉一般选择观赏性高的花卉种类进行细致栽培、精心养护。盆栽花卉根据观赏特性不同，有以观花为主的，如杜鹃、茉莉等；也有以观叶为主的，如万年青、竹芋等。不同种类的花卉对环境要求不同，如有冷室花卉、低温温室花卉、中温温室花卉和高温温室花卉。冷室花卉一般要求室内温度保持在 2～5 ℃，如棕竹等观叶植物；低温温室花卉属半耐寒花卉，室温通常保持在 5～8 ℃，如报春类；中温温室花卉，室温通常保持在 8～15 ℃，如蒲包花、倒挂金钟等；高温温室花卉原产地为热带，室温通常保持在 15～25 ℃，如变叶木等。

盆栽花卉需要人为配制培养土。盆栽花卉易于调控花期，有利于促成栽培和控制栽培。盆栽花卉便于移动，可随时进行室内外花卉装饰，满足市场需要。

1. 上盆与换盆

将实生苗、扦插苗、嫁接苗等定植到花盆中的过程叫上盆。上盆是花卉栽培的第一项工作。选择花盆时，除了注意花盆的质地，还要根据植株大小及培养目标选择花盆的大小。盆的大小要与花苗相称，上盆时既要避免大盆装小苗，又要避免小盆装大苗。花盆过大而植株小，植株吸水能力相对较弱，浇水后盆土长时间保持湿润，花木呼吸困难，易导致烂根；花盆过小，显得头重脚轻，而且影响根部发育。一般要求花盆盆口直径大体与植株冠径相等；带有泥团的植株放入花盆后，花盆四周应留有 2～4 cm 空隙，以便加入新土；不带泥团的植株，根系放入花盆后要能够伸展开来，不得弯曲。

上盆时，先用一块瓦片垫在盆底排水孔上，然后在盆底放些较粗的培养土（有条件的放石子或粗砂以便排水）和少许厩肥等有机肥，填入培养土盖住肥料，将花苗放入盆中央，如果主根或须根太长，可作适当修剪，再往盆四周填土，稍稍墩实盆土，盆口留出 2～3 cm 的浇水口，栽好后用喷壶喷透水，4～5 天后，移至阳光下正常管理。

随着盆内植株不断长大，原来的花盆已经容纳不下长大的植株，需将小盆换成与之相称的大盆，这个操作过程称为换盆。换盆的作用是：可以补充、更新养分，以利于花卉不断生长；同时可以修剪病残根系，并对可分株的花卉进行分株。

在准备换盆前，先给需要换盆的花卉浇些稀薄的肥水，这样植株易从花盆里磕出，缓苗的时间大大缩短。在换盆时，左手扶盆土，右手托盆底把花盆翻过来，反复几次能把土坨从花盆中取出。如果土坨表面布满了老根，要用快刀适当切去一些，并削去一部分肩土、脚土。往准备好的花盆里放一薄层培养土，再放少量基肥，用一些培养土把基肥盖住后将修整好的土坨放到花盆里扶正，填上培养土。注意盆土表面应低于花盆盆沿几厘米，这样便于以后浇水。

盆栽花卉种类不同，换盆的次数也不同。一般木本花卉 2～3 年一次，草本花卉每年一次。多数花卉以春季开始生长前换盆为宜，注意常绿花卉避开花期，其他花卉在秋冬季节进行。

2. 浇水

浇水操作对花卉栽培来说至关重要，很多人往往由于掌握不好这项技能而影响了花卉栽培的效果。不同的花卉需水量不同。水生花卉一刻也离不开水，多肉花卉每周浇水一次反而有益，而观叶花卉大多需要经常保持土壤处于微潮状态。通常较小的植株或新繁殖的植株不耐旱，较大的植株或已成形的植株较耐旱。对于水质的选择，北方有的地面水 pH 值较高，城市自来水含有氯气和氯化钙，对盆花都不太适合，因此，有条件的地方最好用深井的地下水。若必须用自来水，则需放在储水池中数日，使氯气挥发后再用。所用的水要接近气温，避免水温与气温或盆土温度悬殊，对花卉造成伤害。浇水时间主要依据花卉各生育期的需水规律及花卉的生长表现、地温高低、天气阴晴等情况而定。原则上讲，浇水的时间以早晨和傍晚最好。在晴天温度最高的时候不宜浇水，特别是盛夏应尽量避免正午前后浇水。浇水量应根据季节、天气、花卉种类及盆土的水分状况灵活掌握。对大多数花卉来说，浇水的原则是见干见湿，不干不浇，浇则浇透。要避免多次浇水不足，只湿及表层盆土而形成“腰截水”，使下部根系缺乏水分，影响植株的正常生长。

3. 施肥

为了保证温室花卉生长正常、开花繁盛，施肥是必不可少的环节。温室盆栽花卉与露地栽植花卉不同，盆土体积有限，施肥时稍有不慎就会造成伤害，因此要特别慎重。

（1）肥料种类

1）有机肥。含有大量有机物质的肥料称有机肥，又称农家肥。常用的有机肥有牲畜粪尿、禽类粪、骨粉、鱼粉、厩肥、堆肥、绿肥、饼肥、泥炭、草木灰、落叶、杂草等。有机肥具有有机质含量丰富、营养成分全面、肥效期长等特点。有机肥可干施，一般作基肥用，方法是腐熟后磨成粉末，掺入盆土施入。有机肥亦可液施，一般作追肥用，方法是兑水腐熟后稀释 20 倍左右在花卉生长期浇施。

2）无机肥。无机肥也称化肥。与有机肥相比，化肥的养分含量高，成分单纯，易溶于水，肥效快而短，并有酸碱反应等特点。但长期使用化肥土壤会发生板结、盐渍化等。

（2）施肥原则。对盆花施肥要看长势定用量，坚持“四多、四少、四不”的原则（即黄瘦多施，发芽前多施，孕蕾期多施，花后多施；茁壮少施，发芽少施，开花少施，雨季少施；徒长不施，新栽不施，盛暑不施，休眠不施）。同时应注意“四忌”：一忌浓肥，二忌生肥（施用有机肥要经过充分腐熟），三忌热肥（夏季中午土温高，施肥易伤根），四忌坐肥（即栽花时不可将根直接放在盆底的基肥上，而要在肥上加一层土，然后再将花栽入盆中）。

（3）施肥方法。肥料的施用一般分为基肥和追肥两种形式。基肥是在上盆、换盆和翻盆时施入培养土中的肥料，一般采用肥效迟缓的有机肥；追肥一般采用肥效迅速的无机肥。基肥应放在盆的底部，然后用培养土覆盖。追肥通常使用的方法有土施追肥、干施法、浇灌法，一般做法是将肥料溶解在水里配成 0.1%～0.5%的肥料溶液，即所说的肥水，再进行浇灌或喷洒。盆花追肥应用液体肥料如豆饼水等浇灌，肥料应事先沤制 15～20 天，然后取上部澄清液兑水 8～10 倍浇灌；亦可进行根外追肥，一般在生长季节将尿素、磷酸二氢钾或部分微量元素肥料等配成水溶液，用喷壶均匀地喷洒在叶面上，每隔一段时间喷施一次。对生长迅速的花卉要多施肥，如吊兰、文竹、君子兰、秋海棠、天竺葵、仙客来、香石竹等，最好每周浇一次肥水。对生长缓慢者应少施肥，如杜鹃、扶桑、含笑、菊花、茉莉、苏铁、山茶、龟背竹、香豌豆等，可以间隔半月施一次肥水。对生长停滞者必须免施肥，如桂花、荷花、石榴、月季、虞美人等，整个冬季根本不用追肥。此外，氮肥（俗称叶肥）一般在花卉生长前期用，后期不用，否则茎秆柔软。磷肥（俗称花果肥）一般多用于生长后期，利于花芽分化，提早开花。钾肥（俗称根肥）硫酸钾一般多用于球根花卉，可促进根系生长、叶绿素形成，促进光合作用。

4. 修剪

修剪是指修整花卉的整体外表，剪去不必要的杂枝、病虫枝，或为新芽的萌发而适当处理枝条。修剪是花卉日常栽培管理中的一项重要技术措施。通过修剪，及时剪掉不必要的枝条，不仅可以使株形整齐、高低适中、形态优美，提高观赏价值，而且可以节省养分、调整树势、改善透光条件，借以调剂与控制花卉生长发育，促使花卉生长健壮、花多果硕。

（1）修剪时机。一般在休眠期和生长期都可以进行修剪，具体应根据不同花卉的开花习性、耐寒程度和修剪目的来决定。凡春季开花的花卉，如梅花、四季海棠、白玉兰等，它们的花芽是在前一年枝条上形成的，如果在早春发芽前修剪会剪掉花枝，所以应在花后 1～2 周内进行修剪，这样既可促使萌发新梢，又可形成来年的花枝；如果等到秋、冬季修剪，夏季已形成有花芽的枝条就会受到损伤，影响第二年开花，因此冬季不宜修剪。凡是在当年生枝条上开花的花卉，如月季、扶桑、一品红、金橘、佛手等，应在冬季休眠期进行修剪，促其多发新梢、多开花、多结果。藤本花卉一般不需要修剪，只剪除过老和密生枝条即可。以观叶为主的花卉，亦可在休眠期进行修剪。

（2）修剪方法。目前生产上常用的修剪方法有以下几种：

1）疏枝。为了调整树形，利于通风透光，一般常将枯枝、病虫枝、纤细枝、平行枝、徒长技、密生枝等剪除掉。疏枝时残桩不能过长，也不能切入下一级枝干，上切口在分枝点，按 45°斜角剪截，切口要平滑。

2）剪梢与摘心。剪梢与摘心是将正在生长的枝梢去掉顶部的工作。枝条已硬化需要用剪刀的称剪梢；枝条柔嫩，用手指即可摘去嫩梢的为摘心。其目的是消除顶端优势，使枝条组织充实，促使萌发侧枝，使植株矮化、株形圆满、开花整齐。做法是将新梢顶端摘除 2～5 cm，抑制新梢生长，使养分转移到生殖生长。当新梢上部的芽萌生二次梢时，可以等它长出几个叶片时再进行一次摘心。在生产中摘心也常用于调整花期。

3）折裂。为了防止枝条生长过旺，或为了形成一定的艺术造型，常在早春芽刚萌动时进行折裂处理。粗放的做法是用手将枝条折裂；精细的做法是先用刀切割，然后小心将枝条弯折，并要在切口处涂泥，防止伤口水分蒸发过多和病害入侵。

4）抹芽。抹芽是将花卉的腋芽、嫩枝或花蕾抹去，目的是集中养分，促使主干挺直健壮，花朵大而艳丽，果实丰硕饱满。

5）捻梢。即将新梢扭转但不使其断离母枝，多在新梢生长过长时应用。捻梢的目的是阻止水分、养分向生长点运输，削弱枝条生长势，有利于花枝的形成。

6）曲枝（弯枝、缚枝、盘扎）。即对枝条或新梢施行弯曲、缚扎或扶立等措施，控制枝梢或其上芽的萌发，也可用来将花木塑造成各种艺术造型。

7）摘叶。通过适当摘除过多的叶片来改善通风、透光条件，降低温度、湿度。

8）摘蕾。为了获得大而艳的花朵，可以通过摘除侧蕾促进主蕾的生长。

9）摘果。为了使枝条生长充实，避免养分消耗过多，常常将幼果摘除；有时为了获得大而品质好的果实进行疏果；有时为了使花朵能连续开放，常将果实摘除。

二、切花花卉栽培管护要点

切花花卉是指观赏植物中以剪切下来的花、枝、叶为主的花卉，主要用于装饰美化居室，丰富人们的精神文化生活。切花生产在花卉栽培中是一个新兴产业，紧密结合市场需求进行规模化、批量化生产，生产周期快，单位面积产量高，同时包装、储藏、运输等都需要配套。不同地区、不同气候条件下，切花生产的方式也不同。由于设施设备的高度机械化，便于调节温度、湿度和气体浓度，设施切花生产品质好、效益高，可全年均衡供应。切花花卉是设施花卉中的重要一类。

目前，世界鲜切花产业已经形成了发达国家科技领先，发展中国家生产规模扩大，国际花卉生产布局稳定的格局。我国鲜切花生产面积和产量逐步增加。

设施切花种植的种类主要有月季、菊花、康乃馨、唐菖蒲、非洲菊。此外还有球根类切花，如百合、马蹄莲、郁金香、香雪兰等，切枝类切花，如一品红、牡丹、梅花、满天星、红掌、补血草等。

为了达到周年供应鲜切花的目的，常以设施栽培和露地栽培相结合进行。切花栽培管理分为以下几个方面。

1. 土壤准备

（1）培养土配制。温室切花生产所用的土壤要求人工配制。国外切花生产基地有专门配制培养土的场地，利用传送带装置将各种基质配制均匀，然后进行消毒，运到温室内整平做畦。根据栽培花卉种类的不同，配制不同的培养土。常用的基质有园田土、腐叶土、沙土、腐熟发酵的锯末或谷糠和泥炭等，配制比例为4∶4∶1∶1；同时掺一定量的厩肥和骨粉。

（2）土壤消毒。切花生产的土壤要彻底消毒，特别是温室切花生产的土壤消毒更为重要。多用蒸汽消毒方法，即将人工配制的培养土堆积起来，通上蒸汽管道，外部用塑料薄膜覆盖，送进高温蒸汽，可彻底消灭土壤中的病原体和杂草种子等。这种方法安全有效，但消毒时间不能太长，以土壤表面冒出蒸汽为准，利用余热继续消毒。

2. 整地作畦、栽植

温室切花栽培一般多为地栽，将消过毒的培养土拉入温室内，做成宽1～1.2 m的高畦，畦的长度根据温室的大小而定。选择抗病性强、植株直立、花茎较长、花色鲜艳、花形整齐的品种。为了提高切花生产的效益，培育高质量的鲜花，在国外多采用无病毒苗木生产切花。根据切花上市时间，分期分批进行定植。不同花卉定植密度不同，如香石竹每平方米苗床上栽植30～40株，月季每平方米苗床上栽植7～9株。尽量选阴天或下午进行定植。有些花卉要带土移栽，有些可裸根移栽。无论哪种栽植方法，栽后都要充分灌水。

3. 张网及整形修剪

定植后，茎秆易倒伏的切花种类要张网设支架，网孔直径约15 cm，网宽1.2 m。如香石竹，为了使苗木直立生长，在苗床两头设立钢架，距床面15～20 cm高张第一层网，以后随着茎的生长张第二、第三层网，一般张到四五层为止。网用细铁丝拉成或用尼龙网，使植株生长在网格内，四面都得到支持，保证开花后茎秆不会弯曲，以提高切花质量。除香石竹生产需张网设支架外，还有许多花卉如菊花、香雪兰、唐菖蒲等切花生产也需要张网设支架，张网的支架层数、密度可根据花卉种类灵活应用。

切花栽培中要提高单株产量和质量，必须进行整形和修剪。不同种花卉的整形修剪方法不同，草本类以摘心和除蕾为主，木本花卉以修剪和摘蕾为主。如香石竹定植一个月后摘心，每株保留四个侧枝；在侧枝长20 cm左右再进行摘心，促发第二级侧枝，每株保留枝条8～10个。当茎的顶端生出几个花蕾时，只留顶端一个，其余的尽早除去。这样，一株香石竹切花产量为8～10枝，每公顷收花量240万～300万枝。月季冬季需强剪，只留 3～4 个主枝，而将多余枝、弱枝、交叉枝、枯枝等剪掉。夏季当新枝生长而其先端着蕾时，应及时将花蕾摘除，每个主枝留下三枝培养，每枝留花蕾一个，多余花蕾要及时除去。一株月季一年切花 18～25 枝，每公顷收花量 135 万～180 万枝。

4. 肥水管理

根据切花对肥料的需要量，可将切花分为多肥、中肥和少肥三种。香石竹、一品红为多肥种类，菊花为中肥种类，西洋兰为少肥种类。目前国外在花卉栽培上每 15～20 天对土壤肥力和含水量进行一次分析，根据不同花卉的需求及时补充肥料；或者从花卉养分含量和肥料利用率来确定施肥量。灌溉是一项经常性工作，要根据花卉种类、花卉发育时期和不同季节灵活掌握。

5. 切花采收

根据花枝发育特点确定切枝时间。如菊花，花朵开放五六成时开始切枝；唐菖蒲下部一朵花开放时就可以切枝；百合花蕾显色后就可以切枝。剪切花枝后要整理分级，放入冷库储藏，然后取出按等级 10～20 枝扎成一束，用纸包装，再装入纸箱。不同花卉装箱量不同。一般每箱装 200 枝左右，运往市场销售。

第二节　一、二年生花卉设施栽培

→ 掌握主要一、二年生花卉的栽培管理技术

一、二年生花卉是根据其生命周期进行分类的，指的是从生命萌动、种子发芽到展叶、开花、收获种子、生命结束的全过程在一年时间之内完成的花卉。一年生和二年生花卉虽然都是在一年内完成生命周期的，但不论是生态习性还是对外界条件的要求都迥然不同。

一年生花卉一般在当地自然环境条件下，一年内能生长、开花、结实，完成整个生命周期，不需要人为的加温措施，能在露地正常生长。它们原产于热带、亚热带，如波斯菊、万寿菊、千日红、牵牛花、麦秆菊等。

二年生花卉从当年秋播，到次年春夏开花、结实、枯萎死亡，实际上生命周期不足一年，但跨越了两个年份，为越年生花卉，多数种类原产于温带或寒冷地区。从某种意义上来说，二年生花卉属长日照花卉。它们的生命周期是：秋播，幼苗露地或温室生长越冬，春夏开花，盛夏到来之前种子成熟，接着植株枯萎死亡。二年生花卉有三色堇、雏菊、石竹、矮雪轮、花菱草、金鱼草、紫罗兰、金盏菊、飞燕草、虞美人、矢车菊、毛蕊花、瓜叶菊、报春、旱金莲、蒲包花等。

一、金鱼草

1. 形态特征

金鱼草（见图 6－1）是玄参科金鱼草属秋播一年生草本植物，因花似金鱼故得名。株高 30～90 cm，茎直立，被软毛。叶呈披针形或矩圆状披针形，全缘光滑，长 7 cm，下部对生，上部互生。总状花序顶生，长达 25 cm 以上，花冠大，唇形，外披绒毛，下唇开展三裂，花色有白、黄、紫等，蒴果卵形。

图 6－1 金鱼草

2. 生态习性

金鱼草较耐寒，稍耐半阴，在凉爽环境中生长健壮，花多且鲜艳。其品种相互间容易混杂，引起品种退化。生长适宜温度白天 15～18 ℃，夜间 10 ℃左右，即使降到 5～6 ℃也无大碍。但在开始生蕾时，若遇 0 ℃左右的低温，则表现为“盲花”。冬季开花的品种，若保持适宜温度，则不受日照影响。花芽分化后，12 月至翌年 1 月开花。但夏季开花的品种，仅在长日照条件下才分化花芽和开花。秋天播种，则翌年开花，短剪后可至晚秋开花不绝。秋冬两季白天温度保持 22 ℃，夜间温度保持 10 ℃以上，12 月份可陆续开花。

3. 繁殖方法

金鱼草主要是播种繁殖，但也可扦插。对一些不易结实的优良品种或重瓣品种，常用扦插繁殖，扦插一般在 6—7 月进行。金鱼草种子细小，呈灰黑色，每克约 8 000 粒，发芽率约 60%，温度在 13～15 ℃播种，经 1～2 周后出苗，种子落地能自出苗。播种时需混沙撒播，通常 7 月下旬播种，12 月上旬开花。

4. 栽培管理

小苗真叶开始长出，苗高 10～12 cm 时为定植适期。金鱼草较耐寒，选择多孔、透气性强、松软、排水好、含腐殖质高的沙壤土为佳。结合整地、深翻施过磷酸钙。在定植前施用基肥，种植后施硝态氮与钾肥较好，如硝酸钾等。生长期每隔 10 天施一次液体肥。同时，加强水分管理，会使植株长势旺，开花多而大。温室栽培土用泥炭、沙、园土各 1 份即可，配合复合肥更好。定植后 14 天摘心，留基部 3～4 个健壮枝条，除去其余侧芽。当株高 25～30 cm 时，拉网以防倒伏，随植株生长而升高网位。

温室栽培要求白天开窗通风透气，温度保持在 20 ℃左右，高温会引起苗徒长，易感染病害。冬季温度过低，会出现“盲花”或畸形花，应适当采取加温措施。如果光照不足，会导致节间伸长，花穗细弱，花质下降。金鱼草若采取分期播种及相应的管理措施，则能有效控制和延长花期。

二、瓜叶菊

1. 形态特征

瓜叶菊（见图 6－2）为菊科瓜叶菊属草本植物。全株密被柔毛，茎粗壮，呈之字形，绿色带紫色条纹或紫晕。叶大，三角状心形，边缘具多角或波状锯齿，表面绿色，背面带紫红色。叶具柄，粗壮，有槽沟，基部呈耳状，半抱茎。头状花序多数排列成伞房花状，花序周围是舌状花，中央为筒状花。花较大而且色彩丰富，有红、粉、蓝、紫、白、玫瑰红等颜色，为异花授粉植物，开花时好似繁星点点，绚丽多彩。瘦果纺锤形，表面具纵条纹，并有白色冠毛。花期为 11 月至翌年 4 月。瓜叶菊是新春佳节应时盆花的上等佳品。

图 6-2　瓜叶菊

2. 生态习性

瓜叶菊性喜温暖湿润气候，不耐寒，不耐酷热，忌干旱，怕积水，适宜中性和微酸性土壤。可在低温温室或冷床栽培，以夜温不低于 5 ℃、昼温不高于 20 ℃为最适宜，生长适温为 10～15 ℃，温度过高时易徒长。生长期宜阳光充足，并保持适当干燥。在 15 ℃以下低温处理 6 周可完成花芽分化，再经 8 周可开花。喜光，但怕夏日强光。长日照促进花芽发育能提前开花，一般播种后 3 个月开始给予 15～16 h 的长日照，促使早开花。

3. 繁殖方法

瓜叶菊的繁殖以播种为主。播种后盖薄膜保持湿度，放阴凉处，7～10 天发芽，苗出齐后去掉薄膜，经一个多月后有 7～8 片叶时可单株移栽。瓜叶菊播种一般在 7 月下旬进行，至春节就可开花；也可以根据用花的时间来确定播种时间，如元旦用花，可在 6 月中下旬播种。瓜叶菊在日照较长时可提早发生花蕾，但花茎细长、植株矮小，影响整体观赏效果。早播种则植株繁茂、花形大，所以播种期不宜延迟到 8 月份以后。播种要用专门的浅盆，如用一般花盆，则应在盆底铺一层粗沙隔离层。播种用土以 3 成腐叶土或马粪土、2 成园土、5 成细黄沙全部过细筛后加少量过磷酸钙混合配制。播种时种子的密度要适当，撒种要均匀。播后覆土 1～2 mm 厚，并用浸盆法浸透水，盆上盖玻璃板或塑料布保温、保湿，置于温暖的半阴处。以后经常保持土壤湿润，干燥时可用浸盆法补水，一般 7 天左右即能出苗。出苗后要及时掀开盆上盖的玻璃，让其通风。待幼苗开始长出真叶时，再逐渐移到有阳光处。当幼苗长出两片真叶时，即可进行第一次移苗。

瓜叶菊重瓣品种不易结实，生产中为防止品质退化，常采用扦插或分株繁殖的方法。1—6 月，剪取根部萌芽或花后的腋芽作插穗，插于河沙中，浇透水，适当遮阴，20～30 天后即可生根，培育 5～6 个月即可开花。也可采用根部嫩芽分株繁殖。

4. **栽培管理**

（1）温光管理。瓜叶菊喜低温、凉爽的环境，故可在低温温室或冷床栽培。为使瓜叶菊早开花，现蕾后送到温室 20～25 ℃下培养，可使其提前开花；若要延迟开花，在含苞初开时，将温度控制在 4～8 ℃。当温度处于 0 ℃以下时，要采取防寒措施，以免发生冻害。

瓜叶菊是短日照喜光花卉，充足的光照不仅能使植株冠丛整齐、紧凑，花繁叶茂，还能增强抵抗病虫害的能力。每天 8 h 的光照对瓜叶菊是较适合的。夏季避免阳光直射，宜放在室外荫棚下，但要防止雨淋，否则易造成叶片枯黄。在日常管理中要放置在散射光、通风良好的地方，秋末移入室内透光处，待花梗抽出后移到向阳的地方。应避免植株叶片相互重叠，防止因光照不足而徒长。瓜叶菊趋光性较强，在生长过程中应经常转动方向，以保持花姿端正。

（2）水肥管理。瓜叶菊在生长过程中需要充足的水分，除了冬季以外，要经常保持土壤湿润。上盆后浇一次透水，不可使盆内积水，否则容易引起根系缺氧，导致烂根，植株萎蔫，甚至死亡。一旦发现萎蔫，应立即脱盆置阴凉处阴干，换土移栽，叶面喷雾，直到恢复生理机能时再进行常规管理。每周叶喷 1～2 次水，以保持叶片洁净无尘，增强光合作用。冬季浇水时，要在盆土干燥而又不致叶片发蔫时进行，一次浇透。

瓜叶菊在生长期追肥，要根据盆土的肥沃程度和植株的生长状况来确定。盆土肥沃，植株健壮，叶片颜色深绿，可以适当减少追肥次数。上盆初期，施肥以氮肥为主，使叶片迅速扩大，具体方法是每隔一周左右追施一次 10%～15%浓度的腐熟豆饼、人粪尿液肥。当植株的叶片完全长大时，停施氮肥，改施磷、钾肥，每隔一周施一次充分腐熟的浓度为 10%～20%的鸡粪液肥，现蕾时叶喷 0.3%的磷酸二氢钾，切忌施氮肥。施肥最好选择在傍晚进行，施肥前停止浇水，使盆土稍干，以利于根系吸收。

三、四季报春

1. **形态特征**

四季报春（见图 6－3）是报春花科草本花卉，常作二年生花卉栽培。株高 30 cm，茎较短，为褐色。叶聚生于植株基部，叶片大而圆，具长叶柄，叶缘有浅波状裂或缺刻，叶面较光滑，叶背密生白色柔毛。花梗从叶中抽生，伞形花序，花冠较小，单瓣复瓣不一。花萼漏斗状，裂齿三角状。花有白色、洋红色、紫红色、蓝色、淡紫色。花期 1—5 月，是冬春家庭中很好的观赏花卉。

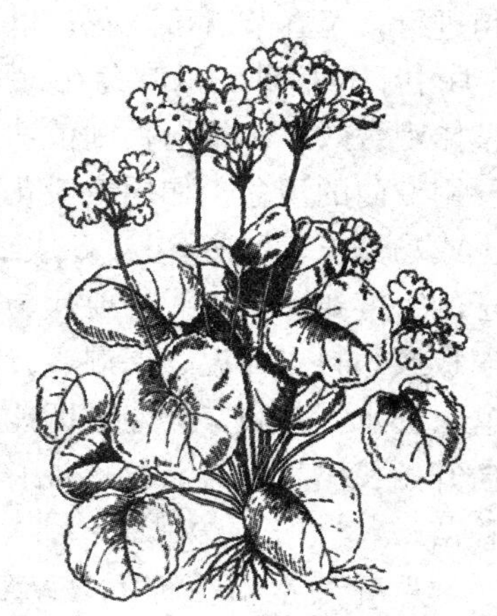

图 6－3 四季报春

2. **生态习性**

四季报春原产于湖北、湖南、江西、广东、广西、贵州、云南及西藏等地。喜温暖湿润气候。春季以 15 ℃为宜；夏季怕高温，须遮阴；冬季室温 7～10 ℃ 为好，须置向阳处。喜肥沃疏松、富含腐殖质、排水良好的砂质酸性土壤。

3. 繁殖方法

主要用播种繁殖。春、秋均可进行。欲使其在夏季开花，可于 2—3 月播种；若要使其在春季开花，则需于头年 8 月播种。由于种子细小、寿命短，宜采收后立即播种。播种用土一般用腐叶土 5 份、堆肥土 4 份、河沙 1 份混匀调制。播种均匀撒下，不用覆土，压上玻璃，防止干燥，放置阴暗处。将盆土洇透水，在 15～20 ℃条件下，10 天左右可以发芽。发芽后立即除去覆盖物，并逐渐移至有光线处。幼苗长出两片真叶时进行分苗，长出三片真叶时进行移栽，六片叶时定植盆中。

4. 栽培管理

小苗期间保持水分充足，缓苗后减少浇水，保持盆土湿润即可。幼苗期注意通风，经常施以稀薄液肥。白天温度保持在 18～20 ℃，夜间保持在 15 ℃。如夜间温度低于 10 ℃，叶子受冻变白色。如欲使其冬天开花，可夜间补光 3 h。每 7 天追施充分腐熟的稀薄液肥一次，经 3～4 个月便可开花。开花后剪去花梗，经休眠后如管理得当，秋季可再开花。

四、新几内亚凤仙

新几内亚凤仙（见图 6-4）原产新几内亚，是一种近年来很受欢迎的年节礼品盆栽花卉，其具有花朵鲜艳、叶片亮泽、色彩丰富、花期长、适应性强及易造型等特点，既可作观赏盆花，也可用于花坛布景等，因此备受消费者青睐。

图 6-4　新几内亚凤仙

1. 形态特征

新几内亚凤仙别名五彩凤仙花、四季凤仙，凤仙花科凤仙花属多年生草本观赏花卉。株高 25～30 cm，茎肉质、光滑、青绿色或红褐色，茎节突出，易折断。多叶轮生，叶披针形，叶缘具锐锯齿，叶色黄绿至深绿色，叶脉及茎的颜色常与花的颜色有相关性。花两性，簇生于叶脉，花朵左右对称，花瓣五片，花色艳丽，花色有橙、深红、粉、玫瑰红、黄等色。无限花序，花期极长，花单生叶腋（偶有两朵花并生于叶腋的现象），基部花瓣衍生成矩，萼片与花瓣组成飞凤状。果实为蒴果，成熟后有自然弹裂习性。栽培品种有佳娃（高 25 cm）、波尼奥（高 35～40 cm）、探戈（高 60～80 cm）。

2. 生态习性

新几内亚凤仙性喜温暖湿润，不耐寒，怕霜冻。冬季室温要求不低于 12 ℃；夏季要求凉爽，忌烈日暴晒，并需稍加遮阴。不耐旱，怕水渍。对土壤要求不严，但对盐害敏感。在疏松肥沃土壤中生长良好。土壤配制以泥炭 3 份、沙 1 份、园土 1 份为宜，pH 值 5.5～6.5。

3. 繁殖方法

可以用播种、扦插和组织培养的繁殖方法。新几内亚凤仙种子细小，每克种子1 700～1 800粒。常采用室内盆播或穴盘育苗，播种用消毒的培养土、腐叶土和细沙的混合土。发芽适温为24～26 ℃，播后7～14天发芽。扦插全年均可进行，以春季至初夏扦插最好。剪取生长充实的健壮顶端枝条10～12 cm插入沙床，在室温20～25 ℃条件下，插后20天可生根，30天可盆栽。

组织培养适合大量繁殖和工厂化育苗，其优点是繁殖速度快，可根据市场需要进行育苗量控制，且组培苗不带病毒，种苗长势强，整齐一致，一次可提供大量品质一致的种苗，但种性不变。利用茎段或茎尖建立外植体，进行分生组织培养和热处理脱毒、病毒检测和品种遗传分析后，将合格无毒植株大量扩繁至一定量后，在温室炼苗移栽，移栽后30天成苗。

4. 栽培管理

（1）定植、摘心。栽培基质采用草炭、珍珠岩、松针按体积3∶1∶1的比例混合均匀。苗六个叶时可上盆，15天后留一节或两节重摘心，促使侧芽萌发，以培养较为丰富的株形。一般根据出售时期控制留枝数量和冠形大小，留3～6个枝较为合适。

（2）温光管理。新几内亚凤仙喜温暖湿润的环境，从定植到开花的适宜温度是21～26 ℃，温度过低，植株生长缓慢，30 ℃以上则易造成植株叶片灼伤、开花不良。新几内亚凤仙喜光，但又怕强光暴晒。5—9月在用遮阳网遮去50%～70%光线的条件下生长最佳，冬春季采用全光照生产。

（3）水肥管理。新几内亚凤仙的需水量大。水分不足时，茎叶软弱无力，易掉叶片；而水分过多则易造成徒长，甚至茎叶腐烂。因此浇水应做到“见干见湿，宁湿勿干”。空气湿度以保持在60%左右为宜。植株定植后7天开始追施复合肥，以薄肥勤施为原则。新几内亚凤仙上盆后经过70天左右的土肥水管理即可开花出售，开花后需要给植株不断供给营养，宜在原施肥配方中适当增加钾的含量。

五、矮牵牛

1. 形态特征

矮牵牛（见图6-5）为茄科草本植物，为矮牵牛与腋化矮牵牛的杂交种，通常作一年生栽培。株高20～60 cm，全株具毛，茎稍直立或倾卧；叶卵形，全缘，几无柄，上部多对生，下部多互生。花单生于叶腋或枝端；萼三深裂，花冠漏斗形，先端具波状浅裂；花大者直径10 cm以上。栽培品种极多，花白、粉、红、紫、赭色，具各种斑纹，鲜红具有白色条纹，淡蓝具浓红色脉条，桃红具白斑纹等。矮牵牛花期较长，自4月起到10月底约半年。

图6-5 矮牵牛

2. 生态习性

矮牵牛喜温暖、向阳及通风良好的环境条件，不耐寒，但耐暑热，在干热夏季开花繁茂；忌雨涝，在疏松、排水良好及微酸性土壤中生长良好。矮牵牛是长日照植物，生长期要求阳光充足，遇阴凉天气则花少而叶茂，因此在栽植中要注意控制高度。生长适温为 13～18 ℃。冬季适宜温度为 10～15 ℃，如低于 4 ℃，植株生长停止；夏季能耐 35 ℃以上的高温。

3. 繁殖方法

主要是播种繁殖。因其种子细小，每克种子 9 000～10 000 粒，发芽适温为 22～24 ℃，可掺细沙撒播，使其分布均匀。播后均匀筛撒薄薄一层土，以不见种子为度。播种后支拱棚，盖塑料布，上面覆遮阳网，畦两侧通风。一般 4～5 天发芽，7～10 天现第一片真叶，21 天现第二片真叶，待其现第三片真叶时即可上盆。

4. 栽培管理

矮牵牛从播种到移植 5～6 周，从移植到开花 6～7 周，在移栽后应降低温度以炼苗。如果温度高于 24 ℃则矮牵牛的分枝枝条显著增长，导致植株徒长。定植以后，栽培基质略干后再浇水能控制部分高度，也可以使用植物生长调节剂如矮壮素、乙烯利、多效唑等控制高度。

平时土壤不要过干、过湿，更忌积水，以防烂根。浇水过多将导致花色变淡，降低观赏效果，也容易受病虫害侵袭。土壤溶液 pH 值过高时易导致缺铁，叶片表面出现褪绿现象，可用浓度 22 g/L 硫酸亚铁浇灌土壤，之后用清水冲洗叶片。矮牵牛具有边开花、边长蕾的连续性特点，因此要随时修剪整枝。应及时剪去残花或短截枝条，这样既可防止徒长，又可促使多长侧枝、多孕蕾、多开花，否则会缩短花期。

六、蒲包花

1. 形态特征

蒲包花（见图 6－6）是玄参科蒲包花属草本花卉，一般多作一年生盆栽花卉。花形奇特艳丽，有二唇花冠，下唇瓣膨大似蒲包状，中间形成空室，柱头着生在两个囊状物之间，上唇向前伸，花朵盛开时犹如无数个小荷包悬挂梢头，颜色有红、黄、紫、橙和乳白，十分别致可爱。蒲包花植株矮小，高 20～30 cm，花期正值春节前后，较适宜家庭莳养。

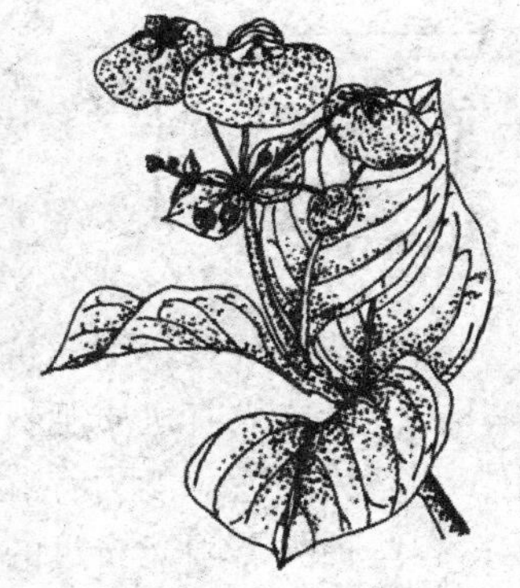

图 6－6　蒲包花

2. 生态习性

蒲包花性喜凉爽湿润、通风的气候环境，惧高热、忌寒冷、喜光照，但栽培时需避免夏季烈日暴晒。生长适温为 13～17 ℃，如高过 25 ℃就不利开花。15 ℃以上营养生长，10 ℃以下经过 4～6 周即可花芽分化。需要长日照射，在花芽孕育期间，每天要求 16～18 h 的光照，如果光照不足会推迟花期。对土壤要求严格，以富含腐殖质的沙土为好，忌土湿，有良好的通气、排水条件，以微酸性土壤为好。

3. 繁殖方法

一般以播种繁殖为主，8 月底、9 月初进行，此时天气渐凉。培养土以 6 份腐叶土加 4 份河沙配制而成，于“浅盆”内直接撒播，不覆土，用“盆底浸水法”给水，播后盖上玻璃或塑料布封口，维持 13～15 ℃。一周后出苗，出苗后及时除去玻璃、塑料布，以利通风，防止猝倒病发生。逐渐见光，使幼苗生长茁壮，室温维持 20 ℃以下。当幼苗长出两片真叶时进行分盆。

4. 栽培管理

苗高 5 cm 时定植在盆中。室温以 10～12 ℃为好。如促成栽培，每天补充光照 6～8 h，可提早开花。生长期每半月施肥一次，当抽出花枝时增施 1～2 次磷、钾肥。同时，对叶腋间的侧芽应及时摘除。侧生花枝过多，影响主花枝的发育，造成株形不正。在规模生产时，当主芽开始由基生叶转向高生长时，可用 0.2%～0.3% 矮壮素喷洒叶面，可控制植株徒长。盛花期严格控制浇水，室温维持在 8～10 ℃，并进行人工授粉，可提高结实率。结实期气温渐高，应采取通风、遮阴等降温措施，使果实充分成熟。盆栽蒲包花对水分敏感，盆土必须保持湿润。但盆土过湿再遇室温过低，根系容易腐烂。浇水切忌洒在叶片上，否则易烂叶。抽出花枝后，盆土可稍干燥，但不能脱水，有助于防止茎叶徒长。

蒲包花属长日照花卉，对光照的反应比较敏感。幼苗期需明亮光照，叶片发育健壮，抗病性强，但强光时应适当遮阴保护。如需提前开花，以 14 h 的日照可促进形成花芽，缩短生长期，提早开花。土壤以肥沃、疏松和排水良好的沙质壤土为好。常用培养土、腐叶土和细沙组成的混合基质，pH 值 6.0～6.5。

第三节 宿根花卉栽培

→ 掌握主要宿根花卉的栽培管理技术

宿根花卉根系较深，抗性较强，一次栽植后可多年持续开花，在栽植时应深翻土壤，并大量施入有机质肥料，以保证较长时期良好的土壤条件。宿根花卉种类繁多，对土壤和环境的适应能力存在着较大的差异。有些种类喜黏性土，而有些种类则喜沙壤土；有些种类需阳光充足的环境方能生长良好，而有些种类则耐阴湿。在栽植宿根花卉时，应针对不同的宿根花卉种类，选择适宜的栽培环境。宿根花卉一般在幼苗期间喜腐殖质丰富的疏松土壤，而在第二年以后则以黏质土壤为佳。宿根花卉在育苗期间应注意灌水、施肥、中耕、除草等养护管理措施，但在定植后一般管理比较简单。为了生长茂盛、花多、花大，最好在春季新芽抽出时施以追肥，花前和花后再各追肥一次。秋季叶枯时，可在植株四周施以腐熟的厩肥或堆肥。

宿根花卉种类繁多，可根据不同类别采用不同的繁殖方法。结实良好，播种后一至两年即可开花的种类，如蜀葵、桔梗、耧斗菜、除虫菊等常用播种繁殖。繁殖期依不同种类而定，夏秋开花、冬季休眠的种类进行春播，春季开花、夏季休眠的种类进行秋播。有些种类如菊花、芍药、玉簪、萱草、铃兰、鸢尾等，常开花不结实或结实很少，而植株的萌蘖力很强；有些种类尽管能开花生产种子，但种子繁殖需较长的时间方能完成。对这些种类均采用分株法进行繁殖。分株的时间依开花期及耐寒力来确定，春季开花且耐寒力较强的可于秋季分株，而石菖蒲、万年青等春秋两季均可进行。还有一些种类如香石竹、菊花、五色苋等常可采用茎段扦插的方法进行繁殖。

为保证株形丰满，达到连年开花的目的，还要根据不同类别采取不同的修剪手段。有时为了增加侧枝数目、多开花，也会进行摘心，如香石竹、菊花等。

一、菊花

菊花（见图 6－7）属于菊科菊属多年生宿根花卉。菊花是我国传统名花之一，在国际市场，切花菊的销售量占切花总量的 30％，是世界上最大众化的切花。

图 6－7 菊花

1. 形态特征

菊花株高 60～180 cm，茎直立，分枝多，上被灰色柔毛，半木质化。叶形大、互生，叶片有缺刻；花序的颜色、形状、大小变化很大，花色极其丰富。切花菊宜选用花朵挺立、瓣质厚硬、花期持久、茎干挺拔、节间均匀、叶厚平展、经储存运输不易萎蔫、水养花朵能完全开放的优良品种，如“神马”“优香”“白扇”等。

2. 生态习性

菊花喜凉爽气候，适应性强，从华北到华南都有露地栽种，具有一定的耐寒能力，但品种间有差异。多数种类休眠期能耐－10 ℃左右低温，休眠期过后，温度达 5 ℃以上时开始萌动。多数种类生长适温白天为 20～30 ℃，夜间为 10～15 ℃，在华南地区 35 ℃左右高温亦能进行正常的营养生长而不休眠。

秋菊和寒菊为典型的短日照植物，长日照下仅进行营养生长。秋菊日照短于 13 h 花芽开始分化，短于 12 h 花蕾生长开花。夏菊日照中性，对日照长度不敏感，只要达到一定的生长时数，叶片 16～17 片时即可开花。也有部分中间类型，如 8—9 月开花的早秋菊，其花芽分化为日照中性，花蕾生长为短日照性。菊花喜光不耐阴，但遮去盛夏中午的强烈阳光生长更佳。菊花喜土壤肥沃、排水透气性好、富含腐殖质的沙壤土，忌涝、忌连作。

3. 生长特性

（1）休眠期。花后在低温、弱光、短日照情况下，菊花地上部枯死进入休眠状态，根颈处形成莲座状冬至芽，此时即使再给适宜的光照和温度条件，冬至芽也不能生长，只有经过一定时间的低温，休眠才能解除。老株解除休眠后虽能生长，但长势弱、开花差，故只能作母株，用于采穗扦插或分株繁殖。

（2）幼苗期。解除休眠后以冬至芽为插穗进行扦插，插穗萌动生长至花芽分化前为幼苗期。对于秋菊、寒菊来说，此期需高温长日照及良好的水肥条件，以满足幼苗旺盛生长需求，否则易造成植株矮小的现象，这个时期如给予适宜条件能诱导花芽分化。对于夏菊来说，无论给予怎样的适宜条件也不能诱导花芽分化。

（3）感光期。从花芽分化开始直到不受日照长短影响这段时间为感光期，此期需短日照。秋菊类品种直到花着色才结束感光期；夏菊类品种只要幼苗期过后，即使在长日照条件下仍可进行花芽分化。感光期后进入成熟期。

（4）成熟期。从花蕾着色至种子成熟这段时间为成熟期，也称花果期，此期间过度的高温与低温都会影响切花的质量。

4. 繁殖方法

切花菊一般采用扦插繁殖，培育质量高、整齐度大的栽植苗，以提高切花菊的产量和质量。切花采收后，选择健壮、无病虫害的植株作为母株，加强养护管理，为采集插穗做准备。春茬品种在 2 月份扦插，秋茬品种在 7 月份扦插。插穗取自母株顶芽，长度为 7～8 cm；插穗长度尽量一致，差异不可超过 0.5 cm，否则影响整齐度。摘去扦插下部叶片，留 3～4 片展叶最好；若叶片不易摘，说明插穗已老，不宜用。扦插株距 3 cm，行距 4 cm，扦插深度 2 cm 左右，浇透水，温度控制在 15～20 ℃，冬季注意保温，夏季注意遮阴和保湿。

5. 栽培管理

（1）定植。应选择地势高、干燥的地方建棚，并施足基肥，以改善土壤的结构，使土壤疏松，并结合深翻做畦。定植畦一般宽 60 cm，畦间间隔 40 cm，畦高 20～30 cm，畦向为南北走向。定植株距为 15 cm，行距为 15 cm，每畦种植 4 行，定植 18 株/m^2 左右。定植深度以稍超过原扦插深度为宜。

（2）肥水管理。菊花定植后需充分浇水以固定根系；缓苗后，每隔 3～5 天浇水一次；植株长到 30 cm 以后需适当控制浇水次数和浇水量，有利于促进花芽形成。浇水时最好采用滴灌定量浇水，既能保持根际湿润，还可保持根茎部位的干湿程度，防止漫灌造成根茎部位浸水而引起生长点腐烂。灌溉用水最好是中性水或软水，如果长期用偏碱的水会导致土壤 pH 值升高，植株表现为低矮、生长缓慢、叶片发黄。切花菊栽培密度大，消耗的养分多，需大量的肥料。除了定植时多施长效有机肥作基肥外，还应多次施加追肥。花芽分化前一般以氮肥为主，适当增施磷、钾肥，现蕾后以磷、钾肥为主；同时还可进行根外追肥，喷施 0.2%～0.5%磷酸二氢钾水溶液和 0.1%尿素溶液。

（3）摘心整枝。当植株长有 5～6 片叶时开始摘心，促进萌发多个分枝。为了使养分集中，根据植株长势，选留生长健壮、分布均匀的 3～4 个侧枝，多余的分枝全部除去。摘心不宜过早，也不宜过晚。摘心过早，营养生长过旺；摘心过晚，营养生长不足，植株矮小。留下的侧枝也不可过多或过少，少于 3 个会降低产量，但多于 4 个会影响切花质量和延迟花期，因此一般留 3～4 个分枝。留下的分枝上出现的腋芽应及时除去，减少养分消耗，保证植株旺盛生长。

（4）立柱张网。切花菊植株高大，茎秆挺拔，生长整齐，但易偏头，向阳光充足的方向倾斜，受大风雨侵袭后可引起菊株倒伏、折断，因此应立柱张网，防其折伏和偏头。一般在畦的四周立几根支柱（用来固定网），网用塑料线编织而成，网眼直径为 15～20 cm。当菊株长到 30 cm 高时上网，使菊花枝条均匀分布；随着菊株的长高，不断调整网的高度，也可多用几层网。

（5）疏蕾。切花菊现蕾后应及时剥除侧蕾，减少养分损失。剥蕾时应特别小心，勿伤主蕾。一般在侧蕾长到黄豆粒大小时剥除，时间选在早晨或雨后，此时茎秆易倒。如果花蕾生长过密，可等到花梗略长些再剥除。

6. 采收

标准菊花序张开 5～7 成，舌状花紧抱，有 1～2 个外层瓣开始伸出为采收适期，从地面以上 10 cm 处剪下花枝，切花枝长宜在 60 cm 以上。多花型切花菊，在主茎顶端小花盛开，侧枝上有 3 朵以上小花透色时采收。用剪刀剪切花枝后，从切花网下面取出花枝，花枝穿过网孔时注意不要碰伤叶片和花朵。采收、剪切后立即浸入清水中吸水，并去掉多余叶片，在低温、相对湿度 90%～95%环境下储藏切花菊。

二、香石竹

1. 形态特征

香石竹（见图 6－8）也叫康乃馨，别名母亲花，为石竹科石竹属一年或多年生草本植物。株高 60～80 cm，质坚硬，灰绿色，节膨大并被有白粉。叶线状披针形，对生。花大，具芳香，单生或成聚伞花序；萼筒绿色，五裂；萼下有菱状卵形小苞片四枚，先端短尖，长约萼筒 1/4；花瓣不规则，边缘有齿，单瓣或重瓣；花色丰富，有红、粉、黄、白等色。适宜品种主要有马斯特、达拉斯、卡曼、佳农、皇后等。

图 6－8　香石竹

2. 生态习性

香石竹为多年生植物，温度适宜时无明显休眠期。但作切花栽培最好每年更新，连续栽培最长不超过两年，长时间连续栽培产花率下降。花期较长，露地栽培春秋两季为盛花期，温室栽培一年四季均可开花。每朵花开放时间亦较长，一般为 2～3 周。切花香石竹为高度重瓣化品种，无结实能力。

香石竹喜阴凉干燥、阳光充足、通风良好的生态环境。耐寒性好，耐热性较差，适宜生长温度为 16～24 ℃（温度超过 27 ℃或低于 8 ℃时植株生长缓慢，超过 30 ℃或低于 4 ℃时停止生长）。要求土壤疏松肥沃、排水良好、富含腐殖质，pH 值 6.5～7.0。一般 14～16 个月可以产花两次。为保证切花质量，产两次花后需换苗。

3. 繁殖方法

香石竹最适宜扦插繁殖。扦插的时间不限，除天气过于炎热时外，其他时间皆可繁殖。扦插宜选择品种优良、生长健壮、开花整齐、节数少、质量好、无病虫害的母株，剥取（最好不要用剪刀）发育好、6～9 cm 长的侧枝作插条。插穗可选在枝条中部叶腋间生出的长 7～10 cm 的侧枝，采插穗时要用“掰芽法”，即手拿侧枝顺主枝向下掰取，使插穗带有节痕，这样更易成活。折取时应连叶片一起折下，但须注意不要损伤母株。扦插基质用掺入砻糠灰的园土，插芽用水淋一下，插入土中。插后立即浇水，并覆盖遮阴。温度保持在 10～20 ℃，约一个半月后即可成活移植。

冬季扦插的插条要有保温措施，可在温室或塑料薄膜地棚内进行，苗床土须用富含腐殖质的疏松沙质土，扦插前将地翻耕一次，再加入砻糠灰和粗砂，使土壤疏松。若天气晴朗，可将塑料薄膜揭去，将土壤暴晒 3～4 天进行消毒，则更为可靠。扦插前一天先用水将土喷湿，第二天扦插时土壤正好干潮适度。

一般在1月初进行扦插，插入深度为2～3 cm，株距、行距5～6 cm，插后再浇一次水。此后10天内不再浇水，待表土发白时再浇，避免过湿烂根。经50天左右生根。待新苗长至6～8 cm，轻轻将苗连根土起出，栽入苗床。栽好后浇水，10天后施一次肥液，隔10天再施一次。待苗长至12 cm时，即进行定植。

4. 栽培管理

（1）整地施肥。香石竹喜疏松、透水、富含腐殖质的土壤，故栽植前需深翻30 cm以上，同时施腐熟圈肥5 kg/m²、油饼0.2 kg/m²、过磷酸钙0.2 kg/m²、草木灰0.5 kg/m²。考虑到通风和浇水，便于日后抹芽采花，通常厢面高25～30 cm，宽90 cm，并保证厢面泥土平整细碎，最大泥块直径不超过3 cm。种植之前对土壤进行浇水、消毒。一般栽前5～7天用五氯硝基苯和敌克松按4∶6的比例800倍液进行消毒，然后密封大棚；种前1～2天浇水，保证种植当天厢面干湿适中。

（2）栽培与管理

1）定植。结合香石竹的生态习性和市场需求，栽培季节以4—5月和8—9月为好，分别在9—10月和次年的3—4月进入花期，正好赶上教师节和母亲节。此外，各品种花期时间不同，花农可根据品种的不同习性进行合理搭配种植。栽种时间以阴天或下午16时以后为好，种苗应尽量选择无病虫害、三对半至四对叶的壮苗。株距10～25 cm，行距10～25 cm，26～30株/m²，分枝性强的品种密度小些，分枝少的品种可适当密植。定植时要注意把苗栽在定植网孔的正中央，苗不能栽得太深，以刚好能盖住种苗根系、上不埋心、下不露根为原则。定植后将定植网抬高到小苗高的1/2处，然后浇透定根水，并将小苗扶正培紧。加盖遮阳网，待缓苗后揭开。

2）管理。香石竹在各生育时期对温度、光照和水肥的要求略有不同，故苗期和花期的管理应区别对待。此外，为增加分枝数，一般在小苗成活后长出新叶、节间明显拉长时摘心。摘心最好在早晨进行，一般情况下留3～4对叶，摘心结束后立即喷一次杀菌剂保护伤口。

3）拉网。为了防止香石竹长高后倒伏，一般情况下要拉三层网才能起到支撑植株的作用。通常在栽前拉上一层即可，另外两层待植株长高后再拉上。拉网时先固定好网桩，再将网拉紧撑平。当香石竹进入拔节期开始扶苗，将花枝扶进网孔里，让网线支撑花枝不倒伏。植株开始抽薹时便可以进行后两层网的铺拉工作和升网，第一层网距厢面8 cm，后两层网依次升高20 cm。进入现蕾时为减少植株的养分消耗，需抹芽，单头香石竹将第7节位以上的侧枝和花蕾抹掉，留下主花蕾；多头香石竹将主花蕾抹掉，留下侧蕾。

5. 采收及保鲜

香石竹采收时的开放度应根据客户的要求来定。切花位置要考虑到第二茬花的生产，正常情况下应在第3与第4节位之间。香石竹采收包装后，应及时用水冷（冰水）或风冷（自然风、电扇风）方式降低呼吸强度，减少呼吸热，延长切花寿命。

6. 应用

香石竹在切花中常作一年生或二年生种植，它花色娇艳，芳香宜人，花期长，是世界上仅次于菊花的大众化的切花，占整个切花生产量的17%左右。在所有室内切花生产中，香石竹的单位面积产量最高，花色多。由于花朵美丽，花色丰富，用途极为广泛，与月季、菊花、唐菖蒲齐名，为四大切花之一。

香石竹是西方母亲节的代表花。在母亲节时，人们常将一枝或一束粉色的香石竹送给母亲，以表达儿女们对母亲的热爱。

三、非洲菊

1. 形态特征

非洲菊（见图 6－9）又名扶郎花、灯盏菊，是菊科宿根多年生草本花卉。叶多基生，叶长 15～20 cm，羽状浅裂或深裂，叶背具有白绒毛。株高 30～80 cm。花絮单生头状，花梗长，花筒状较小，乳黄色，舌状花较大，1～2 轮，花色有白、黄、红、粉红、紫等，花径 10 cm 左右。全年开花，5—6 月或 9—10 月为盛花期。花径无叶，挺立于叶丛中，花盘大而平展，花期长，有多情之花、光明之花之美誉。根据花瓣的宽窄，非洲菊的切花栽培类型可以分为窄花瓣型、宽花瓣型、重瓣花型、托挂型、半托挂型五类。

图 6－9　非洲菊

（1）窄花瓣型。舌状花瓣宽 4～4.5 mm，长约 50 mm，排列成 1～2 轮，花朵直径为 12～13 cm，花梗粗 5～6 mm，长 50 cm，花梗易弯曲。主要品种有佛罗里达、检阅。

（2）宽花瓣型。舌状花瓣宽 5～7 mm，花朵直径为 11～13 cm，花梗长 10～12 cm，粗 5～6 mm，株形高大，观赏价值高，保鲜期长，是市场流行品种，尤其以黑心品种最受欢迎，市场销路好。主要品种有基姆、白雪、白明蒂、黛尔非、海力斯、卡门、吉蒂。

（3）重瓣花型。舌状花多层，外层花瓣大，向中心渐短，形成丰满浓密的头状花序，花径达 10～14 cm。主要品种有粉后、考姆比、玛琳。

（4）托挂型与半托挂型。花朵中心部位为两性花，全部或部分发育成较发达的两唇小舌状花，呈托挂或半拖挂状。

2. 生态习性

非洲菊原产非洲南部，性喜阳光充足、夏季凉爽、冬季温暖、空气流通的环境。最适生长温度为 15～23 ℃。气温低于 15 ℃生长缓慢，低于 10 ℃有寒害；但气温高于 30 ℃也会生长缓慢，高于 35 ℃则生长停滞。白天不超过 26 ℃，夜晚不低于 16 ℃可常年开花。对光照周期不太敏感，阳光充足时生长发育良好，略耐阴，荫蔽地叶片徒长，开花少，花色不鲜艳，长期烈日直射可抑制植株生长。非洲菊要求肥沃、疏松、排水良好、富含腐殖质、微酸性土壤，pH 值以 6～6.5 为好，黏重土或碱性土不宜栽种，否则根浅。

3. 繁殖方法

非洲菊大面积繁殖生产，多采用组织培养繁殖，优良品种也可采用分株法繁殖，每个母株分为5～6小株，用单芽或发生于茎基部的短侧芽分切扦插。播种繁殖主要用于矮生盆栽型品种。组培快繁育苗有利于保持品种特征特性，防止品种退化。但非洲菊组培苗生长细弱、根系吸收能力弱，只有驯化才能栽培。具体方法是：将长有完整组培苗的器具从培养室转移到半遮阴的自然光下锻炼7天，将小苗从器具中取出，洗净根部培养基，用70%甲基托布津或50%多菌灵可湿性粉剂800倍液浸泡10 min后捞出，以1∶1泥炭土和珍珠岩为基质栽植。第一次浇透水，加盖薄膜保湿，遮阴。新根发生后去掉薄膜，适当增加光照，进行喷雾保湿，以基质不积水为宜。15天后每周喷洒微肥一次。35～40天后苗高10 cm即可移栽。

4. 栽培管理

（1）定植。非洲菊根系发达，栽培床至少需要有25 cm厚的土层，喜土质疏松肥沃，富含有机质，以微酸性沙壤或轻壤土为宜。常规栽培时，做高畦或宽垄，畦宽1～1.2 m，畦高或垄高20～25 cm，垄宽40 cm，畦面要平整疏松。平整畦面时，拌入杀菌剂消毒。特别是以前种过非洲菊的地块更应进行土壤消毒。每平方米可用5%福尔马林，或50%多菌灵，或70%甲基托布津可湿性粉剂5～8 g，与土壤混合后覆膜3～5天，揭去薄膜待药味消除后再种植。

定植密度为每畦3行，中行与边行交错定植，株距30～35 cm。如果是垄作，则采用双行交错定植，株距25 cm。除炎热夏季外，其余时间均可定植。定植以浅栽为原则，因为非洲菊的根系有收缩老根的特点，在生长过程中有把植株向下拉的能力。因此定植时要求根茎露于土表面3～5 cm，用手将根部压实，不要怕第一次浇水有倒伏现象发生；如有倒伏可在倒后2～3天扶正，日后则能正常生长。如栽种较深，植株随生长向下沉，生长点埋于土中，花蕾也长不出地面，影响开花。一般定植后5～6个月开花。由于各地气候差异很大，定植时间有先有后，在有保温防寒设备的条件下，冬季也可以定植。非洲菊产花能力在新苗栽后2～3年最强，质量也好，以后逐渐衰退，最好在栽培5年后更新种苗。

（2）田间管理

1）肥水管理。非洲菊喜干不喜湿，忌积水，土壤含水量以65%～80%为宜。在生长期应充分供水，经常保持土壤湿润，但不可积水。冬季应少浇水，浇水时应注意叶丛中不要积水，尽量从侧面浇水，使株心保持干燥，最好使用滴灌浇水。非洲菊为喜肥花卉，要求肥料量大，氮、磷、钾比例为2∶1∶3，因此应特别注意增施钾肥。生长季节每周应施一次肥，温度低时减少施肥。

2）光温调控。非洲菊喜欢充足的阳光照射，但又忌夏季强光，因而栽培过程中夏季要适当遮阴，冬季要充足日光照射。冬季注意保温，使室内不低于16 ℃，防寒保温可延长生长和开花期。翌年3、4月份随外界气温升高，及时通风降温，使棚室内温度不高于30 ℃。夏季勤喷水，以防暑热。

3）疏叶。当叶片生长过旺时，花枝会减少，花梗会变短，故需要适当疏叶，去病残叶。各枝应均匀疏叶，一般3～4片功能叶可供养一朵花。叶片过多会影响下部花蕾的发育，出现隐蕾现象；过少则难以满足开花所需的养分。过多叶密集生长时应从中去除小叶，使花蕾暴露出来。单株叶片数保持在20～25比较适宜。

4）摘蕾。单株花朵的数量应适当控制，花蕾过多会导致养分分散，产花数量多，但花茎短、花小，质量降低；花茎过少又会影响产量。在幼苗生长初期应摘除早期形成的花蕾，在花期也应除去过多花蕾。一般不能让 3 个花蕾同时发育，疏去 1～2 个才能保证花的品质。一年生植株，盛花期每月产花 5～6 朵；二年生植株，盛花期每月产花 7～8 朵。过多的弱花茎和小花蕾应及早摘除。

5. 采收

非洲菊采收适宜时期是花梗挺直，外围花瓣已展平，花盘最外面 2～3 层的管状花已开放，雄蕊出现花粉时。采收过早花瓣难以充分展开，过迟会缩短花的保鲜期。采收通常在清晨或傍晚，此时植株挺拔，花茎直立，含水量高，保鲜期长。采收时用手从花茎基部折断或用剪刀从基部剪下，保护好基部叶片。

6. 应用

近年来非洲菊新品种不断引进，种植面积逐年扩大，现已是我国切花花卉的重要品种之一。非洲菊花色丰富，花朵清秀挺拔，潇洒俊逸，花艳而不妖，娇美高雅，给人以温馨、祥和、热情之感，是礼品花束、花篮和艺术插花的理想材料，因而备受人们喜爱。非洲菊花期容易调控，容易栽培，能周年不断开花，切花率高，每株年产 30～50 朵鲜花，市场需求量大，具有较高的经济价值，是理想的切花花卉。

四、大花蕙兰

大花蕙兰（见图 6－10）又称西姆比兰、东亚兰，是兰科兰属植物。它是由兰属中的大花附生种、小花垂生种以及一些地生兰经过一百多年的多代人工杂交育成的品种群。大花蕙兰植株挺拔，花莛直立或下垂，花色丰富，可作盆花或切花，花期长达 3 个月以上，是兰科中不可多得的重要观赏种类。

图 6－10　大花蕙兰

世界上大花蕙兰选种、育种和生产、消费较先进的国家和地区主要有日本、欧洲、美国、新西兰和韩国等，我国台湾也有小面积栽培。在欧美大花蕙兰主要用作切花消费。大花蕙兰叶长碧绿，花大，花形丰满，色泽鲜艳，花茎直立，花期长，栽培容易，生长健壮，具有国兰的幽香典雅，又富有洋兰的丰富多彩，在国际花卉市场十分畅销。大花蕙兰已经成为世界花卉市场上常见的高档兰花品种。

1. 形态特征

大花蕙兰是常绿多年生附生草本花卉，假鳞茎粗壮，属合轴性兰花。假鳞茎上通常有 12～14 节（不同品种有差异），每个节上均有隐芽。芽的大小因节位而异，1～4 节的芽较大，第 4 节以上的芽比较小、质量差。隐芽依据植株年龄和环境条件不同可以形成花芽或叶芽。叶片 2 列，长披针形，叶片长度、宽度依不同品种差异很大。叶色受光照强弱影响很大，可由黄绿色至深绿色。大花蕙兰的根系发达，根多为圆柱状，肉质，粗壮肥大，大都呈灰白色，无主根与侧根之分，前端有明显的根冠。大花蕙兰花序较长，小花数一般大于 10 朵，品种之间有较大差异。花被片 6 枚，外轮 3 枚为萼片，花瓣状。内轮为花瓣，下方的花瓣特化为唇瓣。大花蕙兰果实为蒴果，其形状、大小等常因亲本或原生种不同而有较大差异。其种子十分细小，种子内的胚通常发育不完全，且几乎无胚乳，在自然条件下很难萌发。花直径 6～10 cm，花色有白、黄、绿、紫红或带有紫褐色斑纹。

2. 生态习性

大花蕙兰生长适温为 10～25 ℃，夜间温度 10 ℃左右比较好。叶片呈绿色，花芽生长发育正常，花茎正常伸长，喜光照充足，夏秋防止阳光直射。要求通风、透气。大花蕙兰在兰科植物中属喜光的一类，光照充足有利于叶片生产，形成花茎和开花；过多遮阴，叶片细长而薄，不能直立，假鳞茎变小，容易生病，影响开花。喜疏松、透气、排水好、肥分适宜的微酸性基质。花芽分化在 8 月高温期，在 20 ℃以下花芽发育成花蕾并开花。

3. 繁殖与管理

可分株繁殖，生产中主要是组培繁殖。适应性强，开花容易。生长温度 10～30 ℃。秋季温度过高易落蕾。花芽萌发后，晚上温度最好不超过 15 ℃。生长期要求 80%～90%的空气湿度；休眠时降低湿度，温度保持在 10 ℃以上。花后去花茎。

4. 采收

大花蕙兰切花的收获部位为带梗花序。花序开放 20%～30%为合适采收期，储存于 2～5 ℃冷库中。切花用软纸包装，放入纸箱中运输。瓶插寿命可达 30 天以上。

五、花烛

花烛（见图 6－11）也叫红掌、安祖花、红鹤芋、大叶花烛，是天南星科花烛属多年生常绿草本植物。花顶生，佛焰苞片具有明亮蜡质光泽，肉穗花序圆柱形，花姿奇特美妍，切花寿命长达 30 天以上，是重要的切花和插花材料。1940 年以来，世界各国纷纷引种、培育和生产，20 世纪 70 年代传入中国。

图 6－11　花烛

花烛是国际上流行的高档切花材料，是世界名贵花卉之一，为目前较为珍贵的花叶兼用的观赏植物。其花色鲜艳，花姿奇特，花期持久。国内花烛以设施栽培为主，除云南、海南、广东以外的其他地区均采用玻璃温室栽培，以高密度种植来提高单位面积产量。

1. 形态特征

花烛株高 30～70 cm，叶自短茎中抽生，革质，心脏形，全缘，叶柄坚硬细长。花序柄大都伸长，佛焰苞扁平，常具美丽的颜色，肉穗花序圆柱形、圆锥形或尾状；花色有红、白、红底绿纹、鹅黄等色。根据市场需求，选择受市场欢迎、产量高、植株健壮、抗逆性强、花瓶期长、花形花色漂亮、适应性强的栽培品种。常见品种有爱复多、热情、阿里克丝、欢乐、光辉等，其中以红色品种最为畅销，其次是黄色和白色品种。

2. 生态习性

花烛原产南美洲热带雨林地区，喜温暖、潮湿和半阴环境，怕严寒。生长适温 20～30 ℃，不能低于 15 ℃。空气相对湿度应在 80%以上，宜多进行叶面喷水。要求土壤排水和通气性能良好，保肥力强，pH 值以 5.5～6.0 为宜。pH 值过小，花茎变短，观赏价值降低。全年适宜在半阴条件下生长，冬季给予弱光，可以促进根系发育，使植株健壮。

3. 繁殖方法

花烛自然授粉结籽不良，如需得到种子应进行人工授粉。常用的繁殖方法有分株、播种和组培。分株繁殖是在春季选择 3 片叶以上的子株，从母株上连茎带根切割下来另行移栽，经 20～30 天生根后重新定植。

4. 栽培管理

大型温室栽培可周年种植。华北地区每年的 3 月、4 月和 9 月、10 月温度、光照等环境条件最为适宜，为最佳的定植时期。选择专业种苗公司培育的优质组培苗，组培苗具有性状稳定、病毒携带少等优点。定植密度为每公顷 12 万～14 万株，定植不宜过深，不宜将心叶埋在花泥下，生长点应露出基质表面。种植前用 600 倍普力克进行蘸根，防止根部病害，同时又能刺激根的生长。

（1）温湿度管理。最佳温度为白天晴天 20～28 ℃，夜间 18 ℃以上；极限温度为 14 ℃和 35 ℃。对湿度要求白天晴天大于 50%，阴天 70%～80%，晚上低于 90%。一般情况下，温度低于 14 ℃就会发生冷害，温度高于 35 ℃时会造成花芽败育或畸变。目前常用的方法是通过通风设备来降低室内温度；也可通过喷雾系统来降低温度，这样既可增加湿度，又可保持植株干燥，同时还能降低病害的侵染机会。在冬季，温室中气温低于 17 ℃时使用暖气管道进行加温，防止植株冻害，使其安全越冬。

（2）光照管理。影响产量的最重要因素是光照。适宜光照度为 10 000～15 000 lx，最高不超过 20 000 lx。如果光照不足，光合作用减弱，使得同化产物减少；当光照过强时，植株生长缓慢，发育不良，一些品种色泽暗淡，严重时可能出现叶片变色、灼伤或焦枯现象。可通过遮阴网来进行光照调节。依据不同生长阶段对光照要求的差异，进行有效的调整。营养生长阶段对光照要求较高，可适当加光，促进生长；开花期间对光照要求低，可适当遮光，防止发育不良。

（3）肥水管理。花烛对盐分较为敏感，基质的 pH 值需控制在 5.5～6.5。夏季可两天浇一次水，气温高时每天浇一次水；秋季一般 4～7 天浇一次水。花烛通常采用根部施肥，依据不同的基质、季节和植株的生长发育时期定期定量施用液肥。不同生长发育阶段对水分的要求不同。幼苗期由于植株根系弱小，在基质中分布较浅，不耐干旱，栽后应每天喷水 2～3 次，保持基质湿润，以促发新根；中、大苗期植株生长快，需水量较多，水分供应必须充足；开花期应适当减少浇水，增施磷、钾肥，以促进开花。

（4）枝叶整理。花烛会在根部自然地萌发许多吸芽，争夺母株营养，使植株保持幼龄状态，影响株形美观。因此，从早期开始就要摘去过多的吸芽，并摘去生长前期出现的花蕾、畸形花、病叶等。生产实践表明，在预计上市前 5 个月左右开始留花，既可以节约养分，又可以使株形美观，花大叶美，保证成品有 5 朵花以上。

5. 采收

花烛花枝的成熟期较长，一般花的苞片完全打开后，肉穗花序下端有 2/3 已经变色即可采收。采收时用剪刀将花枝从基部剪下，尽量将花茎切至最长，剪下后将花枝立即放入盛有清水的塑料桶里，然后进行套袋、分级、包装、销售。

六、六出花

1. 形态特征

六出花（见图 6－12）又名秘鲁百合，为石蒜科六出花属多年生草本植物。这一属约含 60 余种，六出花是其中栽培较久、杂种较多的一种。株高 0.6～1.5 m，根肥厚肉质，平卧土中延长，须根多。茎直立而细长。叶片多数，互生状散生，披针形，光滑，长 7.5～10 cm，叶柄短而狭，叶片常自叶柄处外倾，叶面有数条平行脉。伞形花序，花 10～30 朵，花径 9 cm，花色有白、黄、橙黄、粉、红等多种，两轮花瓣六片，外轮花瓣如蝶展翅，内轮花瓣为椭圆形并有似孔雀羽毛般的彩褐色斑点或斑纹。花期 6—8 月。

图 6－12　六出花

2. 生态习性

六出花原产巴西、秘鲁、墨西哥等地，属长日照花卉，性喜肥沃湿润、排水良好的沙质壤土，pH 值在 6.5 左右为好，忌积水，有一定的耐旱力。耐半阴，不耐寒。生长适温为 15～25 ℃，最佳花芽分化温度为 20～22 ℃。如果长期处于 20 ℃温度下，将不断形成花芽，可周年开花；如气温超过 25 ℃，则营养生长旺盛，而不会花芽分化。部分杂种较能耐寒，冬季在－10 ℃短暂低温下不致冻死；其余各种均不耐寒，只能设施种植。

六出花在生长期需充足水分，但高温高湿不利于茎叶生长，易发生烧叶和弯头现象。花后地上部枯萎进入休眠状态，应停止浇水，保持干燥，待块茎重新萌芽后恢复供水。

3. 繁殖方法

（1）播种繁殖。宜秋冬进行。播种基质用泥炭土与沙按 1∶1 混合或蛭石与珍珠岩按 2∶1 混合，经高温消毒后装于播种盘中，种子撒播，覆土 1 cm，浇适量水后放入 0～5 ℃冰箱或恒温箱中低温处理 1 个月左右，待种子萌发后再移至 15～20 ℃温室中，约 2 周种子发芽率可达 80％以上。种子发芽后温度维持在 10～20 ℃，幼苗生长迅速。待幼苗长至 4～5 cm 时移栽，移栽时间以 3—4 月为佳。

（2）分株繁殖。宜秋季进行，以日均温度为 15～20 ℃时最佳。六出花具地下横卧根茎，其上着生肉质根，储存水分和养分。在横走根茎上着生许多隐芽。生长季节当外界条件适合时，横卧根茎在土壤中延伸，同时部分隐芽萌发，直至长成花枝。分株繁殖就是利用根茎上未萌发的隐芽，当根茎分段切开后，刺激隐芽萌发即可形成新的植株。

分株前，应使土壤疏松，不干不湿，并将植株从地上 25～30 cm 处剪掉，然后将植株挖起，轻轻抖掉泥土至根茎清晰可见，再用利刀将根茎切断，每段以保留 2～3 个老芽为宜，一个大株丛一般可分 10～20 株。最后将分开的植株高畦栽植，每畦栽两行，株距为 40 cm，行距为 50 cm。

4. 栽培管理

（1）水肥管理。选择肥沃、疏松、通透性良好的沙质壤土，pH 值以 6.5 为佳，土壤厚度要求 30 cm 以上。植株定植前，施入腐熟的有机肥，并适当配施一定量的过磷酸钙。植物生长前期（10 月至翌年 2 月），由于大量侧芽还未萌发出土，不需要特别施追肥。植物生长旺盛期（3—6 月），侧芽萌发，株丛扩大，并进入产花期，每两周追肥一次。植物半休眠期（6—9 月），由于高温及强光照的影响，植物生长受到抑制，处于半休眠状态，应减少追肥次数。

在旺盛生长期应有充足的水分供应，并保持较高的空气湿度，相对湿度控制在 80%～85%；炎热夏季处于半休眠状态和冬季温度较低时应注意控水，做到见干见湿。

（2）温光管理。新栽植株定植后两个月内给予适当低温（8～15 ℃），有利于根系的复壮及植株的恢复。但植株适宜生长温度为 20～25 ℃。高于 35 ℃，植株处于半休眠状态；低于 5 ℃，多数品种遭受冻害。极个别品种最低可耐－15～－12 ℃低温。六出花生长季节应有充足的光照，最佳日照时长为 13～14 h；若要周年供花，除进行保护地栽培外，还必须补充光照。但夏季为防烈日暴晒需遮光 40%。

（3）拉网。六出花高秆品种株高 1.5 m 左右，必须搭架拉网以防倒伏，提高商品价值和质量。搭架拉网在株高 40 cm 时进行，网格间距为 15 cm×15 cm 或 20 cm×20 cm，一般拉三层。

5. 采收与应用

六出花花色丰富、花期长、产量高、花形奇异、花朵大，盛开时更显典雅富丽，切花寿命长、栽培管理简单、病虫害少，因而备受消费者和生产者青睐，在切花生产中发展迅猛，是新颖的切花材料。

保护地栽培，2—3 月即有少量的鲜花供应，此时气温偏低，一个花枝上有 2～3 朵小花初开时为适宜采花期；4—6 月为鲜花供应高峰期，气温偏高，当花包鼓起、着色完好或一个花枝上有一朵小花初开时即可采收。采收时用剪刀剪取，防止用力拉扯损伤根茎。鲜花采收后，在运输或储藏过程中，需要冷藏在 4～6 ℃条件下以降低损耗。六出花在气温 20～30 ℃条件下，于水中切花寿命可达 12 天以上。用硫代硫酸银和赤霉素的混合液可以有效地延缓切花叶片变黄和花苞脱落。

七、洋桔梗

1. 形态特征

洋桔梗（见图 6－13）又名草原龙胆，为龙胆科草原龙胆属宿根草本花卉。株高 30～100 cm。叶对生，阔椭圆形至披针形，几无柄，叶基略抱茎，叶表蓝绿色。花冠钟状，淡紫、淡红、白等色，雌雄蕊明显，苞片狭窄披针形，花瓣覆瓦状排列，花色丰富，有单色与复色、单瓣与双瓣之分。常见品种有红镜、重瓣伊格尔、玛丽艾基。

图 6－13　洋桔梗

2. 生态习性

洋桔梗原产于美国南部至墨西哥之间的石灰岩地带，喜温暖、光线充足的环境，生长适温为 15～25 ℃，较耐高温。

3. 繁殖方法

以播种、组培繁殖为主。播种繁殖以 9—10 月或 1—2 月室内盆播为主。洋桔梗种子细小，每克种子 22 000～22 500 粒，发芽率为 80%～85%，发芽适温为 22～24 ℃。洋桔梗种子喜光，播后不覆土，只需轻压即可。播后 10～14 天发芽，发芽后 10 天间苗一次。

4. 栽培管理

（1）定植。一般在小苗 4 片真叶，长出第 3 个节时定植。定植的株距为 12 cm，行距为 12 cm。

（2）温光管理。洋桔梗的生长适温为 15～28 ℃，生长期夜间温度不低于 12 ℃。冬季温度在 5 ℃以下，叶丛呈莲座状，不能开花。生长期温度超过 30 ℃，花期明显缩短。洋桔梗对光照的反应比较敏感。长日照有利于洋桔梗的生长发育，有助于茎叶生长和花芽形成，一般以每天 16 h 光照效果最好。当每枝茎干上有 1～2 个花朵开放后，要少量遮阴以保证花色艳丽，防止褪色。

在生长过程中，高温和长日照可促进花芽分化，达到提早开花、缩短生长期的目的。一般矮生盆栽洋桔梗从播种至开花需 120～140 天，切花品种从播种至开花需 150～180 天。虽然洋桔梗对高温有一定的忍耐能力，但高温季节应将温度控制在低于 25 ℃，否则影响切花质量。尤其花蕾形成后切忌高温，否则易发生病害。在高温、强光照下，洋桔梗需水量增加，此时要保证基质湿润，干旱影响花茎伸长。

（3）水肥管理。洋桔梗要求肥沃、疏松和排水良好的土壤。洋桔梗对水分的要求比较严格。洋桔梗虽然喜欢湿润环境，但是过量的水对洋桔梗根部生长不利，易被病害侵入。

洋桔梗幼苗生长很慢，需谨慎管理，移苗不宜过深。生长期每半个月施肥一次。对分枝性强的品种可采用摘心来促使多分枝、多开花。现蕾前要经常保持土壤湿润，均匀浇水，以利于切花品质的提升。花蕾形成后要避免高温、高湿环境，否则容易引起真菌性病害。现蕾至收获前应减少浇水和施肥量。此外，还要采取土壤消毒、适当轮作等措施，预防根腐病发生。

（4）花期调节。传统栽培的洋桔梗，在冷凉地区于 9—10 月播种，来年 6—7 月收获。通过调整早花种或晚花种，能在 9—10 月形成二次花芽。在日光温室中 3—4 月播种，9—10 月开花；也可通过加温和补光，收获期可延长到 11 月。另外，在温暖地带，选用特定品种在 5—6 月播种，可收获两茬茎长 80 cm 以上的高品质洋桔梗鲜切花。

5. 采收与应用

洋桔梗株态轻盈潇洒，花色丰富，有红、白、紫、白紫、红紫等多种颜色，花有单瓣和重瓣，花形别致、典雅明快，切花寿命长，有一种冷静、沉稳的花韵，是目前国际上十分流行的切花种类之一。洋桔梗以 1/3 花蕾开放、小花朵开放 1～2 朵时即可采收。采收后应立即放入清水中。采收前控制水分，减少氮肥用量，可以明显提高切花品质。

八、鹤望兰

鹤望兰（见图 6－14）又名天堂鸟花、极乐鸟花，花色艳丽、姿态奇特、花期长久，观赏价值极佳，是一种优良的高档切花材料。花朵似仙鹤的嘴巴和头冠，如仙鹤展翅飞翔，故得名。

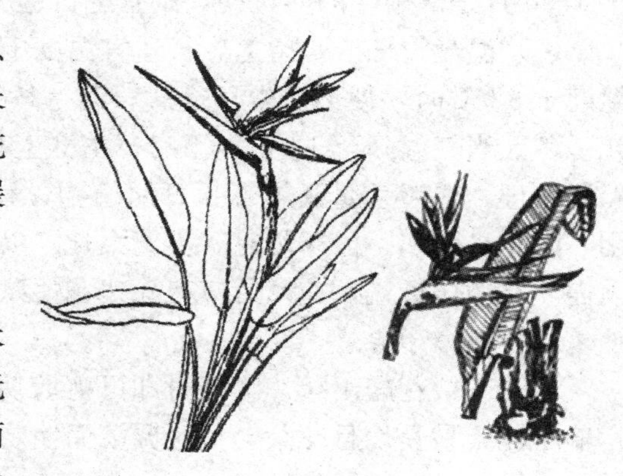

图 6－14　鹤望兰

1. 形态特征

鹤望兰是旅人蕉科鹤望兰属多年生草本植物，株高 1 m。地下具有粗壮肉质根，无明显地上茎。叶片从极短的地上茎对生，两侧排列，有长柄，长 25～45 cm，宽约 10 cm，顶端急尖，中央有纵槽沟，叶片长椭圆形，革质，侧脉羽状平行，叶背及叶柄具白粉。花序叶腋抽生，高出叶丛，花形奇特，整个花序好似仙鹤引颈遥望。花莛与叶近等长；花两性，数朵在刚硬佛焰苞中着生；佛焰苞舟状，长达 20 cm，绿色，边紫红。萼片披针形，长 7.5～10 cm，橙黄色，花瓣 3 片，1 片小，2 片连在一起形成箭状的舌，舌深蓝色，在舌的沟槽内有雄蕊及雌蕊，雄蕊不外露，柱头分裂，伸长舌外。常在春夏开花，花期很长，可达 100 天。

2. 生态习性

鹤望兰原产南非，喜温暖、湿润气候，不耐寒。夏季怕阳光暴晒，冬季应阳光充足。生长适温 3—10 月为 18～24 ℃，10 月至翌年 3 月为 13～18 ℃；冬季气温不可低于 5 ℃。要求疏松、肥沃、富含有机质的黏质土壤。

3. 繁殖方法

鹤望兰的繁殖方法有播种繁殖和分株繁殖。生产切花大量繁殖采用播种法。采种母株应选择株形直立、叶柄粗壮、叶尖圆钝、叶片阔厚的植株。播种前，先用灭菌清 1 000 倍液浸种 6 h。发芽适温 25～30 ℃。播后 1 个月开始萌发，发芽后 3 个月左右，幼苗长至 8～10 cm 时便可移栽。从幼苗到成苗到开花，需 4～5 年时间。

分株于早春时进行。侧芽长到 4 片叶时即可分株。选择具 4 个芽以上的植株，将整个株丛挖起，轻轻掰去泥土，待能明显分辨根系走向后，再用利刀将株丛分开，新株至少保证 3 条根以确保成活。切口涂上草木灰，以防伤口腐烂。每隔 3～4 年分株一次。

4. 栽培管理

（1）种植。3—10 月均可种植，但以 4 月为佳。从 5 月份开始，是鹤望兰营养生产的旺盛期和花芽集中分化期，过迟种植会影响切花产量。种植时采用品字形法，株距为 80 cm，行距为 80 cm；也可先密植，3～4 年后再进行移栽。种植后浇足水，以后见干就浇，并经常进行叶面喷水。待半个月新根长出后进入正常的水肥管理。

（2）水肥管理。鹤望兰具肥大肉质根系，能储藏水分，耐旱力很强。忌涝，浇水应随季节和生长情况及土壤干湿度而定。浇水时应注意夏季供水充足；冬季尽量少浇；春秋适当浇灌；梅雨季节要及时排水，否则会引起根部腐烂和枯死。

鹤望兰对肥的要求属于中等，施肥重点是要施足基肥，保证有较多的营养吸收。每年4—6月是鹤望兰的盛花期，则宜进行追肥。施肥宜淡勿浓，薄肥勤施，每两周一次。

（3）温光管理。鹤望兰生长适宜温度15～30 ℃，年平均相对湿度70%左右。当气温高于32 ℃时，便会发生日烧病；若持续40 ℃以上高温，会导致生理障碍和花芽枯死。冬天当气温降至13 ℃以下时，植株生长就会受到影响，为防止植株冻伤，需进行保温处理。鹤望兰属亚热带长日照植物，喜欢阳光和温暖湿润的气候。炎夏需适当遮阴，防止日烧病，但遮阴时间不能太长，以免造成植株徒长，影响花的产量和质量。室内需注意通风透光，花谢后应剪除残花，以减少养分消耗。

5. 采收

当第一朵花露出苞片之外时即可剪取切花，采收太早花朵无法开放，太晚则包装、运输时花瓣易受伤且花朵会很快凋萎而使观赏期缩短。采收时间一般为早晨或傍晚。

九、石斛兰

石斛兰（见图6-15）姿态优美、玲珑可爱、气味芬芳，被誉为“成功之花”，与卡特兰、蝴蝶兰、万带兰并称四大观赏洋兰。

图6-15　石斛兰

1. 形态特征

石斛兰为兰科多年生草本植物，落叶或常绿。茎丛生、直立，有纵沟，细长，圆柱状或棒状，节处膨大，称拟球茎。叶互生、披针形，近革质或革质，长约20 cm，宽约2.5 cm，顶端尖锐。总状花序生于上部节处或枝顶，花数朵至数十朵，花大，直径6～9.5 cm，紫色、淡紫色或白色。

2. 生态习性

石斛兰喜通风、空气湿度60%～80%、排水好的栽培环境，较喜肥。栽培基质多为粗泥炭、松树皮、蛭石、珍珠岩、木炭屑等配制而成，疏松、透水、透气。

3. 繁殖方法

石斛兰繁殖容易，扦插或分株繁殖均可，大量育苗用组织培养法。生产上多用分株法。石斛兰从小苗到开花，实生苗需要2～3年，扦插苗需要1～2年，分株苗仅需1年。采用老假鳞茎上已生根的高位芽繁殖，其生长速度比组培苗快，开花早。将老茎剪下，用水苔包裹后横放在潮湿、遮阴处；也可将未开花的充实假鳞茎从根部切下，2～3节一段作为插条，插入水苔中放置于半阴环境中，水苔干燥后要喷水。1～2个月之后节上长出新芽，并逐渐长成幼株。幼株生根后喷洒液体肥料促进生长，根茎形成后取下上盆。

4. 栽培管理

石斛兰喜湿润，生长期应及时浇水，经常向叶面、空气中喷雾，可使茎叶旺长。栽培环境宜通风，供水应达到空气湿、基质爽。石斛兰株丛大，生长迅速，需要按时施肥，叶面肥与根肥同样重要。

5. 采收

花序上的小花充分透色时为石斛兰的采收适期，所收获的切花应立即放入保鲜液内。3 枝、5 枝、7 枝为一束包装。湿藏效果好。切花保持温度 0～12 ℃，相对湿度 80%，瓶插期 14 天。

十、四季秋海棠

1. 形态特征

四季秋海棠（见图 6－16）别名秋海棠、瓜子海棠，为秋海棠科秋海棠属多年生常绿草本花卉，在北方地区常作 1～2 年栽培。四季秋海棠花朵成簇、花色丰富、花形别致、花期长，株形低矮紧凑，叶色美，与其他花卉配植效果很好，日益成为重要的花坛、盆栽植物，具有较大的市场潜力，深受人们喜爱。

图 6－16　四季秋海棠

四季秋海棠茎直立，稍肉质，节部膨大多汁，高 25～40 cm，有发达的须根。叶互生，卵圆至广卵圆形，基部斜生，绿色或紫红色。雌雄同株异花，聚伞花序腋生，花色有红、粉红和白等色，单瓣或重瓣，品种甚多。

2. 生态习性

四季秋海棠大部分原产于热带及亚热带，喜阳光、温暖的环境和湿润的土壤，怕热及水涝，夏天注意遮阴、通风和排水。不耐干旱，忌阳光直射，在适当荫蔽下生长繁茂。除冬季外，自晚春到初秋都需适当遮阳，夏季应置于荫棚下；冬季温室夜间温度应不低于 10 ℃。

3. 繁殖方法

四季秋海棠繁殖方法主要有播种、扦插、分株三种，商品化栽培均采用播种繁殖。四季秋海棠种子细小，寿命又短，自然落到盆土中的种子往往很快发芽而长出幼苗，采收的种子如不及时播种出苗很少。扦插多在 3—5 月或 9—10 月进行，用素沙土作扦插基质，也可直接扦插在花盆上，需将节部插入土内。荫蔽和保温的条件下，20 多天发根。对于多年生老株可将它们分株，同时进行修剪，促发新侧枝，以形成完好的株形。

4. 栽培管理

当幼苗长到 10 cm 左右高时，将其上部顶芽摘去，促使腋芽长出嫩枝。为了使植株冠大、整齐、美观，可花前摘心，促使侧枝生长。摘心后约 15 天，嫩枝顶部就可孕育花蕾开花。反复摘心，既能压低株形使姿态美观，又能开花不断。

四季秋海棠 4—6 月生长期对水分和空气湿度要求较高，要保持盆土湿润。夏季生长缓慢，开花少，浇水量要少，但要增加空气湿度。秋季 9—10 月天气转凉，进入生长和开花旺季，要增加浇水量，经常保持盆土湿润。

四季秋海棠每开一次花就要消耗较多的养料，要遵循薄肥勤施的原则。幼苗期，每周一次施以氮肥为主的肥料，促使枝叶生长；现蕾开花期，每周一次施以磷肥为主的肥料，促使孕育花蕾，开花鲜艳。

十一、天竺葵

1. 形态特征

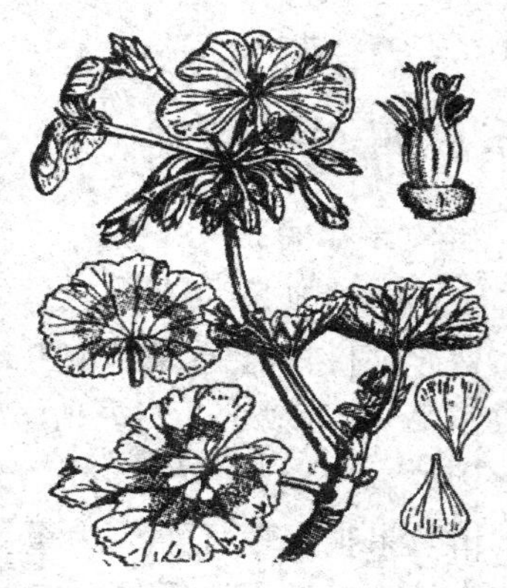
图 6－17　天竺葵

天竺葵（见图 6－17）别名石腊红、驱蚊草、洋葵，是牻牛儿苗科天竺葵属多年生草本花卉。株高 30～60 cm，全株被细毛和腺毛，具异味。茎肉质，基部木质，多分枝。叶互生，圆形至肾形，叶面具白、黄、紫色斑纹，叶缘内有马蹄纹。伞形花序顶生，总梗长，有直立和悬垂两种，花多数，花色有红色、桃红色、橙红色、玫瑰色、白色和混合色，有单瓣与重瓣之分。四季开花，以春季最盛。盛夏宜休眠。蒴果，成熟时 5 瓣开裂。天竺葵花色丰富，花朵密集，花期长，观赏价值很高，可作盆栽观赏和花坛用花。

2. 生态习性

天竺葵原产于非洲南部。喜温暖、湿润和阳光充足环境。耐寒性差，怕水湿和高温。生长适温 3—9 月为 13～19 ℃，冬季为 10～12 ℃。6—7 月呈半休眠状态，应严格控制浇水。宜肥沃、疏松和排水良好的沙质壤土。冬季温度不低于 10 ℃，短时间能耐 5 ℃低温。单瓣品种需人工授粉才能提高结实率。花后 40～50 天种子成熟。

3. 繁殖方法

天竺葵多用扦插繁殖。除 6—7 月植株处于半休眠状态外均可扦插，以春、秋季为好。选用插条长 10 cm，以顶端部最好，生长势旺，生根快。剪取插条后，让切口干燥形成薄膜后再插于沙床或膨胀珍珠岩和泥炭的混合基质中。插后放半阴处，保持室温 13～18 ℃，插后 14～21 天生根，根长 3～4 cm 时可盆栽。扦插过程中用 0.01%吲哚丁酸液浸泡插条基部 2 s，可提高扦插成活率和生根率。一般扦插苗培育 6 个月开花。

4. 栽培管理

天竺葵性喜冬暖夏凉。冬季应入温室，温度应保持白天 15 ℃左右，夜间不低于 8 ℃，并且保证有充足的光照，仍可继续生长开花。天竺葵喜燥恶湿，土湿则茎质柔嫩，不利花枝的萌生和开放。天竺葵喜阳光，除夏季炎热需要遮阴外，其他时间均应接受充足日光照射，每日至少要有 4 h 的光照，这样才能保持终年开花。若光照不足，植株易徒长，花芽分化减少。天竺葵不喜大肥，肥料过多会使天竺葵生长过旺，不利开花。为使开花繁茂，每 1～2 周浇一次稀薄肥水（腐熟豆饼水），每隔 7～10 天浇 800 倍磷酸二氢钾溶液，可促进正常开花。夏季气温高，植株进入休眠，应控制浇水，停止施肥。

为使植株冠形丰满紧凑，应从小苗开始进行整形修剪。一般苗高 10 cm 时摘心，促发新枝。待新枝长出后还要摘心 1～2 次，直到形成满意的株形。花后及时剪去残败花茎，即可增加株间光照，诱使萌发新叶，抽出新的花茎。冬季天寒，不宜重剪。

十二、长寿花

1. 形态特征

长寿花（见图 6－18）又名寿星花、圣诞伽蓝菜、矮生伽蓝菜，属景天科伽蓝菜属多年生草本植物。株高 10～30 cm，单叶交互对生，卵圆形，长 4～8 cm，宽 2～6 cm，肉质，叶片上部叶缘具波状钝齿，下部全缘，亮绿色，有光泽。圆锥聚伞花序顶生，花序长 7～10 cm，每株有花序 5～7 个，着花 60～250 朵，花小，花径 1.2～1.6 cm，花瓣 4 片，花色粉红、绯红或橙红。花期 1—4 月。长寿花株形紧凑，叶片晶莹透亮，花朵稠密艳丽，花期长又能控制，是优良的室内盆栽花卉。

图 6－18　长寿花

2. 生态习性

长寿花原产于非洲，喜温暖、稍湿润和阳光充足环境，不耐寒。生长适温为 15～25 ℃。夏季温度超过 30 ℃生长受阻；冬季室内温度需 12～15 ℃，低于 5 ℃叶片发红，花期推迟。冬春开花期温度在 15 ℃左右，长寿花开花不断。长寿花耐干旱，对土壤要求不严，以疏松、肥沃、排水性能好、微酸性的沙壤土为好。长寿花为短日照植物，对光周期反应比较敏感。生长发育好的植株，短日照（每天光照 8～9 h）处理 3～4 周即可开花。

3. 繁殖方法

（1）扦插繁殖。5—6 月或 9—10 月扦插最好。选择稍成熟的肉质茎，剪取 5～6 cm 长，插于沙床中，浇水后用薄膜盖上，室温在 15～20 ℃，插后 15～18 天生根，30 天能盆栽。也可用叶片扦插，将健壮的叶片从叶柄处剪下，待切口稍干燥后斜插或平放在沙床上，保持湿度，10～15 天可从叶片基部生根，并长出新植株。

（2）组培繁殖。用长寿花的茎顶、叶、茎、花芽和花等作为外植体进行组织培养，在室温 25～27 ℃、光照 16 h 条件下，经 4～6 周就能长出小植株。

4. 栽培管理

南方地区可地栽，露地越冬；北方地区宜盆栽。盆土采用肥沃的沙壤土、腐叶土、粗沙、谷壳炭混合。栽后不能马上浇水，需要停数天后浇水，以免根系腐烂。长寿花为肉质植物，体内含水分多，比较耐干旱，生长期不可浇水过多，每 2～3 天浇一次水，盆土以湿润偏干为好。生长期每月施 1～2 次富含磷的稀薄液肥，施肥在春秋生长旺季和开花后进行。

长寿花喜阳光充足，若光照不足，枝条瘦弱细长，开花数量减少。冬季需注意防寒，室温不能低于 12 ℃，以白天 15～18 ℃、夜间 10 ℃以上为好。为了控制植株高度，要进行 1～2 次摘心，促使多分枝、多开花。花谢后要及时剪掉残花，以免消耗养分，影响下一次开花数量。一般于每年春季花谢后换一次盆。长寿花栽培过程中，可利用短日照处理来调节花期，达到全年提供盆花的目的。

十三、蟹爪兰

1. 形态特征

蟹爪兰（见图 6－19）又名蟹爪莲、仙人花，为仙人掌科蟹爪兰属多年生肉质花卉。叶茎状扁平多节，肥厚，鲜绿色，先端截形，边缘具粗锯齿，有小刺着生于上。花着生于茎的顶端，花被开张反卷，花色有淡紫、黄、红、纯白、粉红、橙和双色等。花期 9 月至翌年 5 月。

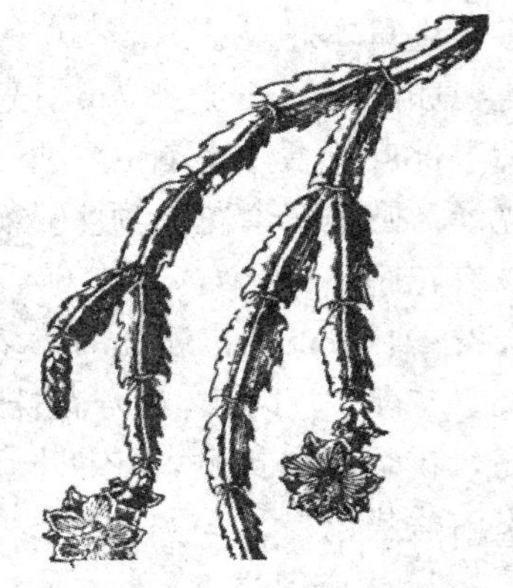
图 6-19　蟹爪兰

2. **生态习性**

蟹爪兰性喜温暖湿润环境，宜半阴，避免阳光直射。生长适温 15～25 ℃，忌高温，较耐旱，怕积水。在夏季酷暑气温 33 ℃以上时进入休眠状态，越冬温度需要保持在 5 ℃以上。蟹爪兰开花室温以 10～15 ℃为宜，花期可持续 2～3 个月，单花一般开放 1 周后凋萎。蟹爪兰喜疏松、肥沃、透气的土壤，pH 值在 5.5～6.5。蟹爪兰是短日照植物，在短日照条件下才能孕蕾开花。

3. **繁殖方法**

（1）扦插繁殖。选择健壮、肥厚的茎节，切下 1～2 节，放阴凉处 2～3 天，待切口稍干燥后插入沙床，泥炭和沙基质比例为 4∶1，插床温度为 15～20 ℃，湿度不宜过大，以免切口过湿腐烂。插后 2～3 周开始生根，4 周后可盆栽。

（2）嫁接繁殖。嫁接比扦插繁殖生长势旺，开花早。常在 5—6 月和 9—10 月进行，砧木用量天尺、虎刺。接穗以 2～3 茎节为宜，下端削成鸭嘴状，与砧木的楔口接合，用仙人掌长刺插入固定。一般一株砧木可接 3 个接穗，接穗相隔 120°。嫁接后植株放半阴处养护，保持较高的空气湿度。如嫁接后 10 天内接穗仍保持新鲜硬挺，即已愈合成活，1 个月后可转入正常管理。

4. **栽培管理**

繁殖后的新枝，每盆栽植 3 株。对于嫁接的新枝，在浇水、施肥时，注意不得溅污嫁接愈合处，以免发生腐烂。栽后温度过高或空气干燥，对茎节生长均不利，可导致茎节萎缩死亡。生长期每半个月施肥一次。秋季增施 1～2 次磷钾肥。花后出现一段时间的休眠状态，应控制浇水，停止施肥，待茎节长出新芽后再正常进行肥水管理。若花后浇水量过大，根系容易腐烂，茎节萎缩死亡。蟹爪兰如需要提前开花应市，可进行短日照处理。每天进行 8 h 的短日照遮光处理可提前 1 个月开花。蟹爪兰栽培环境要求半阴、湿润，夏季避免烈日暴晒和雨淋，冬季要求温暖和光照充足。土壤需为肥沃的腐叶土、泥炭、粗沙的混合土壤。

十四、君子兰

1. **形态特征**

君子兰（见图 6-20）又名剑叶石蒜、大叶石蒜，为石蒜科君子兰属多年生常绿草本植物。叶形舒展、排列整齐、常年青翠、花朵美丽、色泽鲜艳、花期较长，为优良的观叶、观花、室内盆栽花卉。株高 30～40 cm，根呈肉质。叶深绿油亮互生，呈宽带状，叶脉较清晰。花莛从叶丛中抽出，直立，一花莛上着生 1～4 簇伞房花序，每个花序有小花 7～30 朵，数朵小花聚生排列。花萼开张 6 瓣，呈漏斗形，花色由黄色

图 6-20　君子兰

至橘黄色，春夏开花较多。浆果球形，初绿后红。

2. 生态习性

君子兰原产于非洲南部的山地森林中，具有喜温暖、湿润气候及耐半阴的生态特性，其耐寒性差，耐热性不强，对温度要求较严格，生长的适宜温度为 15～20 ℃。冬季需保持 5～8 ℃的温度，5 ℃以下生长受抑制，0 ℃以下易受冻害。夏季气温若超过 25 ℃，叶生长缓慢。春秋两季是适宜生长的季节。君子兰喜疏松、肥沃、排水良好、富含腐殖质的微酸性沙壤土。

3. 栽培管理

冬季温室主要依靠加温设备提高温度，温室昼夜温度控制在 5～15 ℃，保持 8～12 ℃的温差对君子兰生长最为有利。栽培过程中要保持环境湿润，空气相对湿度 70%～80%、土壤含水量 20%～30%为宜。君子兰为肉质根，储水能力强，切勿积水，以防烂根。春秋两季是君子兰生长旺季，需水量大。夏季气温高，君子兰处于半休眠状态，浇水要适当。冬季气温降低，君子兰进入休眠期，吸水能力减弱，要控制浇水。

君子兰是喜阴花卉，稍耐阴，不宜强光照射。夏季需置荫棚下栽培；秋、冬、春季阳光照度较小，可充分光照。同时，为使君子兰侧视一条线，正视如开扇，叶面整齐美观，必须使光照方向与叶方向平行，同时每隔 7～10 天旋转花盆 180°。

十五、蝴蝶兰

蝴蝶兰（见图 6－21）有独特的花形，艳丽的色彩，可以盆栽观赏，也是优良的切花材料。花朵美丽动人，是室内装饰和各种花艺装饰的高档用花，为花中珍品。

图 6－21　蝴蝶兰

1. 形态特征

蝴蝶兰属于兰科花卉，为热带兰，是多年生常绿草本植物。茎短，单轴型，无假鳞茎，气生根粗壮，圆或扁圆状。叶厚，多肉质，卵形、长卵形、长椭圆形。抱茎着生于短茎上。总状花序，蝶形小花数朵至数十朵，花序长者可达 1～2 cm。花色艳丽，有白花、红花、黄花、斑点花和条纹花，花期30～40 天。果内含种子数十万粒，种子无胚乳。蝴蝶兰人工杂交的属内品种或异属杂交品种数量极多，品种群较为复杂。杂交品种有白花系、红花系、黄花系、斑点花系、条纹花系。

2. 生态习性

蝴蝶兰为附生兰，气生根多附生于热带雨林下层的树干或枝杈上，喜高温多湿，喜阴，忌烈日直射，全光照的 30%～50%有利于开花。生长适温 25～35 ℃，在夜间高于 18 ℃或低于 10 ℃的环境里出现落叶、寒害。生长期喜通风，忌闷热。

3. 繁殖方法

大量繁育蝴蝶兰种苗以组织培养法最为常用，花后切取花梗基部数个梗节为繁殖体，一个梗节可生长出众多芽叶，扩繁培养后，继而长出气生根。少量繁殖可采用人工辅助催芽法，花后选取一壮实的花梗，从基部第三节处剪去残花，其余花枝全部从基部剪除以集中养分。剥去节上的苞衣，在节上芽眼位置涂抹催芽激素，30～40 天后可见新芽萌出，待气生根长出后可切取上盆。

4. 栽培管理

蝴蝶兰具气生根，人工栽培以温室盆栽为主，基质忌黏重不透气，可用疏松保湿的粗料如树皮、椰糠、椰壳、水苔、腐殖质土等混合而成，栽培容器底部和四周应有许多孔洞，藤框利于根条生长。生长期温度控制在日温 28～30 ℃，夜温 20～23 ℃。高于 35 ℃或低于 18 ℃的环境引起生长停滞。缓苗期空气湿度控制在85%～95%,生长期宜保持 75%～80%，通过浇水和使用加湿器维持。栽培期间应适时通风。施用薄肥，忌施未腐熟的家禽肥。

5. 采收

蝴蝶兰切花采收适期为花序上的所有花蕾都开放，还有一个花苞时。在花莛基部第三节处剪下花枝，第二枝花会从留下的花莛节处抽出。剪下的花枝应立即放入水中。包装前将花梗插入 16 mL 保鲜瓶内，保鲜瓶内盛有 40～45 ℃保鲜剂，然后分级装入盒中。蝴蝶兰切花在运输和储藏过程中应放在 7～10 ℃的环境中。

第四节　球根花卉栽培

→ 掌握主要球根花卉的栽培管理技术

球根花卉种类繁多，常见的有属单子叶植物中百合科的郁金香、风信子，鸢尾科的唐菖蒲，美人蕉科的美人蕉，属双子叶植物中菊科的大丽花，毛茛科的花毛茛。球根花卉有上百种之多，品种丰富，分布极广。球根花卉大多花朵大而色泽艳丽，同时花期又长，且有丰富的季相变化，依种类不同可自早春至深秋开花不断。如大丽花、郁金香、百合等花朵大而色泽鲜艳夺目，茎叶挺拔，清秀而简洁，益显花姿非凡；风信子、晚香玉有优美的芳香。

球根花卉因球根内储有大量养分，故栽培较为容易且能保证有花（栽时球根中花芽已形成）。因此，球根花卉也是切花栽培的主要类型。球根花卉吸收根少而脆嫩，断后不能再生长新根，故球根一经栽植在生长期内不可移植。球根花卉大多叶片甚少或有定数，栽培中应注意保护，避免损伤。切花栽培时，在满足切花要求的前提下，剪取时应尽量保留植株的叶片。花后应及时剪除残花，不使结实，以减少养分消耗，有利新球充实。花后一般正值地下新球膨大充实之际，须加强水肥管理。常行穴栽，球小而量多时多开沟栽培，穴或沟底要平整，不宜过窄而使球根底部悬空。栽植的深度因土质、栽植目的及种类不同而异。

一、唐菖蒲

1. 形态特征

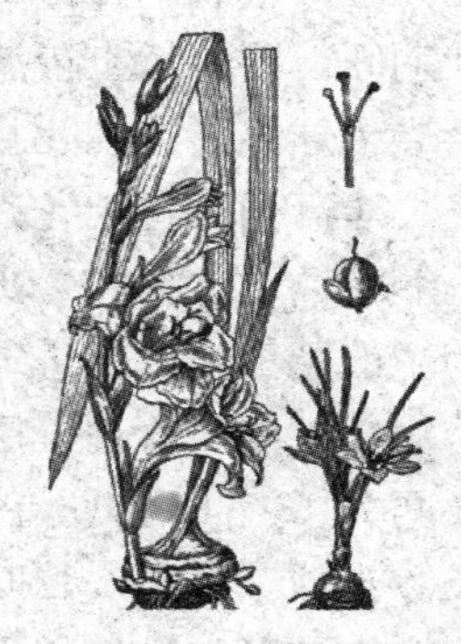
图 6-22 唐菖蒲

唐菖蒲（见图 6-22）又名剑兰、菖兰，是鸢尾科唐菖蒲属多年生球根花卉。其花茎修长挺拔，花色鲜艳，花形多变，花期长，是世界五大切花之一，有“切花之王”的美誉，深受消费者喜爱。唐菖蒲具扁圆形球茎，直径2.5～4.5 cm，外包棕色或黄棕色膜质包被。叶基生或在花茎基部互生，剑形，长40～60 cm，宽2～4 cm，基部鞘状，顶端渐尖，嵌叠状排成 2 列。花茎直立，高50～80 cm，不分枝，花茎下部生有数枚互生的叶；花莛直立，顶生穗状花序，高 60～120 cm，穗状花序长可达 45 cm，着花 12～24 朵，有白、红、黄、蓝、紫等深浅不一色或复色。

唐菖蒲栽培品种极为丰富，主要通过杂交育种获得。由于品种来源复杂，生产上常按开花习性分类，分为春花种与夏花种。春花种在温暖地区是秋季栽种，翌年春季开花，夏花种则是春季栽种，夏秋季开花。夏花种又因生育期长短不同分为早花类（60～70 天开花）、中花类（80～90 天开花）、晚花类（100～120 天开花）。目前生产上多为中花类。

2. 生态习性

唐菖蒲为长日照植物，喜凉爽气候和阳光充足、通风良好的环境，畏酷暑和严寒。种球在 5 ℃时萌动，20～25 ℃生长最佳。当植株长到 3～4 片叶时开始花芽分化，6～7 片叶时花芽分化终止、花芽发育。花芽分化适温为 17～20 ℃，此时需长日照，否则花芽败育；分化后短日照有利于花芽发育从而提早开花。不宜连作，利用保护地栽培可周年供花。喜深厚、肥沃而排水良好的沙质壤土，不宜在黏重土壤和低洼积水处生长，土壤 pH 值以 5.6～6.5 为佳。夏花种的球根必须在室内储藏越冬，室温不得低于 0 ℃。

3. 繁殖方法

唐菖蒲多用分球法繁殖，通常经 1 年栽培后，1 个母球会产生 1～2 个商品球及很多子球，经分级后，8 cm 以上的球直接作为商品进入市场，8 cm 以下的子球分三级进行再培养。一般大子球周长为 4～8 cm，中子球周长为 2～4 cm，小子球周长为 2 cm 以下，不同级别分片栽培。子球越小越能保持品种的遗传特性，但栽培年限较长。因此，在栽培中以中子球繁育商品球最好。值得注意的是商品球并非越大越好，球形圆整饱满、球质较硬的商品球生产的鲜切花较好，高大而扁平、球质较软的商品球生产的鲜切花质量不高。

4. 栽培管理

（1）栽种。选择皮膜光泽性好，形状规整、匀称的一代种球，种球直径在 3 cm 以上。将通过休眠（低温处理）的种球除去皮膜，在 40 ℃清水中浸泡 10～15 min，再用 50%多菌灵 500 倍液浸泡 30 min，取出后堆积起来用塑料薄膜覆盖 1 h，摊开晾干。栽植时先做成畦宽 1 m 的平畦，留步道 30～40 cm，按株距 10～15 cm、行距 15～20 cm 栽植，深度一般为 5～10 cm，覆土厚度约为种球直径的两倍。为使切花能均衡地陆续供应市场，可在 4 月中下旬至 7 月中旬每隔 15 天分批进行种植。

（2）水肥管理。唐菖蒲在种植期需保证土壤墒情，水分不足会推迟发芽和出土；若催芽处理后播种，土壤干旱会导致芽干，影响出苗率。在花芽分化期，水分不足会影响花原基的形成。育蕾期水分不足，会影响着花率和花的质量，所以在植株出现 2～7 片叶期间，要保持土壤湿润，一般需浇水 2～3 次。但若水分过多，圃地积水时间较长，会导致球茎腐烂和死亡。

唐菖蒲为喜肥花卉，除栽种前要施入足够基肥外，生长期一般要进行合理施肥。在 2 片叶期应追施一次以氮肥为主的肥料。在 3～4 片叶到茎伸长孕蕾期，应施以磷钾肥为主的肥料，以促进球茎粗壮，花大色艳。根部施肥与叶面施肥要交替进行。

（3）温度管理。唐菖蒲对温度反应较为敏感。栽植后，白天最适温度为 20～25 ℃，夜间为 10～15 ℃。在 1～2 片叶期和 5～6 片叶期，低温持续时间太长，植株会停止生长。当球茎长出 2 片叶时，开始形成花芽，低温会使花芽发育完全停止，而高温和干燥也会使花芽中途停止发育。

（4）光照调节。唐菖蒲是长日照植物，在 4～5 片叶期如果降低光照度，其开花率就会显著下降。在冬季需要补充人工光源，光照度最低为 3 500 lx，最佳为 10 000 lx，每天光照时间不能低于 12 h，以 16 h 为最好。

5. 采收

每个花枝有 12～16 朵花，看到基部 1～5 朵花蕾呈现颜色时可采收。采收一般在早晨进行，使花茎尽可能长些，通常在植株上留两叶切取。采后按花茎长度、粗度及花色进行分级，每 20～25 枝一把捆扎。若不及时外运，则应存放在干燥、通风、低温（最好为 4～5 ℃）的环境中保持茎秆直立状态，切忌平放，否则因其向光性会发生弯曲生长情况，影响观赏价值。

切花采后，待叶片先端 1/3 枯黄时掘取球茎，对球茎储藏。起挖后剪去叶片，将球茎晾晒数小时，待外皮干燥后再转入室内。将新球、子球分级装入浅箱，置于干燥、通风、温度 5～10 ℃的条件下储藏，要检查翻动，防止发热霉烂。

二、百合

1. 形态特征

百合（见图 6－23）是百合科百合属多年生球根草本花卉。其植株挺秀，花大色艳，寓意高雅，是目前国内外的主要切花品种之一，在园林、盆花，特别是鲜切花等方面被广泛应用。百合株高 50～130 cm，地下部分具卵球形鳞茎，外无皮膜，由白色或淡黄色肉质鳞片抱合成球形。鳞茎直径可达 9 cm，鳞片为宽卵形，多数须根生于球基部。茎直立，不分枝，茎秆基部带红色或紫褐色斑点。单叶，互生，狭线形，叶面光亮无毛，叶长 7～8 cm，无叶柄，叶在茎上呈螺旋状排列，直接包生于茎秆上。花开于茎顶，单生、簇生或呈总状花序；一枝花茎着花 2～12 朵，有时可达 20 朵，花朵直径 10～12.5 cm，花被 6 片均呈花瓣状平展或反卷，花朵漏斗状、喇叭状或杯状，横向、直立或下垂；花色有白色、粉色、红色、紫色、黄色、橙色、淡绿色及复色。蒴果 3 室，种子扁平具翅。生长周期为 9～21 周，自然花期 5—8 月。

目前百合品种已有千种，主栽的百合切花有亚洲百合、东方百合和麝香百合三类，主要品种有铁佛、金展、玛莲、天堂、雪皇后等。东方百合抗寒性较差，多数

a)

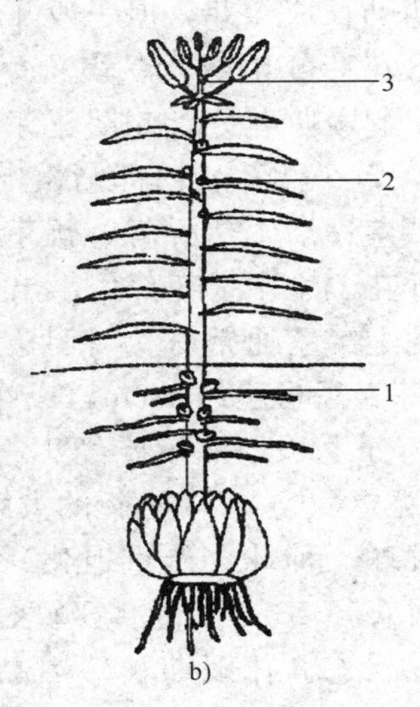

b)

图6-23　百合
a）外形　b）百合开花期植株
1—地下小鳞茎　2—地上珠芽　3—花序

品种花较大、芳香。亚洲百合抗寒性强，花色丰富，但花朵较小、无香味，大部分为长日照植物。麝香百合全为白色花，花朵横开，具香气，但抗寒性差，多数品种为长日照植物。

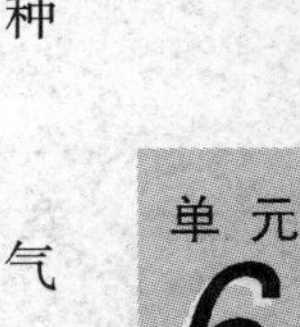

2. 生态习性

（1）温度。不同百合品系对温度要求有一定差异。一般来讲，百合喜冷凉气候，耐热性差，具有一定的抗寒性，最抗寒品种（多为亚洲百合）休眠期可耐－30 ℃左右低温，其他品系耐－10～－2 ℃低温，各品系的耐低温程度为：亚洲百合＞麝香百合＞ 东方百合。萌发期间需要冷凉的气候，5～10 ℃的温度有利于根系发育。百合生育适温：亚洲百合为白天20～25 ℃，夜间8～11 ℃；其他为白天25～30 ℃，夜间13 ℃以上，低于5 ℃或高于30 ℃生长几乎停止。如果冬季夜间温度低于5 ℃持续5～7天，花芽分化、花蕾发育会受到严重影响，推迟开花。

（2）光照。三个品系均需较高的光照度以满足光合作用的要求，光照缺乏时，株形瘦弱，叶色变浅，植株易落花蕾，已开花朵瓶插寿命缩短。

（3）水分。温室促成栽培时，以略湿润的土壤和空气为佳。

（4）土壤。百合性喜湿润、肥沃、富含腐殖质、土层深厚、排水性良好的沙质土壤，多数品种宜在微酸性至中性土壤中生长。忌土壤黏重，亚洲百合和麝香百合以pH值6～7为宜，东方百合要求pH值5.5～6.5。忌连作。

（5）空气。百合喜通风良好的湿润空气环境，相对湿度70%～80%为宜。有充足光照时，增加空气中的二氧化碳会使植株更壮更绿，落蕾减少。

3. 生长特性

百合为秋植球根花卉，秋季冷凉休眠期过后，在鳞茎基部根盘处生基生根。鳞

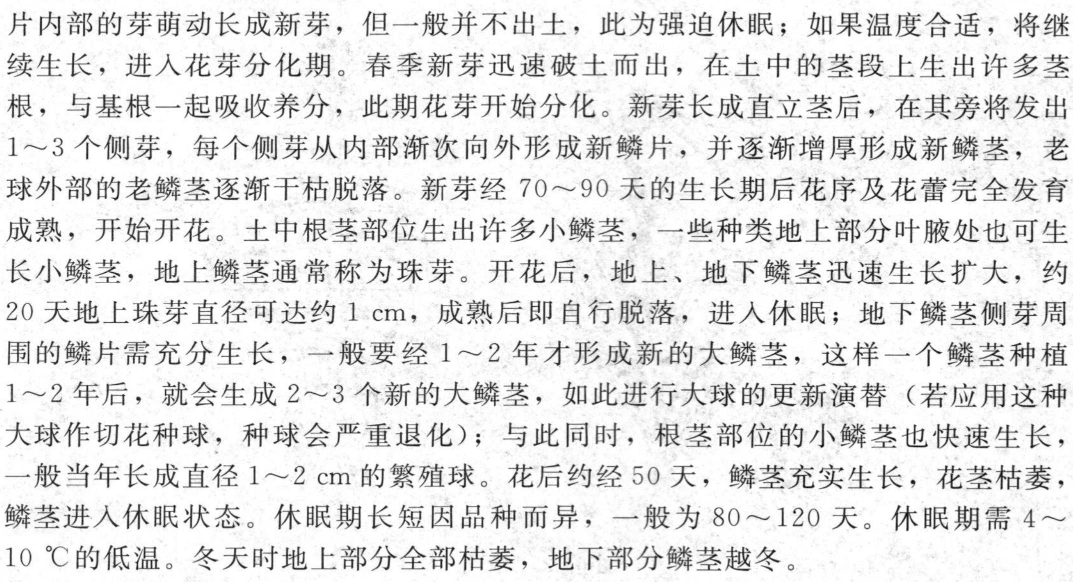

片内部的芽萌动长成新芽，但一般并不出土，此为强迫休眠；如果温度合适，将继续生长，进入花芽分化期。春季新芽迅速破土而出，在土中的茎段上生出许多茎根，与基根一起吸收养分，此期花芽开始分化。新芽长成直立茎后，在其旁将发出1～3个侧芽，每个侧芽从内部渐次向外形成新鳞片，并逐渐增厚形成新鳞茎，老球外部的老鳞茎逐渐干枯脱落。新芽经70～90天的生长期后花序及花蕾完全发育成熟，开始开花。土中根茎部位生出许多小鳞茎，一些种类地上部分叶腋处也可生长小鳞茎，地上鳞茎通常称为珠芽。开花后，地上、地下鳞茎迅速生长扩大，约20天地上珠芽直径可达约1 cm，成熟后即自行脱落，进入休眠；地下鳞茎侧芽周围的鳞片需充分生长，一般要经1～2年才形成新的大鳞茎，这样一个鳞茎种植1～2年后，就会生成2～3个新的大鳞茎，如此进行大球的更新演替（若应用这种大球作切花种球，种球会严重退化）；与此同时，根茎部位的小鳞茎也快速生长，一般当年长成直径1～2 cm的繁殖球。花后约经50天，鳞茎充实生长，花茎枯萎，鳞茎进入休眠状态。休眠期长短因品种而异，一般为80～120天。休眠期需4～10 ℃的低温。冬天时地上部分全部枯萎，地下部分鳞茎越冬。

4. 繁殖方法

（1）花后养球。当百合开始开花时，地下的新鳞茎已经形成，但尚未长成成熟的“大球”。因此，在采收切花时，一定要在保证花枝长度的前提下，尽量使剩余的地上茎段多留叶片，至少应留5片叶，以利于新球的培养。花后6～8周，新的鳞茎成熟并可收获。

（2）分小鳞茎。如果需要繁殖1株或几株，可采用分小鳞茎法。通常在老鳞茎的茎盘外围长有一些小鳞茎，可把这些小鳞茎分离下来，种在塑料箱内进行培养。1年以后，再将已长大的小鳞茎种植在栽培床或畦中，2年时间可长成开花的“大球”。

（3）鳞片扦插。将老鳞茎上充实、肥厚的鳞片连带基部一小部分鳞茎盘进行扦插，插入深度为鳞片长度的1/3。在扦插后的管理中，切忌基质过湿和温度过高，温度稳定在22～25 ℃，空气湿度大些。高光照度有利于小鳞茎的生成。在适宜的条件下，大约1个月时间可长成1～2 cm的小鳞茎。培养到次年春季倒栽，培养3年左右即可开花。

（4）组织培养。百合组织培养比较容易成活。百合可用于组织培养的外植体有鳞片、叶片、珠芽、花器官、幼嫩茎段、根段等，比较适合于生产中使用的是鳞片和叶片。

5. 栽培管理

（1）种球选择及处理。百合切花生产种球应选生长健壮、无病虫害、通过小鳞茎复壮的1～2年生新球。适宜的种球大小为：亚洲百合周径12～14 cm，东方百合周径14～16 cm，麝香百合周径12～16 cm。收获的种球，先进行种球消毒，然后7～13 ℃低温冷藏，44～45天打破休眠，即可种植。此外，种球的选择亦应考虑品种的适应性、花色、生长周期等因素。

（2）选地整地。百合切花栽培要求土层深厚，耕作层达30 cm以上，肥沃、疏松、微酸性，能保蓄水分又排水良好，并严格要求轮作。整地做畦，结合土壤拼整可施入充分腐熟的有机肥，同时施用不含氟的无机磷肥和钾肥。整成畦面宽75～110 cm，高

50 cm，沟宽 60 cm，畦面须整平便于定植后灌水。

（3）栽植。百合一般在需花期前 2.5～3 个月种植，冬季时需加长 10～20 天。百合适宜栽植期常根据品种生长周期及预计的开花期推算。百合适宜的栽植密度因品种及鳞茎大小而异，通常亚洲百合栽植较密，麝香百合次之，东方百合稍稀，一般栽植行距 20～25 cm，株距 8～12 cm，种球种植深度以 8 cm 为宜，不宜过浅，否则影响生根发育。大棚栽培百合的供花期主要为春秋两季。春季供花可行秋植，秋植必须在严寒到来之前使植株的根系得到良好的发育，长江流域露地栽植通常在 9—10 月。

（4）肥水管理。百合喜肥，生长期可追施粪尿或化肥，但忌含氟及碱性肥料，否则易发生烧叶。在出苗后 20 天左右即可补充尿素等氮肥。从花芽分化到现蕾开花，除氮肥外要重视磷钾肥，可每 7～10 天用 0.2%～0.3%磷酸二氢钾或硝酸钾进行根外追肥，以促花芽分化及花朵生长。若土壤 pH 值偏高，生长期易出现缺铁症状，可及时喷洒 0.2%～0.3%硫酸亚铁溶液补充。百合生长期喜湿润，在种植后要经常保持土壤湿润，尤其在花芽分化期和现蕾期应加强水分供应。

（5）温光调节。百合生长喜凉爽、湿润环境条件，耐寒而忌酷暑，喜光又耐荫蔽，故百合切花周年生产重要的技术环节是在不同生长季节调节好适宜百合生长的温光环境。百合夏季生产要适当降温，冬季生产要适当升温，其生长前期 12～13 ℃低温条件对其发根有利，后期保持 14～17 ℃有利于获得最好的切花，花芽分化至开花期应避免 30 ℃以上的高温及 10 ℃以下的低温，否则会影响切花品质。

光直接影响百合的生长、发育和开花。光照不足时，植株会由于缺少足够的有机物而生长不良，茎秆细软、叶片薄，茎叶弯曲向光，花苞细弱色淡，严重时还会引起落蕾落苞和瓶插寿命缩短；光照过强时会抑制植物的光合作用。光照还提高了介质温度，会加快植物的生长和茎的伸长。亚洲百合对光照不足非常敏感，但在各品种之间有很大的差异；麝香百合较亚洲百合敏感性小；东方百合最不敏感。百合夏季生产要进行遮阳处理，以防止强光及高温灼伤；冬季生产应适当延长光照时间及增加光强，以提高切花质量及提早进入市场。

（6）拉网。百合植株生长到 50～60 cm 高时，应及时设立支架，拉支撑网扶持茎直立生长，以防倒伏。

6. 采收

切花采收以花苞显色为标准，一般每茎具 5 个以下花蕾的至少有 1 个花蕾着色后，具 5～10 个花蕾的须有 2 个花蕾着色后，具 10 个以上花蕾的应有 3 个花蕾着色后，才能采收。切花剪切时间最好在上午 10 时前，以减少花枝脱水。剪切后将花枝下端 10 cm 叶片剥除，进行分级捆扎，并将切花浸入清水中，使花枝充分吸水，及早上市或在 2～3 ℃下冷藏。

三、马蹄莲

1. 形态特征

马蹄莲（见图 6－24）别名慈姑花、水芋、观音莲，是天南星科马蹄莲属多年生草本植物。地下具褐色肥大肉质根茎，株高 60～70 cm。叶片绿色，呈大椭圆形；佛焰苞纯白色，中间有鲜黄色的肉穗花序，四季开花。叶基生，叶片剑形或戟形，先端锐尖，长 15～45 cm，全缘，叶柄长，鲜绿色有光泽。花茎基生，高与叶相近，顶端着生一肉穗花序，包于佛焰苞内；佛焰苞呈喇叭状，先端长尖，长可达 15～25 cm，下部呈短筒状，上部展开，形似马蹄。花色除白色外，还有黄、橙、粉、红、紫等颜色。花有香气，花后结浆果。自然花期 2—4 月。长江流域一带设施栽培主要花期在 10 月至翌年 5 月，3—4 月为盛花期。

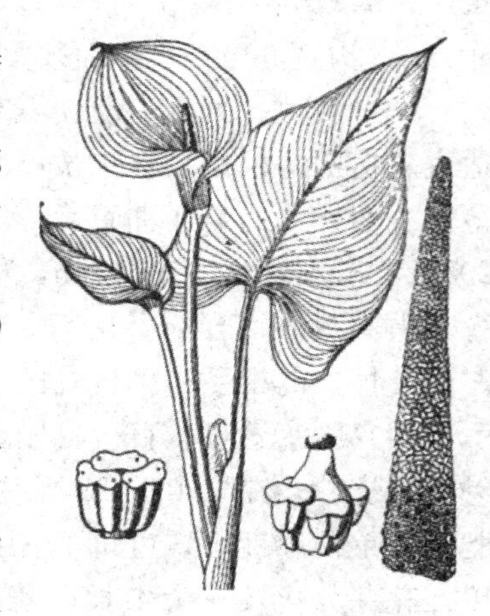

图 6-24　马蹄莲

(1) 白色马蹄莲。马蹄莲主要园艺栽培品种为白色马蹄莲，国内有以下三个栽培类型。

1) 青梗种。块茎粗大，生长势旺盛，植株高大，叶柄基部绿色。花梗粗壮，佛焰苞长大于宽，基部有明显皱褶，花小，黄白色，开花迟。

2) 白梗种。块茎较小，生长缓慢，植株较小，叶柄基部白色，佛焰苞先端阔而圆，平展，色洁白，花期早，花数多。

3) 红梗种。植株健壮，叶柄基部有红晕，佛焰苞较大，圆形，长宽相近，基部稍有皱褶，色洁白，花期中等。

(2) 彩色马蹄莲。常见的彩色马蹄莲有：银星马蹄莲，花期 7—8 月；黄花马蹄莲，花期 5—6 月；红花马蹄莲，小花种，株高 20～30 cm，花期 4—5 月。

2. 生态习性

马蹄莲原产于非洲南部，喜温暖湿润、略荫蔽的气候环境。不耐寒，忌干旱与酷暑。生长期最适宜的温度白天为 15～24 ℃，夜间不低于 16 ℃。在冬暖夏凉地区能全年开花。夏季高温与冬季低温均迫使植株地上部枯黄，进入休眠。越冬露地栽培的，温度不能低于 5 ℃，否则块茎可能会受冻死亡。马蹄莲要求富含腐殖质、疏松、肥沃的沙质壤土，pH 值为 5.5～7。生长发育良好的马蹄莲，在主茎上每展开 1 枚叶片，就可以分化 2 个花芽。高温季节会出现盲花或花芽不分化现象。一般具有一个主茎的块茎每年可出花 6～8 朵，但多数只有 3～4 枝切花。

马蹄莲叶片枯萎休眠后，再次栽种前块茎约有 3 个月的休眠期。休眠期间白色与彩色花马蹄莲对块茎储藏的处理温度要求不同。彩色马蹄莲在叶片枯萎时收块茎，将块茎置于温度 17～20 ℃、相对湿度小于 60%的环境中干燥 2 周；然后降低温度至 9～13 ℃，增加相对湿度至 75%～80%，储放至休眠期结束后可进行栽植。白色马蹄莲可在块茎收获后置于 20～30 ℃温度中 7 天，然后储存在 5 ℃温度下，时间不短于 6 周。

3. 繁殖方法

(1) 分球繁殖。马蹄莲切花生产中主要用分栽小球（小块茎）繁殖。春秋两季或休眠期间均可进行。将母株自土中挖出，剥取块茎四周形成的带芽茎根，另行栽植。培养 1 年即可形成开花球所需的种球。

(2) 小球培养。培养小球最适宜的土壤为腐殖质土加粗沙、泥炭藓（或珍珠岩，或壤土），比例为 1∶1∶1。上述混合基质每立方米加过磷酸钙 1.5 kg、硝酸钾 1 kg、硫酸亚铁 0.5 kg。小球栽植深 2～2.5 cm。出芽前保持栽培基质潮湿；出芽后及生长旺盛期给以充足的水肥供应，每 7～10 天追施完全液肥一次，浓度为 0.2%。生长期若有小花茎出现应及早拔除。随培养环境温度的变化，水肥应作适当调控。

（3）播种繁殖。采收成熟的种子，清除果肉杂质后播种。种子发芽温度 18～24 ℃，3～4 周出土。在优良的环境条件下，实生苗第二年即可长成开花球。此法多用于新品种选育，生产中较少采用。

（4）组培繁殖。长期无性繁殖的块茎容易退化或遭各种病害。在工厂化生产中，用组织培养法生产种苗，可获取优质的小块茎，作为更新复壮用种球，扩大增殖后再作为生产用种球。

4. 栽培管理

马蹄莲一般在 8 月末种植，11 月至翌年 5 月为产花期。彩色马蹄莲也可在 3 月种植，6—8 月为产花期。如温室条件较好，可春秋种植，四季产花。但即使是四季产花型马蹄莲也需要让植株在冬季或者夏季进行休眠，使植株得到营养补充。栽植株距 50 cm，行距 70 cm，每畦只栽种 2 行。每穴内放具有 3～4 芽的根基交错栽植，覆土深约 5 cm。由于马蹄莲株丛高大而繁茂，切不可栽植过密。马蹄莲从植球到开花需 60～70 天。定植后充分浇水以利发根发芽。

马蹄莲喜湿，生长需要足够的水分，要保持栽培环境潮湿。在其生长旺盛季节要经常浇水，特别是当植株抽生花莛时更不能缺水，否则会对其切花品质造成影响。在植株开花后，随着气温的上升，其叶片生长速度变慢，块茎生长速度加快，此时应该控制浇水，最好经常保持土壤偏干状态。进入休眠期，应逐渐减少供水。黄花马蹄莲因是陆生种，宜旱地栽培。

马蹄莲喜肥，在生长期可 10～14 天进行一次追肥，花期重视磷钾肥的补给，肥水要防止灌入叶鞘部位，以防植株腐烂。夏秋高温季节忌日光暴晒，需要适当遮阴；在秋、冬、春三季要求有充足的阳光，特别是入冬以后应让植株每天接受 4～6 h 的直射日光，以保证植株生长。设施栽培宜保持 15～25 ℃温度，温度条件适宜可周年开花。

马蹄莲生长期为平衡营养生长与生殖生长的矛盾，促进开花数量，要及时摘芽与疏叶。一般栽植后要求每年分植一次。栽植两年以上的植株要摘除过多小芽，以防止营养生长过旺、通风不良而减少切花数量。通常在生长旺季重视剪除外部老叶、枯叶，保持良好通风环境，促进新的花茎抽生，提高产花量，一般在开花期每株保持 4 枚叶片。

5. 采收

马蹄莲佛焰苞初展其尖端向下倾，色泽由绿转白时为远距离运输采收适期；近距离销售可待佛焰苞展开时采收。采切后的佛焰苞一般很难开放，因此采收期不宜过早。采花宜用双手紧握花茎基部，用力从叶丛中拔出，如用剪刀剪切会延迟第二枝花的采切时间。

采切后每 10 枝一捆，立即插入清水或保鲜液中，以防失水使花茎弯曲。切后湿藏在 4 ℃条件下，可保存 7 天。可在保湿包装内 4 ℃条件下干运，但需将切花固定，以防运输过程中损伤佛焰苞片。显色切花在 6～8 ℃条件下瓶插寿命为 7～20 天。

四、郁金香

郁金香（见图 6－25）原产于中东，16 世纪传入西欧。目前，栽培郁金香的主要国家有荷兰、英国、日本、丹麦、德国、法国、美国、以色列等，其中荷兰栽培面积最大，已成为世界栽培中心，每年均有大量的种球及切花出口到其他国家。我国栽培郁金

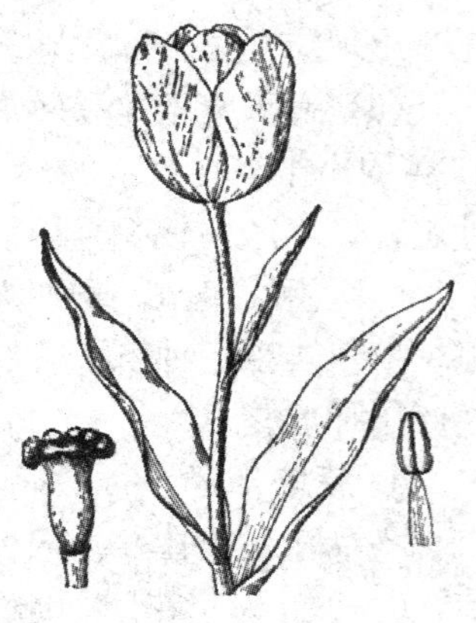
图 6-25　郁金香

香的历史较短。1988 年郁金香首次在西安引种成功后，又陆续在我国许多地区种植成功。我国郁金香产业现仍面临种球繁殖问题，郁金香品种少，种球退化严重，生产不能自给，长期依赖进口。郁金香作为一种切花材料备受消费者的喜爱，郁金香花朵象征着幸福、神圣、魅惑。

1. 形态特征

郁金香是百合科郁金香属多年生草本植物，高 15～60 cm，地下具肉质层状鳞茎，扁圆锥形，内有肉质鳞片 2～5 枚，外被淡黄至棕褐色皮膜。茎叶光滑，被白粉。叶 3～5 枚，带状披针形至卵状披针形，全缘并呈波状，基部 2～3 片叶较大，阔卵形，余者生长于茎上，长披针形，较小。花单生茎顶，大型，直立杯状。花被片 6 枚，离生，白天开放，傍晚或阴雨天闭合。花色有红、粉、白、黄、橙、红、紫及复色，有重瓣种，自然花期 3—5 月。雄蕊 6 枚，雌蕊 1 枚，花基部常黑紫色。目前，郁金香有 8 000 多种，常见栽培的有日光、大丰收等。

2. 生态习性

郁金香属长日照花卉，性喜向阳、避风，8 ℃以上即可正常生长。耐寒性很强，一般可耐－14 ℃低温，在严寒地区如有厚雪覆盖，鳞茎就可在露地越冬；但怕酷暑，如果夏天来得早，盛夏又很炎热，则鳞茎休眠后难于度夏。要求腐殖质丰富、疏松、肥沃、排水良好的微酸性沙质壤土，忌碱土和连作。郁金香为秋植球根花卉，春季开花，入夏休眠，其生长发育可分为以下五个时期。

（1）萌发期。秋季郁金香鳞茎栽植后开始萌发，并出现第一次生长高峰，约 30% 的生长量在此期完成，根系萌发并发育完好，茎亦抽出但不出土。此期的生长是利用鳞茎内储藏的营养进行的，如栽培条件适宜，郁金香可继续生长。但如为露地栽培，因寒冷的冬季到来，进入被迫休眠阶段。

（2）生长与开花期。翌春，郁金香茎叶出土，迅速生长并开花，历时 3～4 周，一生中全部生长量的 70%左右在此期完成。从茎叶出土至花前两周为茎叶旺盛生长期，至开花茎叶停止生长。一般每朵花能开 5～7 天，如天气冷凉可延长到 10～15 天。

（3）新球、子球形成期。花后植株逐渐枯黄凋萎，历时 1 个月左右，此时为新球、子球形成期。花后母球的肥厚鳞片逐渐干枯变为膜质，而其最内一鳞片中的腋芽逐渐膨大形成新球，新球的大小与母球相仿；母球外侧各鳞片的腋芽膨大形成子球，最大的子球有时会同新球相仿。一般品种能形成 3～5 个子球；有些品种鳞片腋芽不全部发育，仅形成 1～2 个子球；也有的品种一个鳞片腋芽中可产生几个芽且都能形成子球，故能产多个子球。

（4）花芽分化期。植株枯黄至初秋的高温期为花芽分化期，此时郁金香利用鳞茎自身营养进行花芽分化，至秋季，花芽的 6 个花被片、6 个雄蕊及雌蕊都分化完成，所有的鳞片腋中都有幼芽，最内鳞片腋芽将来分化成新球，外鳞片的所有腋芽形成子球，如图 6-26 所示。此期历时 6～8 周。

（5）休眠期。花芽分化之后，鳞茎进入休眠期，休眠期需较低的温度（9 ℃以下）

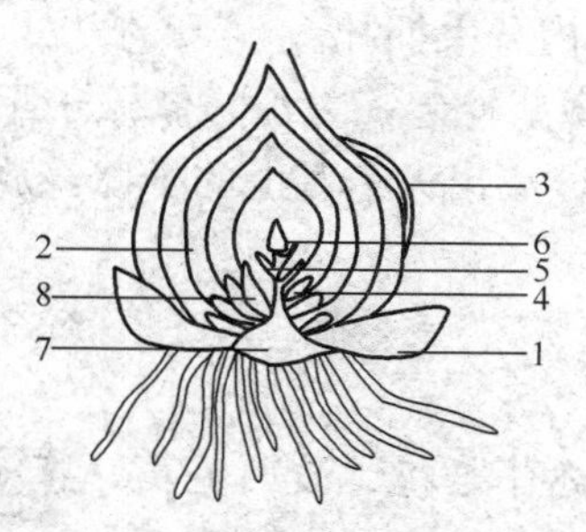

图 6-26　郁金香花芽分化后鳞茎纵剖图

1—子球　2—新球肉质鳞片　3—老球干枯形成膜质鳞片　4—第二年形成子球的幼芽　5—幼叶　6—幼花蕾　7—基盘　8—第二年形成新球的幼芽

和一定的时间（9～16 周）。

3. 繁殖方法

常用分球繁殖，以分离小鳞茎法为主。一般分球繁殖可在春季 3—4 月进行。要采用周长 9 cm 以上的鳞茎作为种球，以保证郁金香切花的产量和品质。将母球周围分生的小球培养成大的开花球。直径 1 cm 左右的球需要培养两个生长季，直径 1.5～2 cm 的球培养 1 年就可以达到周长 12 cm 的生产用球。小子球覆土厚为鳞茎直径的 3 倍，栽植时间以 9—10 月最合适。

4. 栽培管理

（1）5 ℃郁金香促成栽培。在 5 ℃郁金香促成栽培中，鳞茎种植之前必须对干鳞茎进行充分的预冷处理。9～12 周的预冷处理即可以完全打破种球休眠。定植时间一般从 10 月中旬至翌年 2 月。定植深度以球顶部微露为好，种植深度为鳞茎高度的 2 倍。种植密度为 230～280 球/m^2，秋季定植密度可小，冬季（12 月以后）定植后浇一次透水。在温室内种植郁金香温度不应高于 18 ℃，相对湿度不超过 80%。郁金香不需要施入很多肥料，除少量氮、磷、钾元素外，钙可以防止郁金香猝倒现象。因此，每周追施一次硝酸钙。

单元 6

（2）9 ℃郁金香促成栽培。在 9 ℃郁金香促成栽培中，栽种之前对干鳞茎进行部分冷处理，当温度达到 9 ℃或更低时，把郁金香栽培到温室内，继续进行冷处理至少 6 周，然后开始加温使其迅速生长。9 ℃郁金香促成栽培管理基本同 5 ℃郁金香促成栽培管理。特别注意的是，要在温室达到 9 ℃以下时再开始种植，通常沈阳地区是从 11 中旬开始，12 月中旬以后不要种植 9 ℃郁金香，继续种植品质极差。最适宜的营养生长温度为 10 ℃。最适宜的土壤 pH 值为 6.5～7，喜疏松、肥沃而排水良好的土壤，培养用地最忌低温、黏重土壤。通常海拔较高的地区适宜栽培郁金香。收获的种球，按大小（周长）分别处理。周长在 12 cm 以上的球，可供切花栽培；周长 9～12 cm 的球，可供露地栽植观赏；更小的球翌年可继续栽植培养。

5. 采收

当花蕾充分着色还未展开时采收，有利于储藏和运输。地栽郁金香多用切花兼养球，剪花时要留下全部基生叶，从叶丛中把花茎剪断。剪下花茎后立即放入 5 ℃的清水中 30 min，然后放较冷凉的室内分束捆扎。

采花后，6 月上旬将休眠鳞茎挖起，去泥，储藏于干燥、通风和 20～22 ℃温度条件下，有利于鳞茎花芽分化。分离出大鳞茎上的子球，放在 5～10 ℃的通风处储存。

五、花毛茛

1. 形态特征

花毛茛（见图 6－27）又称芹菜花、波斯毛茛，是毛茛科花毛茛属多年生草本花卉。其株形秀丽、花茎挺立，花朵硕大、靓丽多姿，花瓣紧凑、多瓣重叠，花色丰富、光洁艳丽，是春季盆栽观赏的理想花卉，深受消费者欢迎。

图 6－27　花毛茛

花毛茛株高 20～40 cm，地下具纺锤状块根，常数个聚生。茎直立，单生或稀分枝，中空具刚毛。基生叶阔卵形或椭圆形，三裂，叶缘有粗钝锯齿茎，具长柄；茎生叶形似芹菜叶，羽状分裂，裂片 5～6 枚，近无柄。单花着生枝顶或数朵着生于叶腋抽生的花茎上，萼片绿色，花径 6～13 cm，多瓣叠生，具光泽。花色极为丰富，有白、黄、红、水红、大红、紫、橙、褐、复色等。自然花期 2—5 月。花后结成由瘦果紧密排列而成的聚合果，呈柱状。瘦果扁平近圆形，每克种子 1 300～1 500 粒。

2. 生态习性

花毛茛原产于亚洲西南部和欧洲东南部，性喜凉爽及半阴环境，秋冬栽培应在阳光充足处，怕强光暴晒。适宜的生长温度白天 20 ℃左右，夜间 7～10 ℃。喜湿、怕干、忌积水，要求疏松、肥沃、排水良好的沙质壤土，pH 值为 6.8～7.0。忌炎热，较耐寒，能耐冬季－5 ℃的低温，江淮流域稍加保护可露地栽培越冬，北方地区需在塑料大棚或低温温室内栽培。高温酷暑时，植株地上部分自然枯萎，地下块根开始休眠越夏。

3. 繁殖方法

花毛茛的繁殖方法有种子繁殖和分株繁殖。花毛茛种子发芽适温是 10～15 ℃，秋季播种。种子播前需经低温催芽处理。将种子用纱布包好，放入冷水中浸一昼夜后，置于 8～10 ℃的恒温箱或冰箱保鲜柜内。每天早晚取出，用冷水冲洗后甩干余水，保持种子湿润，约 10 天种子萌动露白后立即播种。10～15 ℃环境下约 1 周幼苗出土。当幼苗长出 4～5 片真叶时，即可移栽上盆。

盆栽花毛茛分株繁殖通常在秋季 9—10 月进行。留盆休眠度夏的块根挖出后，抖去泥土，用手顺其自然长势掰开。每个分离部分必须带有一段根颈，且有 1～2 个新芽，3～4 个小块根，进行催芽处理。选阴凉、通风、避雨处，用干净湿河沙埋块根，块根在低温下缓慢吸水膨大，约 20 天芽萌动且生出新根时栽植。栽植不宜过深，埋住根颈部位即可。出苗前控制浇水，保持土壤湿润，齐苗后再逐渐增加浇水量。

4. 栽培管理

花毛茛喜疏松、肥沃、排水良好的微酸性沙壤土，通常用园土、沙土、腐熟饼肥（鸡粪）按 5∶3∶1 比例配制。花毛茛性喜冷凉，具有秋冬生长发育、春开花、夏休眠的习性。在昼温为 10～15 ℃，夜温为 5～10 ℃的条件下生长速度最快，温度过高或过低和昼夜温差较大，都会影响花毛茛的生长发育与花的发生数量和质量。花毛茛喜湿、忌水涝，较耐旱，长期不能缺水，但过多的水分会烂根。花毛茛喜半阴条件，冬季要给予充分的光照。花毛茛为相对长日照植物，长日照条件能促进花芽分化，提前开花，营养生长停止并开始形成块根。

六、仙客来

1. 形态特征

仙客来（见图 6－28）别名兔耳花、兔子花，是报春花科仙客来属多年生花卉。块茎扁球形，直径 4～5 cm，具木栓质的表皮，棕褐色，顶部稍扁平。叶和花莛同时自块茎顶部抽出；叶柄长 5～18 cm；叶片卵圆形，先端稍锐尖，边缘有细圆齿，质地稍厚，上面深绿色，常有浅色的斑纹。仙客来花瓣蕾期先端下垂，开花时上翻，形似兔耳，花瓣有平瓣、皱边、波瓣、扭卷、重瓣以及阔瓣、狭瓣。仙客来花期长，单朵花花期 20 天左右，一旦进入花期，花蕾连续不断相继开放，整株花期可持续 3～5 个月，为冬季观花花卉之首。

2. 生态习性

仙客来原产于地中海沿岸，该地区冬季多雨、温暖湿润，夏季高温少雨、干燥。仙客来适应这一气候特点，秋季开始生长，冬季开花，夏季由于环境不适而休眠。性喜温暖、湿润、通风良好、阳光充足的环境，忌暑热，在凉爽的环境下和富含腐殖质的肥沃沙质壤土中生长最好，土壤 pH 值以 5.5～6.5 为宜。最适生长温度 12～18 ℃，高温引起植株休眠，而低于 5 ℃可受寒害。35 ℃以上植株易腐烂、死亡。仙客来属中日照植物，对光照时间要求不甚严格。

图 6－28　仙客来

3. 繁殖方法

仙客来繁殖多用播种繁殖。每克仙客来种子约 100 粒，发芽率一般为 85%，适播期为 9—10 月。播种前通过浸种催芽，可使发芽期提前，确保发芽整齐。浸种时先用冷水浸泡 24 h 或用温水浸泡 2～3 h，然后将种子表面的黏着物清除，以湿布包裹，保持 25 ℃温度 1～2 天，待种子稍露白时即可取出播种。播后以盆浸法浸透水，置于 18～20 ℃条件下经 30～40 天即可发芽。发芽后以半阴环境最好，放于向阳通风的地方。

仙客来也可用茎块分割繁殖。4—5 月，选取肥大、充实的球茎，将其顶部削平，划相距 1 cm 棋盘状线条，沿线条由块茎顶部向下切，深达球 1/3～1/2，然后将其栽植至花盆中，放在阴凉处严格控制浇水，只保持盆土潮湿。待球茎上长出小芽时，加深原先的切口；待长成大芽时，把块茎从盆中倒出，将泥土清除，彻底分开，每个花盆栽植1块。随着栽培时间的推移，块茎会逐渐长成圆球形。或者9—10月，当休眠的球茎萌发新芽时，按芽丛数将球茎切开，使每一份切块都有芽和块茎，切口处涂上草木灰或硫黄粉，放在阴处晾干，然后分别作新株栽培。但这种方法成活率低。

4. 栽培管理

换盆时，要视植株大小逐步增大花盆，不宜直接采用大盆栽培小苗。栽植时宜浅植，要使球的1/2～2/3居于土面上，以免球在土中受湿腐烂。浇水不宜过多，经常保持盆土湿润。要薄肥勤施，一般可每月施2～3次，肥水不可沾染叶片。忌施浓肥，肥浓易伤根。一般情况下，60%～80%的土壤湿度和65%～85%的空气湿度对其生长有利，且病害发生较轻。仙客来养护中应注意春、夏、秋三季的遮阴。冬季要充分见光。夏季气温高，对仙客来的生长不利，尽量保持较低的温度，避免强光照射，保持盆土湿润并加强通风。入秋后开始恢复生长，可逐步增加浇水量，施薄肥。11月花蕾出现后，停止追肥，给予充足光照。12月开花，次年2月可达盛花期。5月后叶片逐渐发黄，球根进入休眠阶段，应逐渐停止浇水，置于低温通风处，以使球根安全越夏。夏季过后，略浇水便可使球根复苏萌芽，此时更换新土，置于温室内养护，12月即可开花。

七、水仙

1. 形态特征

水仙（见图6-29）是石蒜科水仙属球根草本花卉。水仙多为水养，且叶姿秀美，花香浓郁，亭亭玉立，故有“凌波仙子”的雅号。

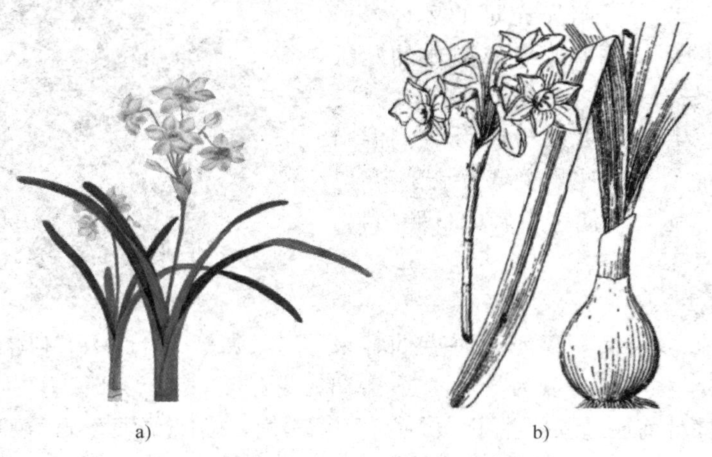

图6-29　水仙
a）外形　b）水仙鳞茎

水仙是秋植球根温室花卉，地下具鳞茎，外被棕褐色皮膜。鳞茎卵状至广卵状球形，内有肉质、白色、抱合状球茎片数层，各层间均具腋芽，中央部位具花芽，基部与球茎盘相连。叶狭长带状，长 30～80 cm，宽 1.5～4 cm，全缘，面上有白粉，基部为乳白色的鞘状鳞片，无叶柄。花莛自叶丛中抽出，高于叶面；一般开花的多为 4～5 片叶的叶丛，每球抽花 1～7 朵，多者可达 10 朵以上；伞房花序着花 4～6 朵，多者达 10 余朵；花白色，芳香，花期 1—3 月。花瓣多为 6 片，好似椭圆形，花瓣末处呈鹅黄色。花蕊外面有一个如碗一般的保护罩。花多黄色、白色或晕红色，花被基部合生，筒状，裂片 6 枚，开放时平展如盘；副冠杯形，鹅黄或鲜黄色。雄蕊 6 枚，雌蕊 1 枚，柱头 3 裂，子房下位。水仙为须根系，由茎盘上长出，乳白色，肉质，圆柱形，无侧根，质脆弱，易折断，断后不能再生。水仙有 800 多种，其中 10 多种具有极高的观赏价值，大花种适合盆栽观赏，小花种适合雕刻水养。

2. 生态习性

水仙喜阳光充足，能耐半阴，不耐寒。7—8 月落叶休眠，在休眠期鳞茎的生长点部分进行花芽分化，具秋冬生长、早春开花、夏季休眠的生理特性。水仙喜光、喜水、喜肥，适于温暖、湿润的气候条件，喜肥沃的沙质土壤，pH 值为 5～7.5 时适宜生长。生长适温 15～18 ℃，高温不会促进开花反而会影响花的品质，缩短花期。生长前期喜凉爽，中期稍耐寒，后期喜温暖，因此要求冬季无严寒，夏季无酷暑。

3. 繁殖方法

水仙多用分株繁殖，也可以用侧球和鳞片繁殖。侧球着生在鳞茎球外的两侧，仅基部与母球相连，很容易自行脱离母体，秋季将其与母球分离，单独种植，次年可产生新球。鳞片繁殖是用带有鳞片的鳞茎盘作繁殖材料进行的繁殖，其方法是把鳞茎先放在低温 4～10 ℃处 4～8 周，然后在常温下把鳞茎盘切小，使每块带有两个鳞片，并将鳞片上端切除留下 2 cm 作繁殖材料，然后用塑料袋盛装，把繁殖材料放入含水 50%的蛭石或含水 6%的沙中，置 20～28 ℃温度下黑暗的地方，经2～3 个月可长出小鳞茎，成球率 80%～90%。这种方法四季可以进行，但以 4—9 月为好。

4. 栽培管理

（1）花盆土培法。花盆土培法是国内外培养水仙花最常用的方法。栽培时宜选择土质肥沃、疏松、透气性好的土壤，同时要加入 30%草炭土，以防止土壤因浇水而板结。先剥除花球表皮褐色鳞片和枯根，然后植于盆内，球顶盖上 1 cm 厚沙土，用水浇透，随后将花盆放置于光照充足的地方，每天浇透水一次，一星期就能出苗。待花蕾盛现可搬入室内观赏。在南方盆栽水仙若需元旦观花，应提前 40 天左右培育，根据光照和温度适时调整种植时间。

（2）花球水培法。选用盆底无水孔的水仙花盆。把花球表皮褐色鳞片全部剥除，并将枯根、泥土清除干净。用雕刻刀或水果刀视花球大小和花苞分布排列情况，从花球顶端往下至根盘 1 cm 处直向花苞缝处的鳞片切割，深度见花苞为止，但不要碰伤花苞和底盘。切割有利于花球在水养过程中花苞不受鳞片束缚，使花朵分布均匀。将割好的花球立即泡到水里，浸 24 h 后捞出，将伤口流出的黏液冲洗干净装入花盆，视花盆大小装满为止。浇满水后将装好的花盆放于阳光充足的地方培育，三天换水一次，3～5 天就能长出洁白的嫩根，1 周叶片开始生长，15 天左右水仙花的根、茎、叶生长旺盛，花苞开始盛现。在正常的气候条件下，将母球两侧分生的小鳞茎掰下作种球，另行栽植。水培法即用浅盆水浸法培养。将经催芽处理后的水仙直立放入水仙浅盆中，加水淹没鳞茎的 1/3 为宜。盆中可用石英砂、鹅卵石等将鳞茎固定，促进花梗生长，避免叶子徒长。

八、大岩桐

1. 形态特征

大岩桐（见图 6－30）是苦苣苔科大岩桐属多年生草本花卉，块茎扁球形，地上茎极短，株高 15～25 cm，全株密被白色绒毛。叶对生，肥厚而大，卵圆形或长椭圆形，有锯齿；叶脉间隆起，自叶间长出花梗。花顶生或腋生，花冠钟状，先端浑圆，5～6 浅裂，色彩丰富，有粉红、红、紫蓝、白、复色等色，大而美丽。蒴果，花后 1 个月种子成熟；种子褐色，细小而多。

图 6－30　大岩桐

2. 生态习性

生长期喜温暖、潮湿，忌阳光直射，有一定的抗炎热能力，但夏季宜保持凉爽。23 ℃左右有利开花，1—10 月温度保持在 18～23 ℃，10 月至翌年 1 月（休眠期）温度为 10～12 ℃，块茎在 5 ℃左右的温度中也可以安全过冬。生长期要求空气湿度大，不喜大水，避免雨水侵入；冬季休眠期则需保持干燥，如湿度过大或温度过低，块茎易腐烂。喜肥沃、疏松的微酸性土壤。

3. 繁殖方法

（1）播种法。大岩桐大都自花不孕，因为它的雌蕊柱头高于花药，且雄蕊早熟，故自花传粉难以孕育。为了取得优良种子，必须进行人工辅助授粉。授粉后 30～40 天种子成熟，剥离种子晒晾后储藏，随时播种。大岩桐的种子非常细小（每克 28 000 粒左右），播种时宜使用较浅的平盘，播后不再覆盖介质。发芽前，要经常保持介质湿润，介质温度保持在 21～24 ℃，时间为 10～15 天。发芽期间，光照度不能高于 20 000 lx。播种后 30～45 天，幼苗达到一定大小时要移苗。

（2）扦插法。扦插可用叶插，也可用芽插。叶插选用生长健壮、发育中期的叶片，连同叶柄从基部采下，将叶片剪去一半，将叶柄斜插入湿沙基质中，保持室温 25 ℃和较高的空气湿度，插后 20 天叶柄基部产生愈合组织，待长出小苗后移入小盆。芽插在春季种球萌发新芽长达 4～6 cm 时进行，将萌发出来的多余新芽从基部掰下，插于沙床中培育。

（3）分球法。选经过休眠的二至三年生老球茎，于秋季或 12 月至翌年 3 月保持室温 22 ℃催芽，当芽长到 0.5 cm 左右时，将球掘起，用利刀分割，方法同仙客来。

4. 栽培管理

大岩桐要求排水良好、富含有机质的轻型栽培介质。大岩桐为半阳性植物，喜半阴环境。大岩桐较喜肥，从叶片伸展后到开花前，每隔 10～15 天应施稀薄的饼肥水一次。当花芽形成时，需增施一次过磷酸钙。花期要注意避免雨淋，温度不宜过高，可延长观花期。大岩桐不耐寒，喜湿润环境，生长期要维持较高的空气湿度。大岩桐属肉质球根花卉，盆土积水易造成球茎腐烂，浇水时应坚持“见干则浇，不干不浇，浇则浇透”的原则。光照过强，大岩桐的叶片变黄，生长僵硬；而光线过弱时，则可能使植株徒长，叶片单薄。

大岩桐开花后，要及时去掉残花，并保持基质的水分与肥力，以利种球继续膨大，蓄积养分。在挖出种球前 20 天左右，停止追肥、浇水，待基质较干后挖出种球。种球冲洗干净后用 45%的百菌清 500～800 倍液消毒，捞出晾干表面水分，储存于温度不低于 8 ℃的通风阴凉处，以备再次种植用。

第五节　花木类花卉栽培

→ 掌握主要花木类花卉的栽培管理技术

一、月季

月季（见图 6 - 31）为蔷薇科蔷薇属植物，原产于中国，是世界花卉产业商业性栽培最为重要的“四大切花”之一。月季花容秀美、千姿百态、芳香馥郁、四季常开，深受人们喜爱。月季在世界各地栽培普遍，遍布欧洲、亚洲。因其花色丰富，黄白黛绿，红紫粉橙，五彩缤纷，素有“花中皇后”的美称。在世界范围内，月季主要的生产国有荷兰、美国、哥伦比亚、日本和以色列。

图 6 - 31　月季

切花月季花形优美、重瓣性强，花枝长而挺直，花色鲜艳带有绒毛，叶片大小适中，有光泽，生长健壮、抗逆性强、产量较高且能周年生产。我国的切花月季生产始于 20 世纪 50 年代，80 年代现代化生产开始初具规模，并引进现代化温室进行生产。结合各地区的气候条件和地理条件，合理利用日光温室和现代化温室相结合的设施进行切花生产。例如，日光温室适合北方冬季晴天多、光照充足的气候条件下使用，通过充分采光、严密保温措施，在严寒的季节，不加热或少加热也能进行花卉生产，充分发挥我国北方地区冬季光能资源丰富的优势。大体而言，由于起步较晚，我国切花月季生产基础薄弱，设施落后，品种质量较差，周年均衡供应水平低，与日光温室配套的栽培技术及植物的生长发育特性理论研究体系还未完善，设施无土栽培蕴藏着巨大的潜力。

1. **形态特征**

月季一般直立挺拔，梢枝开张，有倒钩皮刺。叶柄、叶轴上也散生皮刺。叶片为羽状互生奇数复叶，小叶3～5枚。花序圆锥状，单生枝顶，花瓣重瓣至半重瓣。花色非常丰富，一般有红、黄、紫、粉、白、棕等色，多具芳香味。

现代月季已非月季原种，而是由蔷薇属十多个原种杂交而成的一个相当大的栽培品系，品种已逾万。主要品系有杂种茶香月季、丰花月季、大花月季、微型月季、藤本月季。用作切花的月季品种多是杂种茶香月季和丰花月季。目前，世界上切花用月季品种300余种。作切花用品种需要具备以下特征：花形优美，初开放时表现为高心卷边状和平头型两类，花瓣数在25枚以上，花开时直径大于4 cm，至花谢时不露心；花色鲜明，花瓣要硬；切花枝条要在40 cm以上；耐修剪，抗性强，产花量高，每株年产花量要在20枚以上，病虫害要少。

2. **生态习性**

月季喜日照充足、空气流通、排水良好而避风的环境，盛夏需适当遮阴。多数品种最适温度白昼15～26 ℃、夜间10～15 ℃。较耐寒，冬季气温低于5 ℃即进入休眠。如夏季高温持续30 ℃以上，则多数品种开花减少，品质降低，进入半休眠状态。一般品种可耐−15 ℃低温。要求富含有机质、肥沃、疏松的微酸性土壤，但对土壤的适应范围较宽。空气相对湿度宜75%～80%，但稍干、稍湿也可。有连续开花的特性。需要保持空气流通、无污染，若通风不良易发生白粉病；空气中的有害气体，如二氧化硫、氯、氟化物等均对月季有毒害作用。

3. **繁殖方法**

月季繁殖方法主要有嫁接和扦插两种。嫁接主要用芽接法。切花用的苗木均为芽接苗。芽接砧木选用同属中最常见且抗逆性强的品种，如“粉团蔷薇”“白玉堂”“野蔷薇”。设施栽培下，芽接可全年进行。嫁接方法可分为盾形芽接法和“T”形低位嫁接法。盾形芽接法是将选好的枝条切削芽片，芽片带少许长度为2～3 cm的木质部，芽接位应尽量靠近地面，在芽接前适当剪除砧木枝条顶端。为确保成活率，每株砧木最好接两个芽。“T”形低位嫁接法是指嫁接部位距茎基5 cm之内，接后用塑料带扎紧芽眼，按5 cm株距、5 cm行距假植，10天左右伤口愈合后接芽生长，当新芽长至10～13 cm时，再以15 cm株距、17 cm行距第二次假植，养护3～4个月后定植。为保证株形良好，花蕾要及时除去，以形成具三分枝的定型苗。

扦插可一年四季进行，但以冬季或秋季的梗枝扦插为宜。取开过花，上带有5小叶且未萌发的休眠芽枝条作插穗。采后只保留叶柄，上部叶片立即去除，浸在水中，随用随取。夏季的绿枝扦插要注意水的管理和温度的控制，否则不易生根。冬季扦插一般在温室或大棚内进行，如露地扦插要注意增加保湿措施。

4. **栽培管理**

（1）定植。月季一年四季均可定植，大棚栽植最佳时期在3—6月和9—10月。栽种密度为每667 m^2 5 000～6 000株，株距10 cm，行距20～30 cm。移栽后浇透水一次，使土与根密贴。之后浇水根据情况而定，一般每天用滴灌系统滴浇1～2次，每次

5～9 min。

（2）肥水管理。月季较耐旱，忌积水，不宜过湿，以“见干见湿，浇则必透”为原则。从其生理特性来看，月季腋芽萌动前需水量比较少，故可以适当控水。此后，到抽新梢时需水日增。当新梢长到 3～5 cm 时，水肥并举，以促快发，特别是从花蕾到开花期为需水高峰期。修剪前需控水以控制植株生长，修剪后需多浇水以促花芽形成。开花高峰期供水要充足，种植床应保持潮湿状态。

月季属于喜肥植物，但对肥料种类要求不严。基肥以堆肥、厩肥、饼肥、糠粕、骨粉、草木灰、迟效性颗粒化肥为主。用量因地制宜，减少随灌水流失，延长肥效期，提高利用率，降低成本或投入。在定植前一个月左右，完成施肥、深耕、起畦等工作。按少量多次、薄施勤施的原则进行施肥。在整个生育期可进行 3～5 次根基追施和叶面喷施相结合的施肥。在每个品种现蕾 75%左右和花采收剩余 25%左右时，分别进行一次全面的人工大肥浇施。尽量使用水溶性肥料，入秋后多施磷钾肥，少施氮肥。

（3）植株管理

1）摘心。摘心分浅摘和深摘。前者主要针对营养枝部分长出的芽，在枝条茎尖开始形成花蕾时，将枝条先端摘除，浅摘心时尽可能留下较多的叶片。后者针对短枝型品种或定植初期的小苗，从枝条顶部或花蕾处往下数 3 个复叶处摘取，进行深摘心，去除顶端优势。

2）立枝架。因月季植株高、密度大，为防倒伏和便于操作，定植后要拉网立支架。畦的两端设立铁架或水泥柱，拉两条铁丝，高 80 cm。每株旁插一根竹竿，用铁丝固定，待植抹长高后绑扎其上。

3）疏蕾。人工摘除部分多余花蕾，有目的地保留所需花蕾，使其健壮生长。特别是单头花品种，柱梢有 3 个花蕾，除去 2 个侧蕾，只保留中央主蕾，以确保营养充足，花大色美价值高。多头花品种，多次产生花芽，应及时剪除早谢花，以减少营养消耗与竞争，满足侧花发育。嫁接苗的新花蕾都需及时除去，只保留主干基部长出的枝条顶端花蕾，以使养分充足，花朵大而发育良好。尤其是生长势弱的植株，应保其精华，去其多余，以产品有价值为原则。

4）修剪整形。月季属多年生木本花卉，其生长势、产花量与修剪整形有着直接的关系。修剪整形在商品化生产过程中是一个重要的环节。

①枝条类型。月季花由于其生理功能独特，产花特点有别于其他植物。“开花枝”即生长发育正常，可以形成完整鲜切花。而“徒长枝（脚芽）”即生长势旺、长而粗壮的枝条，它是建立树形和组成理想产花结构的主要材料，关系着花枝密度和切花产量。“盲枝”则营养正常，但是不形成花芽、不开花，其原因尚不清楚，可能是营养或环境条件造成，也可能属品种遗传特性。切花月季枝条图6－32 所示。

②枝条布局。月季“顶端优势”明显，即每个正常发育枝条的顶端都会开花。花后再生 2～3 个芽成为新枝条，一般短小细弱，但也可以开花，形小色不均匀，无商品价值，且影响中下部芽的发育。这就需要人工辅助控制顶芽再生及株体的高度，合理安排枝条和造型。

③修剪。月季开花迟早，与修剪时间密切相关。特别是秋剪，可促使枝条发育，更

新老枝，控制花期，决定产花量。冬剪可修整树形，控制高度，称为“强修剪”或“剪足”，一般在入冬休眠期进行。华东地区 12 月至次年 2 月，发芽前完成冬剪工作。夏季只需摘蕾即可，不用修剪，但初夏修剪可控制夏花开放。应根据不同目的和季节，确定修剪方法。

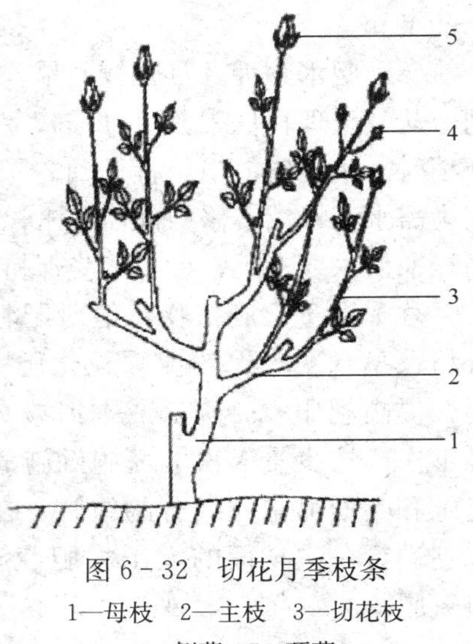

图 6－32 切花月季枝条
1—母枝 2—主枝 3—切花枝
4—侧蕾 5—顶蕾

a. 壮枝培养。切花应在枝条基部以上 1～2 芽点处剪断，因为月季有“顶端优势”，不可高位剪，保留向外芽，防止向内交叉。一般在芽上方 0.5 cm，或在与枝直径同等位，与芽反方向 45°倾斜剪下。对“徒长枝”顶叶（60 cm 处）第二档叶摘心，诱发高产优质花芽，枝粗有力。同时，除去“盲芽”、弱细枝条及内外交叉枝、枯枝和老化枝，以便使植株通风透气，保留有光合能力的枝芽。

b. 控制高度。依空间分布特性进行修剪，因为月季生长期长，花位渐升高，下芽桩抑制发育，形成中空状态，树液上流，高处茂盛。通过修剪，保持主干 60 cm，除去多余细枝或发育不良枝条，以促基芽生长；也可人工使用外源激素提高花质，如细胞分裂素可有效促进发育。这样可以控制高度，更新枝条。3—5 月切花时，利用“矮壮素”保持株体 60 cm；或 5 月下旬重剪，第一年保持株高 50 cm，逐年升高。剪后，在高温季要注意遮阴降温，控肥摘蕾，以保持半休眠状生长。

c. 控制花期与产量。一般控制每株年生产 18～25 枝。由于月季的品种不同，其有效积温生物学特性也不同，可根据设施的保温能力推迟修剪日期。月季从发育到开花，虽然物候期相对稳定，但是修剪时间与修剪部位影响着花期的改变。

5. 采收

应节花价高出平常好多倍，因此，节前采收，效益较高。采收适期为花前 1～2 天，以花蕾含苞待放为宜。

红色和粉红色品种，外层花瓣开始松散，萼片下垂时采收；白色品种开放慢，稍晚一些采收；黄色品种开放快，采收应稍早一些。清晨采花，花枝剪下后立即插入盛有水的塑料桶内，水中可放入 0.8%的多菌灵等杀菌剂。从花枝基部留 2 芽处剪下，吸足水。按其长度分级，每 30 枝一束，远距离运输需纸包或装箱。当天剩余未出售的月季，需保持在 2～3 ℃气温下。相对湿度 90%～95%条件下可以保存 15 天左右，具体依品种而不同。

二、牡丹

牡丹（见图 6－33）是毛茛科芍药属的多年生小灌木，原产于我国秦岭山区。牡丹是我国特有的木本名贵花卉，素有“国色天香”“花中之王”的美称，长期以来被人们当作富贵吉祥、繁荣兴旺的象征。牡丹以洛阳牡丹、菏泽牡丹最负盛名。

1. **形态特征**

牡丹为多年生落叶小灌木，生长缓慢，株形小，株高多在0.5～2 m。根肉质，粗而长，中心木质化，根皮和根肉的色泽因品种而异。枝干从根茎处丛生数枝而成灌木状，当年生枝光滑，黄褐色。叶互生，叶片通常为二回三出复叶，枝上部常为单叶，小叶片有披针、卵圆、椭圆等形状。花单生于当年枝顶，两性，花大色艳，形美多姿，花径10～30 cm，花的颜色有白、黄、粉、红、紫红、紫、墨紫（黑）、雪青（粉蓝）、绿、复色十大色。雄雌蕊常有瓣化现象，雄雌蕊瓣化的程度与品种、栽培环境、生长年限等有关。雌蕊瓣化严重的花，结籽少而不实或不结籽。

图6-33　牡丹

2. **生态习性**

牡丹喜凉恶热，宜燥惧湿，在年平均相对湿度45%左右的地区可正常生长。要求疏松、肥沃、排水良好的中性土壤或沙土壤，忌黏重土壤或低温处栽植。花期4—5月。多采用嫁接方法进行栽培。最适生长温度18～25 ℃，生存温度不能低于－20 ℃，最高不超过40 ℃。花芽为混合芽，分化一般在5月上中旬开始，9月初形成。植株前三年生长缓慢，以后加快，开花期可延续30年左右。黄河中下游地区，2月至3月上旬萌芽，3月至4上旬展叶，4月至5月中旬开花。10月下旬至11月中旬落叶，进入休眠。牡丹花芽需一定低温才能正常开花，开花适温为16～18 ℃。

3. **繁殖方法**

（1）分株繁殖。生产上分株多在寒露前后进行。分株时选择4～5年生的健壮母株掘出，去泥土，置阴凉处2～3天，待根变软后，顺自然走势从根茎处分开。若无萌蘖枝，可保留枝干上潜伏芽或枝条下部的1～2个腋芽，剪去上部，然后栽植，壅土越冬。分株每3～4年进行一次，每次可得1～3株苗，繁殖系数低。

（2）嫁接繁殖。嫁接时间为秋初，嫁接砧木常用芍药根或牡丹根。芍药根粗、皮软，易嫁接、易成活、生长快，但寿命较短、分株少。牡丹根细、质硬，不易嫁接，但分株多、寿命长、抗逆性强。枝接时，把芍药根或牡丹根挖出，在阴凉处放半天，使之失水变软后嫁接。

4. **栽培管理**

（1）栽植。选择光照充足、地势高、排水良好、土质肥沃的沙壤土进行栽种。栽植时期一般在秋季，结合分株时进行。栽后浇一次水。入冬前根系有一段恢复期，能长出新根。

（2）肥水管理。牡丹根系有较强的耐旱能力，北方地区在春季萌芽前后、开花前后和越冬前要保证水分充分供应。雨季要注意排水。牡丹喜肥，要施用腐熟的堆肥。一年内需施肥三次，分别在早春萌芽后、谢花后和入冬前，故称作花肥、芽肥、冬肥。花肥、芽肥以速效肥为主，冬肥以长效肥为主。

（3）植株管理。牡丹一般采用丛状树形。每株定5～7个主枝，其余枝条疏除。每年从基部发出的萌蘖，若不作主枝或更新枝使用，应除去。成龄植株在10—11月剪去枯枝、病枝、衰老枝和无用小枝，缩剪枝条1/2左右，注意疏去过多、过密、衰弱的花蕾，每枝最好仅留一个花芽。

三、杜鹃花

1. 形态特征

杜鹃花（见图6－34）又名映山红、山石榴，为杜鹃花科杜鹃属多年生木本花卉，是我国传统名贵花卉，栽培历史悠久，在花卉中被誉为“花中西施”。杜鹃花为落叶灌木，高约2 m。枝条、苞片、花柄及花等均有棕褐色扁平糙状毛。叶纸质，卵状椭圆形，顶端尖，基部楔形，两面均有毛，背面较密。杜鹃花先花后叶，花2～6朵簇生于枝端，花冠漏斗状，有白、粉红、洋红、橙红、橘红等花色和单瓣、重瓣等类型，花期4—5月。

图6－34　杜鹃花

2. 生态习性

杜鹃花属中性花卉，多数喜凉爽气候，忌高温炎热；喜半阴光照，忌烈日暴晒；喜湿润气候，忌干燥多风；喜酸性土，pH值为5.0～6.5；喜排水良好，忌低洼积水；喜腐殖质丰富的轻质土壤，忌用碱性或黏性土壤。

3. 繁殖方法

单元 6

杜鹃花繁殖可用扦插繁殖和嫁接繁殖方法。扦插繁殖适宜季节为春、秋两季，选用当年生绿枝，春季更易生根。插穗应生长健壮，无病虫害，为半木质化或木质化当年新梢，基部带踵易生根，长5～10 cm，摘去下部叶片，留4～5片上部叶片。选用蛭石、细沙或松针叶为基质，插入插穗。在半阴条件下，喷雾保湿培养一个月可生根；如用50 mg/L萘乙酸浸插穗12 h，生根更快。

嫁接杜鹃在春夏两季较为适宜。砧木要与接穗有较强的亲和力，多用毛鹃或同本砧，径粗0.6～0.8 cm。接穗要求品质纯，径粗与砧木接近或略小，枝条健壮，无病虫害，长度在3～7 cm，削切面长0.5～1.0 cm。采用劈接或腹接方法，使形成层对齐，绑扎紧实后，套塑料袋保湿，在阴处防风吹雨淋，两个月后去袋，次春去绑条。

4. 栽培管理

杜鹃花喜欢质地疏松、排水良好、透气性强的微酸性土壤，pH值为5.0～6.5。一般选用腐叶土、园土、河沙三者混合，适当加入酸性的油渣、鸡粪等，也可施入0.5%硫酸亚铁溶液，提高土壤酸性。杜鹃花生长旺盛，长势强，花蕾多，花朵大，色泽艳，花期长。每隔10～15天施1.0%硫酸亚铁溶液或0.5%～1.0%食醋一次，既能软化水质，又能降低土壤的pH值，使土壤保持酸性。杜鹃花喜肥，但不宜大肥，忌浓肥、生肥，做到“薄肥勤施，宁淡勿浓”。

杜鹃花性喜凉爽湿润，夏季应设法降温增湿。杜鹃花为浅根系，根系细而密集，对土壤水分要求较高，既怕旱又怕涝，夏季要及时浇水，保证水分充足。叶片对空气湿度的要求比根部敏感，为叶片创造较好的空气湿度，是冬季养好杜鹃花的关键。

杜鹃花的生长适温为18～25 ℃，温度过高即进入休眠状态，故夏季应放置于阴凉通风的地方。冬季越冬温度为 8～15 ℃。杜鹃花喜半阴，忌烈日暴晒。花后要剪枝，减少植物营养消耗；植物生长有顶端优势，应当截取枝顶，萌发新枝。

四、山茶花

1. 形态特征

山茶花（见图 6－35）是山茶科常绿灌木，有玉茗花、耐冬等别名。其枝叶密生，树冠呈卵形，单叶互生，革质有光泽，卵形或椭圆形，缘具细锯齿。花两性，花朵大，单生枝顶，花单瓣或半重瓣，白色或红色。花期 2—4 月，10 月果熟。

图 6－35　山茶花

2. 生态习性

山茶花生长适温在 20～25 ℃，29 ℃以上停止生长，35 ℃时叶子会有焦灼现象，要求有一定温差。环境湿度 60%以上。大部分品种可耐－8 ℃低温，在淮河以南地区一般可自然越冬。喜酸性土壤，并要求较好的透气性。

3. 繁殖方法

山茶花的繁殖方法很多，扦插和嫁接使用最普遍。

扦插繁殖要选择当年生粗壮、已木质化、顶芽饱满、叶片完整的枝条作插穗。枝条剪取后要用湿毛巾包裹。插穗长约 8 cm，每个插穗的每片叶可剪去一半，带有花芽的插穗要摘除花芽。下切口削面要平滑，以利愈合生根。插穗剪好后，可将 20 根捆成一捆，放入 2 000 mg/L 的吲哚丁酸溶液中浸泡 3～5 s。扦插在荫棚中进行，入土深约为插条长度的 2/3。插后使土壤充分湿润，温度在 20～28 ℃，湿度保持在 75%～95%，1—2 月开始愈合发根。

嫁接繁殖，选山茶花二年生苗木作砧木进行嫁接，时间以 3—5 月或 9—11 月为好，待幼芽出土即将展叶、接穗进入半木质化时可进行嫁接。

4. 栽培管理

山茶花喜酸性土壤，以腐殖质含量丰富的沙性黑土为最好，也可用腐叶土 3 份、堆肥土 3 份、园田沙壤土 4 份混匀的培养土来栽培山茶花。山茶花喜肥，但不宜多施肥。常用的施肥方法是将黑矾水与稀薄的液肥混合使用。每年的 7—8 月，正是山茶花花芽分化期，可增施 1～2 次速效性磷肥。山茶花喜湿润，切忌积水。山茶花的根细小而脆弱，对水分要求十分严格，浇水过多易烂根，浇水不足则植株萎蔫。

山茶花是一种半阴性的花卉植物，要求有 50%左右的影蔽度，不能忍受北方夏季的强光直射和盛夏的炎热。山茶花喜温暖，怕寒冷，冬季室温保持在 3～6 ℃为好。

五、栀子花

1. 形态特征

栀子花（见图 6－36）又名栀子、黄栀子，为茜草科栀子属常绿灌木。株高 1～2 m，根系发达，枝干直立，老枝灰色，嫩枝绿色。叶对生或 3 叶轮生，单叶，有短柄，叶片革质有光泽，椭圆形，基部楔形，全缘，侧脉较显著。花大，单生枝顶或叶

图 6-36　栀子花

腋，花瓣白色，柔软而肥厚，具浓香，花梗短，花萼绿色；花期较长，5—6 月连续开花。果实卵圆形，表面有翅状直棱 5～9 条，先端有宿存花萼，果熟期为 10 月。种子多数金黄色，外披有黄色黏质物。

2. 生态习性

栀子花喜温暖湿润和阳光充足环境，较耐寒，耐半阴，怕积水，要求疏松、肥沃和酸性的沙壤土，有较强的抗旱能力，在我国长江流域可露地安全越冬。

3. 繁殖方法

栀子花的繁殖有扦插、压条、分株和播种等方法，因其再生能力强、极易发根，生产上多用扦插和压条繁殖。

扦插繁殖在春季发芽前选一年生枝条，或在 9 月下旬至 10 月下旬选取当年生的枝条，剪成 10～12 cm 的插穗，上剪口距顶芽 0.5～1 cm，保留顶端两片叶子，除去其余叶片，然后插入已准备好的插床中，入土深度约为插条长度的 2/3。注意遮阴和保湿，一个月左右就能发根。压条育苗可在 4—10 月栀子花生长期间进行。从母树上选取二年生健壮枝条，长 30 cm 左右，采用普通压条法，将枝条的入土部位进行刻伤处理，将枝条固定在土中，再盖土压实。压条后 20～30 天可生根，生根后即可与母株分离，在翌年春天栀子花萌芽前再带土移栽。

播种育苗在大面积生产时采用。播种期在秋季或来年春季。春播的种子需提前用湿沙进行层积处理，以使种子发芽整齐而迅速。

4. 栽培管理

栀子花适应性强，栽培容易。栀子花喜肥，每年春季施入腐熟的堆肥、饼肥等，夏季开花前增施磷钾肥。一般在春季进行修剪，主要剪除过长的徒长枝、纤细枝、交叉枝和枯死枝，以改善树体通风透光条件，便于保持优美树形。生长季节可进行适当的摘心处理，以促发侧枝，促进花枝生长，增加开花数量。

六、米兰

1. 形态特征

米兰（见图 6-37）别名米仔兰、碎米兰、伊兰，楝科米仔兰属常绿灌木或小乔木。多分枝，圆锥花序腋生，花小而密，黄色，极芳香。羽状复叶互生，叶轴有窄翅，小叶 3～5 枚，对生，倒卵形至长椭圆形，先端钝，基部楔形，两面无毛，全缘，叶脉明显，有光泽。新梢开花，盛花期为夏秋季；开花时清香四溢，气味似兰花，故名米兰。

2. 生态习性

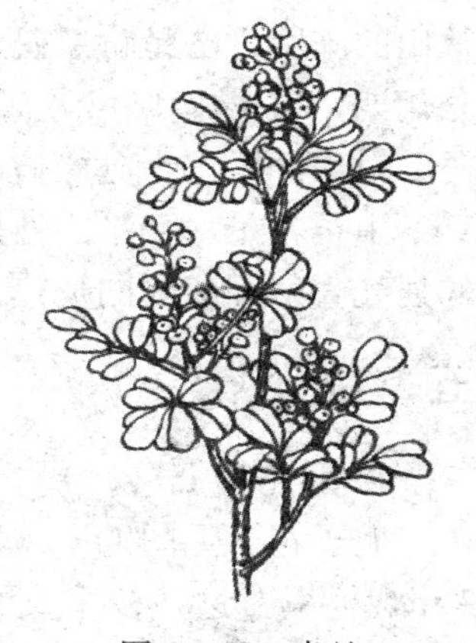
图 6-37　米兰

米兰性喜温暖、湿润和阳光充足环境，不耐寒，稍耐阴。米兰适宜生长的温度为 20～35 ℃，冬季温度不低于 10 ℃。气温达 25 ℃以上时生长旺盛，新枝顶端叶腋孕生花穗。米兰不耐干旱，喜湿润的环境，受旱后叶片会立即枯黄脱落，根系也会死亡。米兰在全日照环境下生长健壮，花金黄，香气浓郁，且开花次数较多。米兰对土壤要求不严，但以富含腐殖质、肥沃、微酸性的沙质土壤为宜。

3. **繁殖方法**

繁殖用高枝压条、扦插方法。高枝压条繁殖宜在 5—8 月选 1～2 年生壮枝环状剥皮，待切口稍干再用苔藓或湿土、蛭石包裹，外用塑料薄膜上下扎紧，50～100 天生根后剪下上盆或移植。扦插繁殖于 6—8 月剪取顶端嫩枝，剪去下部叶片，削平切口，以河沙、膨胀珍珠岩或排水性好的沙黄土等材料作插壤，插床用塑料薄膜覆盖，插后50～60 天开始愈合生根。

4. **栽培管理**

米兰苗木必须带有完好的根系与土团才能成活。上盆后先放在荫棚下养护，每天向叶面喷 1～2 次水，待新梢发生后再移到见光处养护。盆土要经常保持湿润。米兰喜肥，但在生长期间要注意施肥方法，少施氮肥，多施磷钾肥或腐熟饼肥。米兰每开完一次花，应抓紧补充养分。米兰喜光照，每天光照在 8～12 h，会使植株叶色浓绿、枝条生长粗壮、开花次数多、花色鲜黄、香气浓郁。米兰从小苗开始应注意整形，保留 15～20 cm 的主干。多年生老株下部枝条常衰老枯死，因此每年或隔年剪短一次，促使萌发更多侧枝。

七、三角梅

1. **形态特征**

三角梅（见图 6－38）又名九重葛、三角花、叶子花等，为紫茉莉科常绿攀缘状灌木。枝具刺，拱形下垂。单叶互生，卵形全缘或卵状披针形，被厚绒毛，顶端圆钝。花顶生、细小、黄绿色，常 3 朵簇生于 3 枚较大的苞片内，花梗沿苞片中脉合生，苞片卵圆形，为主要观赏部位。苞片有鲜红色、橙黄色、紫红色、乳白色等，有单瓣、重瓣之分，苞片叶状三角形，形似艳丽的花瓣，故名叶子花、三角花。

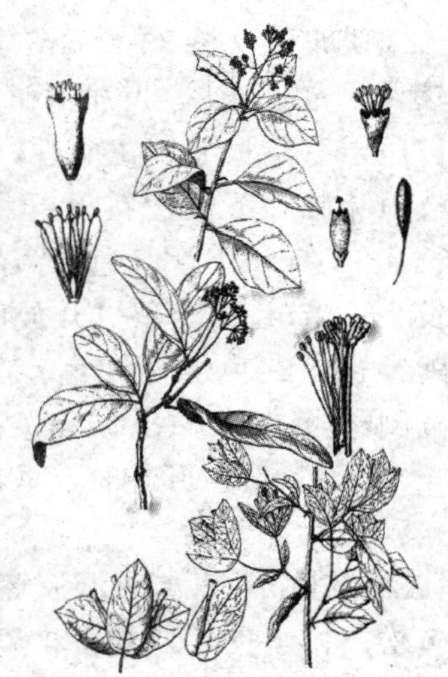

图 6－38　三角梅

2. **生态习性**

三角梅喜温暖、湿润气候，不耐寒；喜光照充足，在排水良好、含矿物质丰富的黏重壤土中生长良好；耐贫瘠、耐碱、耐干旱，忌积水，耐修剪。温度在 5 ℃以上可安全越冬，17 ℃以上方可开花。三角梅有先吐芽后长枝生根的特异习性。需要一定的土壤养分，才能满足其生长的需要。

3. **繁殖方法**

三角梅常用扦插、压条和嫁接法繁殖。扦插以 3—6 月为宜。将二年生枝条剪成 10 cm 长的插穗，插入培养土（用素沙土加 1/3 腐殖质或锯末，加适量水搅拌均匀），插完用塑料膜封好，温度在 20～25 ℃时 25 天即可生根，2～3 个月可分盆。压条繁殖约一个月生根，移栽以春季最佳。

4. 栽培管理

三角梅生长适温为15～30 ℃。在夏季能耐35 ℃的高温，温度超过35 ℃应适当遮阴或采取喷水、通风等措施；冬季应维持不低于5 ℃的环境温度。喜光照，属阳性花卉，生长季节光线不足会导致植株长势衰弱，影响孕蕾及开花。三角梅是短日照花卉，每天光照时间控制在9 h左右，可在一个半月后现蕾开花。不耐积水，以保持盆土呈湿润状态为宜。生长季节适当控制水分，可促其花芽分化。

三角梅喜疏松、肥沃的微酸性土壤，盆栽时可用腐叶土、泥炭土、沙土、园土各一份，并加入少量腐熟的饼渣作基肥，混合配制成培养土。开花植株每年早春萌动前进行一次翻盆换土，换盆时剪去过密和衰老的枝条。除在盆土中施足基肥外，生长季节还应追肥。

三角梅生长势强，每年需要整形修剪，每三年左右进行一次重剪更新，可于每年春季或花后进行，剪去过密枝、干枯枝、病弱枝、交叉枝等，促发新枝。生长期应及时摘心，促发侧枝，利于花芽形成，促开花繁茂。三角梅具攀援特性，可进行绑扎造型。

八、倒挂金钟

1. 形态特征

倒挂金钟（见图6－39）别名灯笼花，是柳叶菜科倒挂金钟属多年生半灌木花卉。茎直立，高50～200 cm，粗6～20 mm，多分枝。叶对生，卵形或狭卵形，长3～9 cm，宽2.5～5 cm，中部的较大，先端渐尖。叶柄长2～3.5 cm，常带红色，被短柔毛与腺毛。花两性，单一，稀成对生于茎枝顶叶腋，下垂；花梗纤细，淡绿色或带红色，长3～7 cm；花管红色，筒状；萼片4片，红色，长2～3 cm，端渐狭，开放时反折。花瓣色多变，紫红色、红色、粉红色、白色等，排成覆瓦状，宽倒卵形，长1～2.2 cm。花丝红色，伸出花管外长1.8～3 cm。开花时，垂花朵朵，婀娜多姿。

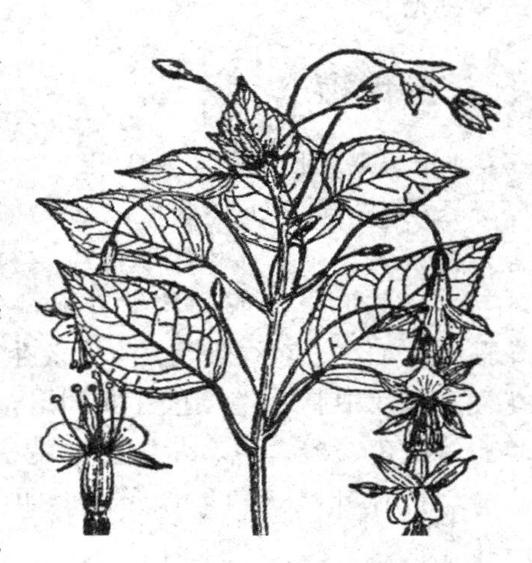

图6－39 倒挂金钟

单元 6

2. 生态习性

倒挂金钟喜凉爽湿润环境，怕高温和强光，忌酷暑闷热及雨淋日晒，适宜肥沃、疏松、排水良好，且富含腐殖质的微酸性土壤。冬季要求温暖湿润、阳光充足、空气流通；夏季要求干燥、凉爽及半阴条件，并保持一定的空气湿度。生长适温15～25 ℃。夏季温度达30 ℃时生长极为缓慢，35 ℃时大批枯萎死亡；冬季温度不得低于5 ℃。

3. 繁殖方法

主要用扦插法繁殖，一般于1—2月及10月扦插，扦插适温为15～20 ℃。剪取长5～8 cm、生长充实的顶梢作插穗，温度20 ℃时，嫩枝插后两周便生根，生根后及时上盆，否则根易腐烂。扦插繁殖以春秋季生根较快。插穗以顶端嫩枝最好，插于沙床，保持湿润。

4. 栽培管理

繁殖后注意肥水管理，到一定高度进行多次摘心使植株分枝多、开花多。开花后修剪仅留茎部 15～20 cm，控制浇水，放凉爽处过夏，待天气转凉再勤施肥水，促使生长。冬季入温室，盆土宜用黏土 4 份、腐叶土 4 份、河沙 2 份配制。每年春季进行一次换盆。生长旺盛时，每 10～15 天应施用油饼水液肥一次。

第六节　观叶花卉栽培

→ 掌握主要观叶花卉的栽培管理技术

本书中的观叶花卉是指耐寒性较弱，以叶片形状、色泽和质地为主要观赏对象，适于室内盆栽装饰的一类植物，包括木本类如南洋杉、橡皮树、加那利海枣、巴西木等，也包括草本类如蕨类、芦荟、花叶芋、竹芋等。这些观叶花卉需要保护设施才能够栽培繁殖。

观叶花卉与其他观赏植物相比，具有以下独特的优点：观赏周期长；管理方便；种类繁多，能够满足各种场合的绿化、装饰需要；具有调节空气温度、湿度，降低噪声，吸附尘埃，净化空气的作用。近年来，随着城镇房地产业的发展，室内观叶花卉需要量日益增加。

一、苏铁

1. 形态特征

苏铁（见图 6－40）是苏铁科苏铁属常绿木本植物。茎高 1～8 m，茎干圆柱状，不分枝。在生长点破坏后，能在伤口下萌发出丛生的枝芽，呈多头状。茎部宿存叶基和叶痕，呈鳞片状。叶从茎顶部长出，一回羽状复叶，长 0.5～2.0 m，厚革质而坚硬，羽片条形。小叶线形，初生时内卷，后向上斜展，微呈 V 字形，边缘向下反卷，先端锐尖，叶背密生锈色绒毛，基部小叶呈刺状。雌雄异株，6—8 月开花。雄球花圆柱形，小孢子叶木质，密被黄褐色绒毛，背面着生多数药囊；雌球花扁球形，大孢子叶宽卵形，上部羽状分裂，其下方两侧着生 2～4 个裸露的直生胚珠。种子 12 月成熟，种子大，卵形而稍扁，熟时红褐色或橘红色。

图 6－40　苏铁

2. 生态习性

苏铁喜光，稍耐半阴。喜温暖，不耐寒。喜肥沃湿润和微酸性的土壤，但也能耐干旱。

生长缓慢，10余年以上的植株可开花，寿命可达200年。每年自茎顶端能抽生出一轮新叶。

3. **繁殖方法**

苏铁可用播种、分割吸芽方法繁殖。播种繁殖前要经过人工辅助授粉方可获得成熟种子。播种时用点播法，播后覆盖3～5 cm厚的疏松壤土，在30 ℃左右温度下易萌发。分割吸芽宜于早春或秋季进行，将吸芽小心地从茎盘处切下，并用草木灰等涂抹切口，待切口稍干后插于干净的河沙中，根系形成后上盆种植。

4. **栽培管理**

苏铁生长缓慢，不需每年换盆，一般3～4年换盆一次即可。换盆在春季新芽未萌动时进行。春季气温升高后苏铁开始抽叶生长，在出新叶时，应将其放置于室外强光下培养。若光照不足，新叶上的小叶间距拉大，使整片叶上小叶排列不紧凑，失去美感。同时也应注意水肥的供应。苏铁较耐高温，若夏季阳光太强，易灼伤叶片或使叶片失去光泽，故应适当遮阴。小型盆栽在新叶长成后，可移至光线明亮或有早晚光照的室内布置。夏季应多浇水，保持土壤湿润，多向其四周洒水喷雾，以提高空气湿度。秋季气温凉爽后，应减少浇水的次数，使盆土偏干，停止施肥。气温下降后应注意保持室内温度。

二、花叶万年青

1. **形态特征**

花叶万年青（见图6－41）为天南星科花叶万年青属多年生常绿草本植物。茎直立或上升，茎高1 m，粗1.5～2.5 cm，节间长2～4 cm；叶片长圆形、椭圆形或长圆状披针形，长15～30 cm，宽7～12 cm，基部圆形或锐尖，先端稍狭具锐尖头，两面暗绿色，发亮，脉间有许多大小不同的长圆形或线状长圆形斑块，斑块白色或黄绿色，不整齐。

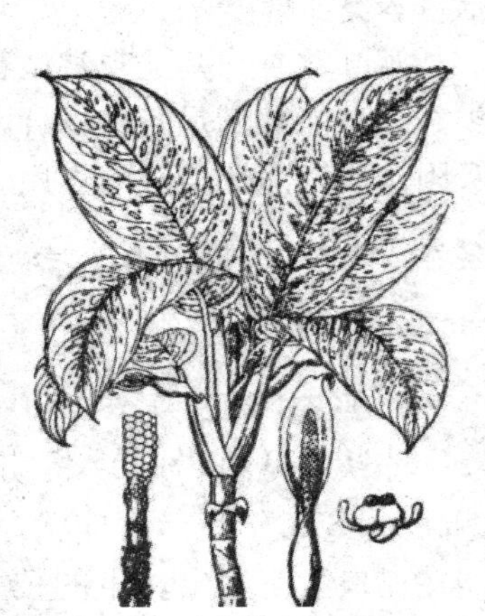
图6－41　花叶万年青

2. **生态习性**

喜温暖、湿润和半阴环境。不耐寒、怕干旱，忌强光暴晒。喜肥沃、疏松和排水良好、富含有机质的壤土。

3. **繁殖方法**

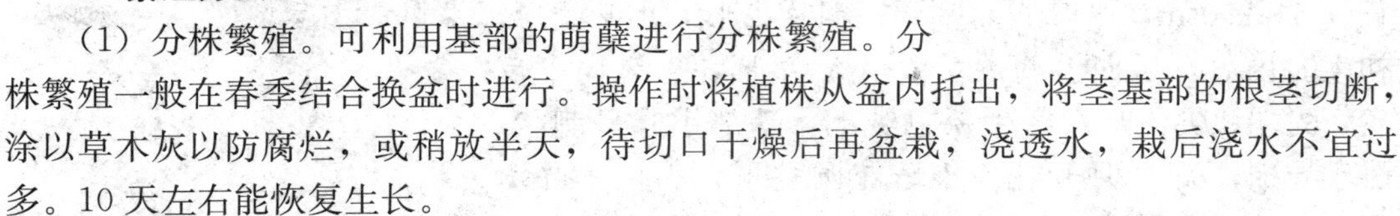

（1）分株繁殖。可利用基部的萌蘖进行分株繁殖。分株繁殖一般在春季结合换盆时进行。操作时将植株从盆内托出，将茎基部的根茎切断，涂以草木灰以防腐烂，或稍放半天，待切口干燥后再盆栽，浇透水，栽后浇水不宜过多。10天左右能恢复生长。

（2）扦插繁殖。以7—8月高温期扦插最好。剪取茎的顶端7～10 cm，切除部分叶片，减少水分蒸发，切口用草木灰或硫黄粉涂敷，插于沙床或用水苔包扎切口，保持较高的空气湿度，置半阴处，日照50%～60%，在室温24～30 ℃下，插后15～25天生根，待茎段上萌发新芽后移栽上盆。也可将老基段截成具有三节的茎段，直插土中1/3或横埋土中诱导生根长芽。

4. **栽培管理**

生长适温为 25～30 ℃。不耐寒，冬季温度低于 10 ℃叶片易受冻害。喜湿怕干，耐阴怕晒。盆土要保持湿润，在生长期应充分浇水，并向周围喷水。在明亮的散射光下生长最好，叶色鲜明。日照 40%～60%生育最理想。6—9 月为生长旺盛期，10 天施一次饼肥水，入秋后可增施两次磷钾肥。

三、马拉巴栗

1. **形态特征**

马拉巴栗（见图 6 - 42）别名发财树，是木棉科瓜栗属多年生常绿或半落叶乔木。主干直立，茎基肥大，肉质状，枝条多轮生。掌状复叶，小叶 5～7 枚，长椭圆形，具较长的叶柄。花绿白色，花丝细长，花期 4—5 月。全年叶色亮绿，株形优美，茎干造型别致，为目前世界上十分流行的盆栽观叶植物。

图 6 - 42　马拉巴栗

2. **生态习性**

马拉巴栗性喜高温、高湿和阳光充足环境，耐旱、耐阴，也耐强光，不耐寒。生长适温为 20～30 ℃。冬季低于 5 ℃茎叶停止生长，会引起落叶。以富含腐殖质、排水良好的微酸性沙质土壤为好，忌碱性土或黏重土壤。较耐水湿，也稍耐旱。

3. **繁殖方法**

马拉巴栗用播种和扦插繁殖。以播种为主，因实生苗茎基肥大，较为美观。选用新鲜种子播种，一般 4～7 天即可发芽，真叶展开 3～5 片时进行移栽。

扦插可在春夏季进行，将修剪下来的成熟枝条剪成长 10～15 cm，插入沙床，一般 30 天可生根。

4. **栽培管理**

马拉巴栗性喜温暖、湿润、向阳或稍有疏荫的环境。夏季的高温、高湿对其生长十分有利，是其生长的最快时期，这一阶段应加强肥水管理，使其生长健壮。冬季温度不可低于 5 ℃，最好保持 18～20 ℃。忌冷湿，在潮湿的环境下，叶片很容易出现溃状冻斑，有碍观赏。盆栽以浅植为好，让肥大的根茎部分外露，具有盆景的特色。可单株栽植，也可 3～5 株植于一盆，将茎干编成辫状，别具一格。生长中顶端优势明显，要及时摘心，让侧枝萌发，并促茎基部膨大。

四、平安树

1. **形态特征**

平安树（见图 6 - 43）又称兰屿肉桂、大叶肉桂、台湾肉桂等，是樟科樟属常绿小乔木。树形端庄，树皮黄褐色，小枝黄绿色，光滑无茸。叶片对生或近对生，卵形或卵状长椭圆形，先端尖，厚革质。叶片硕大，长 10～22 cm，宽 5～8 cm，表面亮绿色，有金属光泽，背面灰绿色。叶柄长约 1.5 cm，红褐色至褐色。果期 8—9 月。

图 6-43 平安树

2. **生态习性**

平安树性喜温暖湿润、阳光充足的环境，喜光又耐阴，喜暖热、无霜雪、多雾、高温之地，不耐干旱、积水、严寒和空气干燥。喜疏松肥沃、排水良好、富含有机质的酸性沙壤。生长适温为 20～30 ℃。

3. **繁殖方法**

平安树多用播种法育苗。华南地区可于 9—10 月使用成熟的紫黑色果实进行播种，可随采随播。可直接用 40 ℃左右的温水浸泡种子，以提高发芽率。播后 20～30 天发芽。保持苗床湿润，待幼苗长出 3～4 片真叶时，可每月追施一次液肥，秋后停施，做好防寒工作，以不低于 5 ℃的棚室温度越冬。由于其植株须根较少，移栽要及早进行。南方地区实行袋播或袋栽生产商品苗，效果很好。

4. **栽培管理**

盆栽用泥炭土或腐叶土，生长期 2～3 周施肥一次；经常保持盆土湿润和较高的空气湿度。两年左右换盆一次，春季进行。生长适温 22～30 ℃，越冬温度 15 ℃左右。保证充足的光照。夏季避免阳光直晒，遮阴 30%～40%。

五、鹅掌柴

1. **形态特征**

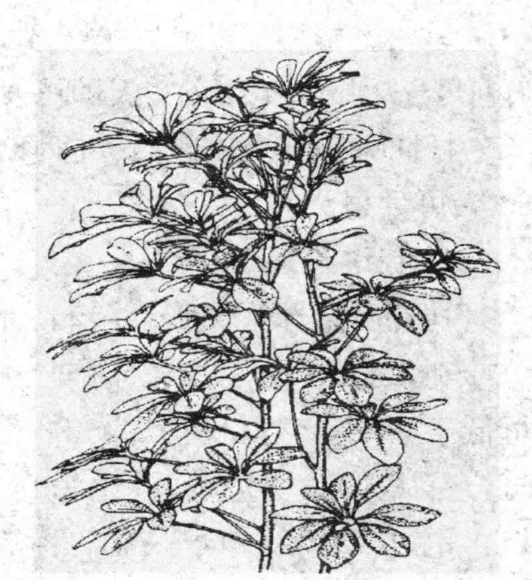
图 6-44 鹅掌柴

鹅掌柴（见图 6-44）也叫鸭脚木、伞树，是五加科鹅掌柴属多年生常绿植物。分枝多，枝条紧密。掌状复叶，小叶 5～9 枚，椭圆形、卵状椭圆形，叶革质，浓绿，有光泽。叶长 15～25 cm，宽 5～10 cm，叶色终年油绿光亮，叶形如鹅掌，奇特美观。因叶片宽大，柔软稍下垂，由数片小叶组成的复叶形如小伞，故又得名伞树。枝叶层层叠叠，株形优雅，极富层次感与立体感。伞形花序，又复集结为大的圆锥花序，顶生小花，白色芬芳，花期冬春。浆果球形，果期 12 月至翌年 1 月。

2. **生态习性**

鹅掌柴喜光照及高温、高湿环境，耐阴性亦强。生长适宜温度 15～25 ℃，最低温度 5 ℃，稍耐寒。对土壤要求不严，可耐干旱。

3. **繁殖方法**

鹅掌柴主要用扦插繁殖，要求温度在 20 ℃以上，可在 4—9 月进行。用 1～2 年生枝条，切成 8～10 cm 插穗，带叶扦插，约 20 天生根，嫩枝较老枝易成活。也可用圈枝法繁殖。

4. 栽培管理

鹅掌柴在空气湿度大、土壤水分充足的环境下生长良好，但对北方干燥气候有较强适应力。注意盆土不能缺水，否则会引起叶片大量脱落。冬季低温条件下应适当控水。生长季节每 1～2 周施一次液肥。每年春季换一次盆。盆土用泥炭土、腐叶土、珍珠岩加少量基肥配制，亦可用细沙土盆栽。鹅掌柴生长较慢，又易萌发徒长枝，平时需经常整形修剪。多年老株在室内栽培显得过于庞大时，可结合换盆进行重修剪，生长季节每月施肥一次，保持充足水分。在高温、高湿环境下茎上易长不定根，可用 3～5 株扎于木桩上作桩景式栽培。

六、福禄桐

1. 形态特征

福禄桐（见图 6－45）别名南洋森、南洋参，是五加科常绿灌木或小乔木。株高 1～3 m，侧枝细长，植株多分枝，茎干灰褐色，密布皮孔。枝条柔软，叶互生，奇数羽状复叶，小叶 3～4 对，对生，小叶叶形、叶色变化很大，椭圆形至披针形，锯齿缘，叶绿常有白斑。散形花序，淡白绿色。

2. 生态习性

福禄桐性喜高温环境，不甚耐寒，越冬最低温度 8 ℃。要求有明亮的光照，但也较耐阴，忌阳光暴晒；喜湿润，也较耐干旱，但忌水湿。要求疏松、肥沃、排水良好的沙质壤土。

3. 繁殖方法

福禄桐繁殖方法为扦插繁殖。生长季取 1～2 年生枝条，长 10 cm 左右，去除枝条下部叶片，插于湿沙中，保持 25 ℃及较高空气湿度，4～6 周可生根盆栽。也可高位压条繁殖，5—6 月选 1～2 年生枝条环状剥皮，宽 1 cm 左右，用泥炭土和薄膜包扎，50～60 天生根。

图 6－45　福禄桐

4. 栽培管理

盆栽植株每年春季换盆，更换新土；如地上植株略高，可适当修剪矮化株形，选盆宜稍小，控制株体过大。生长期始终保持盆土湿润，勿过干或过湿，并经常喷水，使叶片生长良好。每半个月施肥一次，注意氮肥不可过量，可增施磷钾肥。盛夏季节适当遮阴，忌强光暴晒，以避免叶片枯黄。冬季将盆置于室内注意保温，盆土适当干燥，有利于植株安全越冬。

七、孔雀木

1. 形态特征

孔雀木（见图 6－46）别名手树，是五加科孔雀木属常绿灌木。盆栽一般在 2 m 以下，树干和叶柄都有乳白色的斑点。叶革质、互生，掌状复叶，小叶 7～11 枚，条状披针形，长 7～15 cm，宽 1～1.5 cm，边缘有锯齿或羽状分裂，幼叶紫红色，后成深绿色。叶脉褐色，总叶柄细长，甚为雅致。

图 6-46　孔雀木

2. 生态习性

孔雀木喜温暖、湿润、光照充足的环境。生长适温 20～25 ℃，幼苗不耐寒，冬季温度须高于 15 ℃，尤其忌温度忽高忽低；空气湿度保持 40%左右；以疏松、肥沃的沙质壤土为好。孔雀木属喜光性植物，但不耐强光直射，秋冬季要多晒，夏季适当遮阴。

3. 繁殖方法

孔雀木繁殖可用扦插、播种方法。扦插繁殖是选取当年生成熟枝条或早春新枝萌发前的枝条，长 8～10 cm，扦插在沙土中，保持温湿条件，一个月后生根，待新芽、叶长出即可移植。播种繁殖要求采用新鲜种子，种子随采随播，发芽率极高，2～3 年可以成苗。但采用播种繁殖时，种子不易得。

4. 栽培管理

孔雀木栽培中忌突然变温及空气干燥，忌过湿和干燥的土壤，否则易落叶。夏秋充分浇水，结合叶面喷水，既有利于生长，又可抑制介壳虫的发生。冬季半休眠状态，减少浇水，忌全天烈日直射。孔雀木生长缓慢，一般 2～3 年换一次盆，最好在新芽萌发的早春进行换盆，结合换土和增肥，并适当修剪。也可于生长季摘心促分枝，扩大树冠，丰满树体。同时注意随时剪去过大的叶片和过密枝条，保持整齐简洁。

八、散尾葵

1. 形态特征

散尾葵（见图 6-47）别名黄椰子，是棕榈科散尾葵属丛生常绿灌木。高 2～5 m，茎干光滑无毛刺，上有明显叶痕，呈环纹状，基部多分蘖，呈丛生状生长。羽状复叶，亮绿色，长 40～150 cm。小叶及叶柄稍弯曲，先端柔软。小羽片披针形，长 20～25 cm，左右两侧不对称，叶轴中部有背隆起。花小，金黄色，花期 3—4 月。

图 6-47　散尾葵

2. 生态习性

散尾葵性喜温暖、湿润、半阴且通风良好的环境，不耐寒，较耐阴，畏烈日，适宜生长在疏松、排水良好、富含腐殖质的土壤，越冬温度要在 10 ℃以上，生长适宜温度 20～35 ℃。

3. 繁殖方法

散尾葵可用播种繁殖和分株繁殖。多用分株法繁殖，于 4 月左右进行。每丛不宜太小，需有 4 株以上。

4. 栽培管理

散尾葵为热带植物，喜温暖、潮湿、半阴环境。耐寒性不强，气温 20 ℃以下叶子发黄，5 ℃左右会冻死。苗期生长缓慢，以后生长迅速。散尾葵盆栽时，应稍埋深些，以促进新芽更好地扎根。5—10 月是其生长旺盛期，必须提供比较充足的水肥条件。一般每月两次施腐熟液肥或复合肥。秋冬季少施肥或不施肥，保持盆土干湿状态。散尾葵喜温暖，冬季需做好保温防冻工作，如果温度太低，则叶片泛黄、叶尖干枯，并导致根部受损，影响翌年的生长。春、夏、秋三季应遮阴 50%。在室内栽培观赏宜置于有较强散射光处。

九、富贵竹

1. 形态特征

富贵竹（见图 6－48）又名万年竹，龙血树属。株高可达 1～1.2 m，观赏栽培高度以 80～100 cm 为宜。植株细长，直立上部有分枝。根状茎横走，结节状。叶互生或近对生，纸质，叶长披针形，有明显 3～7 条主脉，具短柄，浓绿色。伞形花序有花3～10 朵，生于叶腋或与上部叶对花，花冠钟状，紫色。浆果近球，黑色。

图 6－48　富贵竹

2. 生态习性

富贵竹喜高温多湿和阳光充足的环境。生长适宜温度 20～28 ℃，12 ℃以上才能安全越冬。不耐寒，耐水湿，喜疏松、肥沃、排水良好的轻壤土。忌夏季烈日暴晒。冬季注意保温和提高空气湿度，避免叶尖干枯。

3. 繁殖方法

富贵竹常采用扦插繁殖，水插也可生根，还可进行无土栽培，只要气温适宜整年都可进行。一般剪取不带叶的茎段作插穗，长 5～10 cm，最好有 3 个节间，插于沙床中或半泥沙土中。在南方春秋季一般 25～30 天可萌生根、芽，35 天可移栽。

4. 栽培管理

富贵竹适宜散射光照的环境，避免强光直射、暴晒或过干旱。在生长季节应保持土壤湿润，并经常向叶面喷水或洒水，以增加空气的湿度。冬季要注意防寒、防霜冻，温度在 10 ℃以下叶片会泛黄萎落。

十、酒瓶兰

1. 形态特征

酒瓶兰（见图 6－49）又名象腿树，龙舌兰科酒瓶兰属常绿小乔木。高可达 5 m，具有明显庞大的茎，地下根肉质，茎干直立，下部肥大，状似酒瓶，可以储存水分。膨大茎干具有厚木栓层的树皮，呈灰白色或褐色。老株表皮会龟裂，状似龟甲。单一的茎干顶端长出丛生的带状内弯的革质叶片。叶线形，全缘或细齿缘，革质而下垂，叶缘具细锯齿。叶丛中长出圆锥状花序，花为白色，10 年以上的植株才能开花。

2. 生态习性

图 6-49 酒瓶兰

酒瓶兰性喜温暖、湿润及日光充足的环境，较耐旱、耐寒。生长适宜温度为 16～28 ℃，越冬温度为 0 ℃。喜肥沃土壤，在排水和通气良好、富含腐殖质的沙质壤土中生长较佳。

3. 繁殖方法

酒瓶兰多用播种繁殖。播种时将种子播于腐叶土和河沙混合的基质，保持湿润，不宜太湿，否则会引起腐烂。在温度 20～25 ℃及半阴环境中，经 2～3 个月即可发芽。此外，生长多年的植株有时会在茎基部分蘖小芽，也可分切芽体、扦插繁殖，但必须注意伤口消毒，以免腐烂。

4. 栽培管理

酒瓶兰盆栽可用腐叶土 2 份、园土 1 份及少量草木灰混合作为基质。在 3—10 月生长季节要加强管理，以促进茎部膨大。因膨大的茎部可储存一定的水分，耐旱能力较强，所以浇水时以使盆土湿润为度，掌握宁干勿湿的原则，避免盆土积水，否则肉质根及茎部容易腐烂。尤其秋末以后气温下降，应减少浇水量，以提高树体抗寒力。生长期每月施两次液肥或复合肥，注意增加磷钾肥。酒瓶兰喜充足的阳光，若光线不足则叶片生长细弱；但夏季要适当遮阴，否则叶尖枯焦、叶色发黄。

十一、香龙血树

1. 形态特征

图 6-50 香龙血树

香龙血树（见图 6-50）又名巴西木、巴西铁、千年木，是龙舌兰科龙血树属常绿小灌木。高可达 4 m，皮灰色。叶无柄，密生于茎顶部，厚纸质，宽条形或倒披针形，长 10～35 cm，宽 1～5.5 cm，基部扩大抱茎，近基部较狭窄，中脉背面下部明显，呈肋状。顶生大型圆锥花序长达 60 cm，1～3 朵簇生。花白色，芳香。浆果呈球形，黄色。

2. 生态习性

香龙血树性喜高温多湿，喜光，光照充足叶片色彩艳丽。不耐寒，冬季适宜温度约 15 ℃，最低温度 5 ℃。喜疏松、排水良好、含腐殖质、营养丰富的土壤。

3. 繁殖方法

香龙血树主要采用扦插及组织培养进行繁殖。扦插繁殖，可挑选观赏价值较高的母株，取其生长两年以上的健壮枝条，每段长 10～20 cm，有叶无叶均可。插穗基部削成平口，上部横切后保留叶片，上下切口可用清水浸泡洗净外溢的液汁，置于阴凉通风处稍晾一段时间，再用 0.05%～0.1%的萘乙酸浸泡插穗基部 2～3 cm 处，一般 5 s 即可，随浸随插。

4. 栽培管理

可用腐殖土、泥炭土、河沙各 1 份混合作基质，在遮光 70%～80%的条件下栽培。生长季节每月施复合肥 1～2 次，保持土壤湿润。夏季应多喷叶面，提高空气湿度，叶质会更肥厚，叶色亮丽，不易干尖。冬季要防寒，应保持 8 ℃以上，盆土减少淋水，注意增加湿度，保持叶片色彩，防止干尖。香龙血树喜温暖、怕严寒，喜光照但怕烈日暴晒，最适宜在温暖而又不酷热的环境中生长。

十二、观赏凤梨

1. 形态特征

观赏凤梨（见图 6 - 51）是凤梨科凤梨属多年生常绿草本植物。株形独特，叶色光亮，叶形优美，花色艳丽，花型丰富，花期长，观叶观花俱佳，且绝大部分耐阴，适合室内长期摆设观赏。矮生，高 0.5～1 m，无主根，具纤维质须根系；肉质茎为螺旋着生的叶片所包裹，叶剑形；花序顶生，着生许多小花；肉质复果由许多子房聚合在花轴上而成。

图 6 - 51　观赏凤梨

2. 生态习性

观赏凤梨喜温暖，以年均温度 24～27 ℃生长最适。15 ℃以下生长缓慢，5 ℃是受冻的临界温度，40 ℃高温即停止生长。耐旱，但仍需一定水分。较耐阴，但充足的阳光生长良好。喜疏松、排水良好、富含有机质、pH 值为 5～5.5 的沙质壤土或山地红壤。

3. 繁殖方式

观赏凤梨采用吸芽扦插繁殖。此种繁殖方法主要用于各属金/银边、金/银心凤梨变种的繁殖。吸芽扦插繁殖通常有以下三种方法：

（1）母株开花后长出吸芽，切下扦插。

（2）破坏生长点，促发吸芽。

（3）催花促芽。

4. 栽培管理

观赏凤梨栽培容易，最好植于遮阴网下，种植在标准的盆土中或是排水良好的混合有机基质中，要保持土壤湿润而不太湿，持水杯状结构内有水。需肥较少，每月施一次稀薄肥即可。小苗木宜多次移植，培育良好的实生苗三年可开花。

十三、龟背竹

1. 形态特征

龟背竹（见图 6 - 52）又叫蓬莱蕉、铁丝兰、穿孔喜林芋，是天南星科龟背竹属藤本植物。茎粗壮。幼叶心脏形，无孔，长大后成广卵形，羽状深裂，叶脉间有椭圆形的穿孔，叶具长柄，深绿色。佛焰花序，佛焰苞舟形，花期 8—9 月。

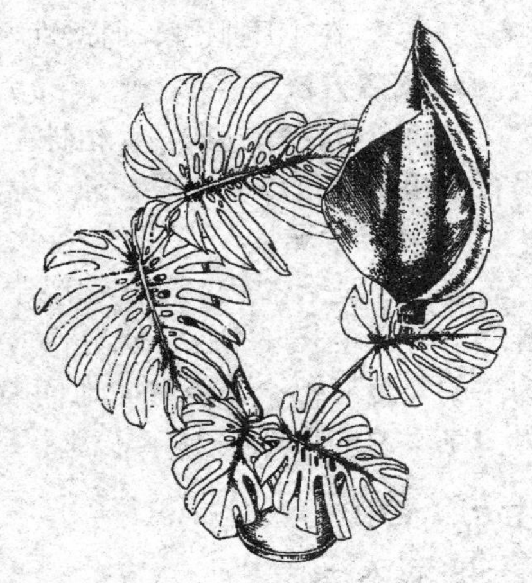

图 6 - 52　龟背竹

2. 生态习性

龟背竹常附生于热带雨林中的高大树木上。喜温暖、湿润环境，忌强光暴晒和干燥，喜半阴，耐寒性较强。生长适温 20～25 ℃。冬季夜间温度幼苗期不低于 10 ℃，低于 5 ℃易发生冻害。当温度升到 32 ℃以上时生长停止。对土壤要求不甚严格，在肥沃、富含腐殖质的沙质壤土中生长良好。

3. 繁殖方法

龟背竹常用扦插和分株繁殖。春秋两季都能采用茎节扦插，以春季 4—5 月和秋季 9—10 月扦插效果最好。插条选取茎组织充实、生长健壮的当年生侧枝，长 20～25 cm，剪去基部的叶片，保留上端的小叶，插于沙床。在夏秋季进行分株繁殖，将大型龟背竹的侧枝整段劈下，带部分气生根，直接栽植于木桶或钵内，不仅成活率高，而且成型快。

4. 栽培管理

盆栽土要求肥沃疏松、吸水量大、保水性好的微酸性壤土，以腐叶土或泥炭土最好。龟背竹是典型的耐阴植物，怕强光暴晒，规模生产须设遮阴设施。龟背竹喜湿润，但盆土积水会烂根，使植株停止生长。为多发新叶，叶色碧绿有光泽，生长期每半月施一次肥。夏季需经常喷水，保持较高的空气湿度；叶片经常保持清洁，以利于光合作用。生长期间，植株生长迅速，栽培空间要宽敞。成年植株分株时，要设架绑扎，以免倒伏变形。

十四、喜林芋

1. 形态特征

喜林芋（见图 6－53）别名绿宝石、蔓绿绒，是天南星科喜林芋属常绿多年生藤本植物。茎圆柱形，节间长，有分枝，节上有气生根。单叶互生，叶长 25～35 cm，宽 12～18 cm，长心形，先端突尖，基部深心形，浓绿色，有光泽，叶柄有鞘。花序梗长 3 cm，佛焰苞长 7～8 cm。喜林芋叶形奇特多变，气生根纤细密集，姿态婆娑，而且很耐阴，是目前很受人们喜爱的一种较大型的观叶植物。

图 6－53　喜林芋

2. 生态习性

喜林芋性喜温暖、潮湿、半阴的环境，耐阴，忌强光直射，怕干旱，生长适温为 20～30 ℃。在土质肥厚、通透性好的土壤中生长良好。

3. 繁殖方法

常用分株法和扦插法。植株基部有小萌蘖长出，可以将生根的小萌蘖与母株分离，另行栽植；也可以取茎段扦插，盆土选用草炭土与粗沙等量混合。

4. 栽培管理

喜林芋适合盆栽，使其缠绕于用棕皮或椰子壳纤维制成的圆柱上。需较少光照，喜湿润空气。生长旺季保证水分供应，使盆土处于湿润状态；每 3～4 周浇施一次以氮肥为主的复合液肥；并经常向地面喷水，使环境具有较高的空气湿度。夏季避免阳光直射。冬季温度保持在 15 ℃以上。

十五、绿巨人

1. 形态特征

绿巨人（见图 6－54）为天南星科苞叶芋属多年生草本植物。株高 1 m 左右，短根状茎。叶片基生，有亮光，薄革质，长椭圆形或长圆状披针形，长 20～35 cm；叶基部圆形或阔楔形，先端长渐尖或锐尖；叶柄长而纤细，基部扩展呈鞘状。佛焰苞大型，白色，具长梗，形似一只白鹤或手掌。花序高出叶丛，肉穗花序白色或绿色，花两性，花期 2—6 月。

图 6－54　绿巨人

2. **生态习性**

绿巨人喜高温、湿润的土壤环境，不耐干旱，生长适温为 22～28 ℃。夏季要保持盆土湿润并遮阳。冬季温度不低于 8 ℃。

3. **繁殖方法**

绿巨人常用分株、播种和组织培养法繁殖。分株可在春天换盆时进行，由于萌蘖多，繁殖较快。播种发芽容易，但种子在北方不易成熟，取得种子困难。大量生产可用组织培养法，增殖很快，且株丛整齐，是当前常用的繁殖方法。

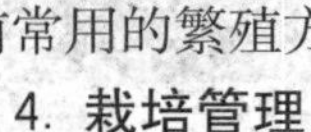

4. **栽培管理**

绿巨人喜半阴的环境，光照过强时叶片的颜色会变得暗淡而失去光泽，还会导致叶尖及叶缘枯焦。生长期间应充足供水，保持盆土湿润而不干旱；但也不宜过湿和积水，水分过多时叶片会弯曲下垂，叶色枯黄，甚至产生烂根。空气相对湿度应保持在 50% 以上。植株生长迅速、分蘖量大，因而需较多的养分才能生长良好。生长期应每 1～2 周追施一次氮、磷、钾结合的肥料，以促使植株生长与开花；冬季停止施肥。

十六、海芋

1. **形态特征**

海芋（见图 6－55）别名天芋、天荷、观音莲。当海芋的栽培基质含水量大时，便会从叶尖或叶缘“吐水”，因此又称为“滴水观音”。海芋为天南星科海芋属草本植物。地上茎有时高达 2～3 m，全株最高可达 5 m。匍匐根状茎粗 5～8 cm，圆柱形，有节，常生不定芽条。叶多数，螺旋状排列；叶片大，革质，表面稍光亮，绿色，箭状卵形，边缘浅波状，长 50～90 cm，宽 40～80 cm。佛焰苞管部席卷成长圆状卵形，白绿色，长 3～5 cm，檐部白绿色、黄绿色，后变白色，舟状，先端稍突尖，略下弯，花期 4—7 月。

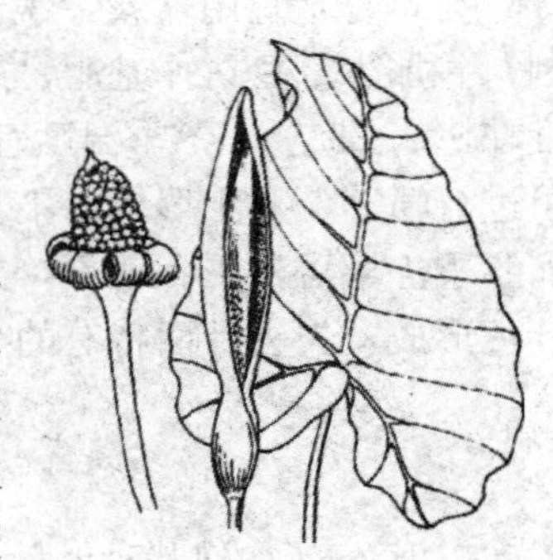

图 6－55　海芋

2. **生态习性**

海芋喜高温、潮湿，耐阴，不适宜强光照环境。生长温度为 20～30 ℃，适合大盆栽培，生长十分旺盛。

3. **繁殖方法**

采用分株法或扦插法繁殖。生长季节海芋的基部常常分生出许多幼苗，待其稍长大时可挖出栽种成为新植株。海芋的茎干十分发达，生长多年的植株可于春季切割茎干作为插穗，长约 10 cm，直接栽种在盆土中或扦插在插床上，待其长至 3～4 片真叶后移栽。

4. **栽培管理**

盆栽时一般用肥沃园土即可。生长季节保持盆土湿润，每月施1～2次以氮为主的稀薄液肥。夏季将其放在半阴通风处，并经常向周围及叶面喷水，以加大空气湿度，降低叶片温度，保持叶片清洁。

十七、孔雀竹芋

1. **形态特征**

孔雀竹芋（见图6－56）为竹芋科肖竹芋属多年生常绿草本植物。高30～60 cm，叶长15～20 cm，叶宽5～10 cm，卵状椭圆形，叶薄，革质，叶柄紫红色。绿色叶面上隐约呈现金属光泽，且明亮艳丽，沿中脉两侧分布着羽状、暗绿色、长椭圆形的绒状斑块，左右交互排列。叶背紫红色。

图6－56　孔雀竹芋

2. **生态习性**

孔雀竹芋性喜温暖、湿润、半阴环境，不耐直射阳光，喜疏松、肥沃、排水良好、富含腐殖质的微酸性壤土。

3. **繁殖方法**

孔雀竹芋用分株繁殖，一般多于春末夏初气温20 ℃左右时结合换盆换土进行。气温太低时分株容易伤根，影响成活或使生长衰弱。分株时将母株从盆内取出，除去宿土，用利刀沿地下根茎生长方向将生长茂密的植株分切，使每丛有2～3个萌芽和健壮根，分切后立即上盆充分浇水，置于阴凉处，一周后逐渐移至光线较好处，初期宜控制水分，待发新根后才充分浇水。

4. **栽培管理**

孔雀竹芋宜用盆栽，盆土一般可用腐叶土3份、泥炭或锯末1份、沙1份混合配制，并加少量豆饼作基肥，忌用黏重的园土。栽培时宜给予一定程度的遮阴，并保持温度在12～29 ℃，冬季温度宜维持在16～18 ℃。春夏两季生长旺盛，需较高空气湿度，可进行喷雾。对土壤要求不甚严格，但要求保持适度湿润，生长季节约2周施一次肥；而冬季土壤可稍干和凉爽，并减少施肥次数。温度低、光照不足，会致长势衰弱，不利叶色形成，失去叶面特有的金属光泽。

单元测试题

1. 唐菖蒲如何栽种？
2. 马蹄莲栽培中怎样进行环境调控？
3. 百合的主要繁殖方法有哪些？
4. 菊花的生长特性是什么？
5. 月季嫁接的方法有哪些？
6. 试述蝴蝶兰的栽培管理。
7. 试述5 ℃郁金香的促成栽培技术。
8. 观叶花卉是指什么？
9. 设施花卉盆栽主要包括哪些环节？
10. 牡丹的主要繁殖方法有哪些？

第7单元

设施花卉病虫害防治

第一节　花卉病虫害防治原理

→ 了解花卉病虫害的分类

→ 掌握花卉病虫害的防治措施

一、花卉病害分类

花卉病害一般分为生理性病害和侵染性病害两类。

1. 生理性病害

生理性病害主要是由于气候和土壤等条件不适宜引起的。常发生的生理性病害有：夏季强光照射引起灼伤；冬季低温造成冻害；水分过多导致烂根；水分不足引起叶片焦边、萎蔫；土壤中缺乏某些营养元素，出现缺素症。

2. 侵染性病害

侵染性病害是由于真菌、细菌、病毒、线虫等侵染而引起的。这些生物形态各异，但大多具有寄生力和致病力，并具有较强的繁殖力，能从感病植株通过各种途径（气孔、伤口、昆虫、风、雨等）传播到健康植株上去，在适宜的环境条件下生长、发育、繁殖、传播，逐步扩大蔓延。因此，这类病害对花卉造成的危害最大。

（1）真菌。真菌是没有叶绿素但具有真核的低等生物。它以菌丝体为营养体，以孢子进行繁殖，是花卉病害中最主要的一类。真菌病害多数具有明显的病症，如霉状物、粉状物、锈状物、点状物、颗粒状物等，这些特征是识别真菌病害的主要依据之一。常见的真菌性病害有白粉病、炭疽病等。

（2）细菌。细菌是一类单细胞的原核生物，用分裂方式繁殖。细菌病害的特征主要是受害组织呈水渍状或病斑透光，以及在潮湿条件下从发病部位向外溢出细菌黏液，出现“溢脓”现象，这是识别细菌病害的主要依据之一。常见的细菌性病害有鸢尾细菌性软腐病等。

（3）病毒。病毒是一类极其微小的寄生物，必须用电子显微镜才能观察到它的形态。它寄生于花卉活细胞组织内，并能随着寄主汁液流动在花卉体内运转扩散到全株，引起全株病害。病毒病害常呈现花叶、黄化、畸形、环斑等症状。常见的病毒病害有水仙病毒病等。

（4）线虫。线虫是一类低等动物。线虫体形细长，两端稍尖，体长一般为 1～2 mm，形似蛔虫。少数线虫的雌成虫呈球形或梨形。线虫多存活于土中，寄生在花卉根部，刺激寄主局部细胞增殖，形成瘤状物。常见的线虫病害有仙客来根结线虫病等。

二、病虫害防治措施

花卉病虫害防治应遵循“预防为主，综合防治”的总原则，即在病虫害发生之前，创造有利的环境条件，有效地预防其发生或减轻危害程度。植物病虫害种类很多，有不同的发生、发展和流行规律，因而防治措施也不同。有些病虫害只要一种措施就可以得到防治，但大多数都要几种措施相结合才能获得较好的效果。由于花卉常多种混栽或集中放置，增加了相互传染的机会，更应该重视综合防治。在综合运用各种必要的防治措施的同时，还要注意其观赏价值和保护环境。花卉病虫害常见防治措施如下。

1. 植物检疫

植物检疫是一种法规防治，是由国家颁布法令，对植物及其产品特别是种子、苗木和繁殖材料进行管理和控制，防止危险性病、虫、杂草等蔓延危害。主要包括以下内容：

（1）禁止危险性病、虫、杂草随着植物及其产品由国外输入或由国内输出。

（2）将国内局部地区已发生的危险性病、虫、杂草封锁在一定范围内，不让其传播到未发生的地区，并采取各种措施逐步将它们消灭。

（3）当危险性病、虫、杂草侵入一个新地区时，及时采取措施，就地彻底清除。

2. 园艺防治

加强管理、改进栽培制度，可以创造有利于花卉生长发育的环境条件，提高其抗病虫能力；同时创造不利于病虫发生或侵染的条件，减轻病虫害的发生程度。这是最经济、最基本的防治措施。具体措施有以下几方面：培育无病种子、苗木，搞好盆花生产场地卫生，加强栽培管理，适时采收和储藏种子、种球，选用抗病虫品种等。

（1）直接杀灭病虫。提早春耕灌水和水旱轮作及冬耕、中耕等。

（2）切断食物（营养）链。病地轮作、改革耕作制度或调整植物布局等。

（3）抗害和耐害作用。选育和利用抗性品种（如利用转基因和基因重组等生物技术培育抗性品种）等。

（4）避害作用。调节栽培期等。

（5）诱集作用。在植物行间种植诱集植物或设置诱杀田等。

（6）恶化害虫的生活环境。改变害虫生存的环境条件和改善花卉周围的环境条件等。

（7）创造天敌繁衍的生态条件。合理的植物布局及按比例套种、间种等。

3. 生物防治

应用有益生物或生物制品防治植物病虫害的方法称生物防治。生物防治不污染环境，不破坏生态平衡，对植物无害，并能长期起作用。

（1）病害的生物防治。自然界一种生物的存在和发展，限制了另一类生物的存在和发展的现象称颉颃。具有颉颃作用的微生物称颉颃微生物。颉颃微生物的代谢产物常称抗生素。如目前生产中已广泛使用链霉素、四环素、放线菌酮等抗生素来防治病害。有些微生物能寄生在植物病原物上，如噬菌体可寄生在细菌上；有些还可以和病原物进行阵地竞争和营养竞争，如在土壤中造成哈茨木霉菌的优势可以有效地防治白绢病。

在自然界中存在着致病力强的病毒以及其他病原物，预先接种致病弱的或混合接种，可以诱发寄主增强抗病性，甚至保护寄主不受致病力强的病原物的侵染，这种现象称交叉保护现象，也称人工免疫。

（2）以菌治虫。利用害虫的病原微生物（真菌、细菌、病毒）防治害虫，具有繁殖快，用量少，不受作物生长限制，与少量化学农药混用可以增效，药效较长等优点。

能寄生在虫体的真菌种类很多，据统计有500多种，但目前世界上主要用白僵菌和绿僵菌等防治害虫。利用病毒防治害虫，目前还是一种比较新的方法。病毒对害虫有较严格的专化性，在自然情况下往往只寄生一种害虫，不存在污染或公害问题。

（3）利用昆虫激素防治害虫。昆虫激素可分为内激素、外激素两种。外激素是昆虫分泌到体外的挥发性物质，是昆虫对同伴发出的信号，有利于寻找异性和食物等。现在已经发现的有性外激素、追迹外激素及告警外激素等。性外激素一般是雌虫分泌的，用以引诱雄虫进行交尾。提取性外激素或合成性外激素类似物，可以对雄虫进行诱杀。内激素是分泌在体内的一种激素，用来调节昆虫的蜕皮和变态等。昆虫内激素主要有蜕皮激素、保幼激素及脑激素。当昆虫在某个发育阶段不需要某种激素时，如果人工增加此激素，就能干扰它的正常发育，造成畸形，甚至死亡。如蜕皮激素，用于调节昆虫的蜕皮和变态，使昆虫发生反常现象而死亡；保幼激素起保持昆虫幼期特性的作用，用极少剂量就可产生很大毒效，如用以处理黄粉甲的蛹，有40%不羽化为成虫，仍保持蛹的状态。

（4）以虫治虫。利用天敌昆虫消灭害虫，称为以虫治虫。天敌又包括捕食性天敌和寄生性天敌。捕食性天敌有的用咀嚼式口器直接吞食虫体的一部分或全部；有的是把刺吸式口器插入害虫的体内，同时放出一种毒素，使害虫很快麻痹，不能行动和反扑，然后吸食其体液，使害虫死亡。捕食性天敌种类很多，如瓢虫、草蛉、胡蜂、蚂蚁、食蚜蝇、食虫虻、猎蝽、步行虫以及蜘蛛和捕食螨等。因食量较大，其在自然界抑制害虫的作用十分显著。

寄生性天敌寄生于害虫体内，以害虫体液和组织为食使害虫死亡，主要包括寄生蜂和寄生蝇。

4. 物理机械防治

（1）人工器械捕杀。根据害虫的生活习性，使用一些简单的器械捕杀，如用铁丝钩捕杀树干中的天牛等。

（2）诱集和诱杀。利用害虫的习性进行诱集，然后加以处理；也可以在诱捕器内加入洗衣粉或杀虫剂，或者设置其他直接杀灭害虫的装置。如灯光诱杀、潜所诱集、利用颜色诱虫或驱虫等。

（3）阻隔法。根据害虫的危害习性，可设计各种障碍物，以防止害虫危害或阻止其蔓延。

除此之外，还可利用温湿度杀灭病虫和利用某些高新技术防治病虫等。

5. 化学防治

利用农药为主的化学制剂以达到预防、消灭或者控制病虫害和其他有害生物，以及有目的地调节植物、昆虫生长等。

如何选择病虫害防治方法，应根据植物的抗性和病虫害的危害程度及对环境的破坏性来评估决定。

第二节　一、二年生花卉病害及其防治

→ 掌握一、二年生花卉主要病害及其危害特征
→ 掌握一、二年生花卉主要病害的防治措施

一、金鱼草

1. 金鱼草病毒病

（1）危害。该病为病毒病，由番茄环斑病毒引起。苗期、成株均可染病，生产中不注意卫生操作，将加速该病的发生，降低商品价值，还可危害报春花、凤仙花等。

（2）症状特征。嫩叶症状比较明显。叶上有黄、绿相间的花叶，叶色有些褪绿，叶缘上卷稍有些扭曲；植株较细弱，比健株矮。叶部症状如图 7－1 所示。

图 7－1　金鱼草病毒病叶部症状

（3）发病规律。病毒在病株及种子内越冬，由种子、汁液及土中的剑线虫传播。从病株上采种留用，连作土壤中剑线虫多，均可加重病害发生。

（4）防治措施

1）栽培技术防病。发现病株及时拔除并销毁，不从病株上采种。

2）土壤消毒。杀灭土中的剑线虫，常用药有 20％益收宝颗粒剂（20 g/m^2）、3％米乐尔颗粒剂（2～3 g/m^2）。

3）药剂防护。发病重时可试喷 7.5％克毒灵水剂 700 倍液，或 72％丛毒灵可湿性粉剂 100 倍液，或 10％病毒王可湿性粉剂 500 倍液等，10 天左右喷一次。

2. **金鱼草枯萎病**

(1) 危害。该病由一种镰孢菌引起。该菌有厚垣孢子，在金鱼草上时有发生，导致全株枯死，丧失商品价值。

(2) 症状特征（见图7-2）。植株上部分叶片先出现萎蔫，重时全株枯死；挖出根部，洗去土壤，可见到部分或全部营养根变为褐色，腐烂，有的侧根、大侧根也腐烂。

图7-2 金鱼草枯萎病

(3) 发病规律。病菌在病残体及病土中越冬（厚垣孢子在土中可存活数年），由水流传播。金鱼草作为节日用花，管理粗放、土壤含水量过大，或在运输搬运中造成根部伤口，均容易诱发该病。

(4) 防治措施

1) 栽培技术防病。选育抗病品种能有效防治枯萎病；多施有机肥，避免氮肥偏施；雨后及时排水；黏质土壤掺一定量沙土。

2) 种子消毒。播种前种子用0.25%甲醛液或用0.1%升汞液浸泡25～30 min，晾干播种。

3) 土壤消毒。用1%恶霉灵颗粒剂（0.045～0.06 g/m^2）掺和适量细土后沟施；或用30%恶霉灵1 000倍液细致喷淋土壤，每平方米喷洒药液3 g。

4) 药剂防护。发病初期立即浇灌药液。常用杀菌剂有50%根腐灵可湿性粉剂800倍液、50%立枯净可湿性粉剂800～1 000倍液、10%立枯灵水剂300倍液、23%络氨铜水剂250～300倍液、20%络氨铜·锌水剂400～600倍液、80%乳油1 000～2 000倍液等。

3. **金鱼草疫病**

(1) 危害。金鱼草疫病是金鱼草的重要病害，世界各地均有发生。该病可危害多种花卉、果树和药用植物，引起植株茎基和果实腐烂，严重发病的植株不久即会枯死。病原为恶疫霉菌，属鞭毛菌亚门卵菌纲霜霉目疫霉属真菌。

(2) 症状特征。该病多发生在定植后的植株上。发病初期，感病植株嫩茎或茎基部产生水渍状、暗绿色至浅黄色的病斑，以后迅速扩大，发展成暗褐色至黑色并腐烂。如果病斑环割茎部，植株随即枯死。在病部表面，有时可看到白色丝状物，为病菌的菌丝体。

(3) 发病规律。病菌以卵孢子形式随病株残体在土壤中越冬，第二年萌发产生芽管，进行侵染危害。该病通过雨水和灌溉传播蔓延。感病植株上的病菌产生游动孢子，孢子可借风雨传播，进行重复侵染。连作地发病重。排水不良的低洼地发病多。

(4) 防治措施

1) 加强栽培管理。选择排水良好、通风透光的地段种植，种植密度合理。避免连作。发病时不宜用大水漫灌，保持叶面干燥。

2) 秋末清除病残体，减少来年侵染源。

3) 药剂防治。发病初期，用 65%代森锌可湿性粉剂 500 倍液，或 25%甲霜灵可湿性粉剂 500～800 倍液喷雾或浇灌病株。也可喷洒 1∶1∶100 波尔多液或 0.1%～0.2%硫酸铜液。

4. 金鱼草锈病

(1) 危害。金鱼草锈病是花圃、庭园和温室中金鱼草最严重的病害之一。此病危害植株的叶、嫩茎、花，使金鱼草的花朵变小、叶片枯黄，严重影响生长和观赏。病原为金鱼草柄锈菌，担子菌亚门冬孢菌纲锈菌目柄锈菌属真菌。

(2) 症状特征。该病主要危害金鱼草的叶片、茎和花萼。发病初期，感病叶片背面产生圆形或椭圆形褐色小泡斑，周围的叶组织变为淡黄色。小泡斑破裂后散放出褐色粉末（夏孢子）。发病后期，病斑逐渐形成黑色粉末。发病严重时，叶片布满锈色斑点，病株提前开花，但花较小。茎部受害症状与叶部相似。

(3) 发病规律。病原菌为单主寄生，以夏孢子和冬孢子在病落叶及病株残体内越冬。翌年，当环境条件适合时，冬孢子萌发产生担孢子。但是，担孢子不能侵染金鱼草。该病以休眠的夏孢子继续危害金鱼草。夏孢子借风雨、昆虫传播，低温条件下遇水很快萌发。湿度高、凉爽条件下易发病。

(4) 防治措施

1) 加强栽培管理。选择排水良好、通风透光的地段种植。植株间要有一定的距离，以利通风透光。防虫也是防治锈病的一个环节。

2) 药剂防治。发病初期，喷施 25%粉锈宁可湿性粉剂 1 500 倍液，或 65%代森锌可湿性粉剂 500～800 倍液，或 0.1%～0.2%硫酸铜液。

二、瓜叶菊

1. 瓜叶菊白粉病

(1) 危害。瓜叶菊白粉病属于一种广泛传播的真菌性病害，病原为二孢白粉菌，隶属于子囊菌亚门核菌纲白粉菌目白粉菌属。病菌在病残体上越冬，通过气流、水珠飞溅传播。上海、杭州、天津、南京均有发生，为温室中一种较为普遍而严重的病害。

(2) 症状特征（见图 7－3）。瓜叶菊在幼苗期和开花期，如室温高、空气湿度大，叶片上最容易发生白粉病，严重时可侵染叶柄、嫩枝、花蕾等。初发时，叶片出现零星的、不明显的白斑，发展后整个叶片布满灰白色粉状霉层，抹去白粉病斑呈黄色。植株受害后，叶片、嫩梢扭曲萎蔫，生长衰弱，有的完全不能开花。发病严重时，导致叶枯甚至整株死亡。

（3）发病规律。该病菌以闭囊壳在病植株残体上越冬，成为初侵染源；条件适合时随风传播，自瓜叶菊表皮直接侵入开始危害，瓜叶菊长出 2～3 片真叶时即显出症状特征。该病的发生与温室中的温湿度关系密切，温度 15～20 ℃有利于病害的发生，当室温在 10 ℃以下时病害发生受抑制。另外，湿度较高（85%～95%）有利于孢子的萌发和侵入，湿度较低（35%～65%）有利于孢子的形成和释放。

（4）防治措施

1）园艺防治。加强栽培管理。室内经常保持良好的通风条件，增加光照；生长期间合理施肥，农家肥要充分腐熟，氮肥不宜施用过多，增施少量硼酸、高锰酸钾等可以减轻发病；控制浇水，适当降低空气湿度，保持盆土湿润但不积水；发病后立即摘除病叶，搞好温室内卫生；及时清除病残体及发病植株。

2）药剂防治。在白粉病发病初期，及时喷施 50%的多菌灵 1 000 倍液、50%代森铵或 25%粉锈宁 2 000 倍液进行防治，每隔 10 天喷一次，防止病害蔓延。在同一温室中，防治白粉病的几种药要交替使用，以免病菌产生抗药性。

在易感病的时期，要经常检查，发现有病株要及时去除，并对其周围进行消毒。如在一周内还出现病株，就要对温室进行整体喷药，包括对温室墙体和塑料膜以及空白地的喷药。

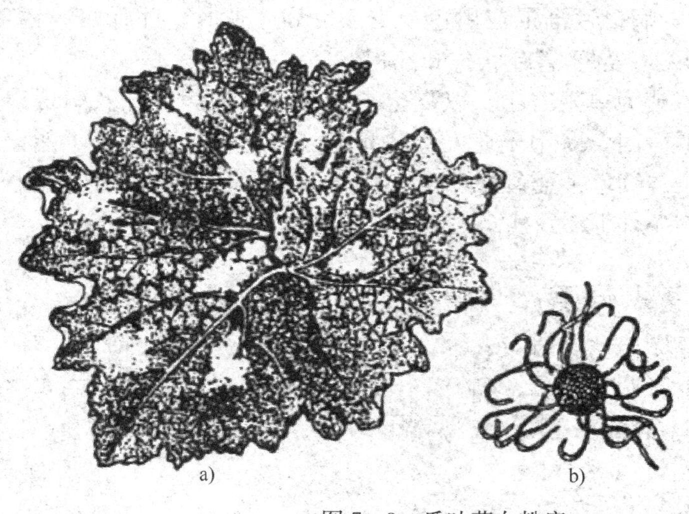

图 7－3　瓜叶菊白粉病

a）病症　b）病原菌的闭囊壳　c）子囊和子囊孢子

2. 瓜叶菊灰霉病

（1）危害。病原与多种蔬菜和花卉的灰霉菌是同一种，为半知菌亚门葡萄孢属的灰葡萄孢菌，在上海、南昌、北京、天津等地有分布，还危害报春花、蒲包花等。

（2）症状特征。叶、花梗和花均可受害，叶受害时产生黄绿色到暗绿色水渍状斑块，逐渐扩大，潮湿时发软腐败，病患部产生灰色到茶褐色的霉层。干燥后病斑褐色干枯。花梗和花瓣上受害也呈水渍状变色，逐渐扩大腐败。

（3）发病规律。病菌寄生范围广，许多花卉植物，包括瓜叶菊、月季、香石竹、金盏菊、仙客来等均可感染；病菌以菌核随病残体在土中越冬。塑料棚比温室内栽培容易病重，降雨天数多、温室内湿度高也容易病重。

（4）防治措施

1）园艺防治。防止室内过湿，夜间温室应适当加温，并通风换气；发现病叶及时摘除，以免接触传染。

2）药剂防治。必要时也可施药防治，可喷施一次 75%百菌清 500 倍液、50%氯硝胺 1 000 倍液、50%多菌灵 500 倍液等。

3. 瓜叶菊叶斑病

（1）危害。叶斑病主要发生在叶片上，有轮斑病和褐斑病两种，病原为链格孢属中的一种真菌，分生孢子褐色，长棍棒状，链状着生，横隔 5～11 个，纵隔 0～3 个。该病先从下部叶片开始发生，在上海、北京均有分布。

（2）症状特征（见图 7-4）。轮斑病感病初期，叶面出现水渍状小点，随后扩大为圆形褐色病斑，中央呈灰白色，具同心轮纹；病斑多在叶脉之间（后期病斑中央可能会破孔），可以相互融合致使叶片变褐色并逐渐死亡。褐斑病发病初期叶片上出现 1～2 mm 小斑点，逐渐扩大为褐色的圆形或椭圆形病斑，中央呈灰褐色至灰白色，其上有黑色细小颗粒，病斑连接成片后导致叶片发黄枯萎。

（3）发病规律。在瓜叶菊整个生长期均有可能发生。病菌以菌丝体在被害植株的叶片、茎上越冬，翌年形成分生孢子，当环境适宜时，借助气流和水进行传播。一般下部叶片发病早且重，气温高、湿度大、温室通风不良易发病。

图 7-4　瓜叶菊叶斑病症状

（4）防治措施

1）温室和露地摆放盆花，要注意通风、透光，降低株间温度，控制发病条件。

2）及时清除病叶、病株，减少侵染菌源。

3）发病初期用 80%代森锰锌或 50%克菌丹 400～500 倍液、50%多菌灵

600～1 000 倍液喷雾，每隔 7～10 天喷一次即可。

4. 瓜叶菊幼苗猝倒病

（1）危害。该病为真菌病害，由立枯丝核菌引起。该病是瓜叶菊育苗期的主要病害，发病重时死苗率达 50%以上，是一种毁灭性病害。

（2）症状特征。发病初期，幼苗根部出现褐色水渍状病斑，扩大后病斑溢缩，未木质化的幼苗迅速倒伏，木质化的苗木根系腐烂，呈立枯状。

（3）发病规律。病菌在病株及病残体中越冬，菌核存活时间长；病菌由水流传播。育苗基质选用菜园土、连作、高温高湿均可加重病害发生。

（4）防治措施

1）育苗基质消毒。常用药有 90%敌克松可溶性粉剂（3～4 g/m²）、40%五氯硝基苯可湿性粉剂（8～10 g/m²）、五氯拌种双粉剂（按 1∶1 混合，8～10 g/m²）等。

2）药剂防护。见病情立即喷药。常用药有 50%立枯净可湿性粉剂 800～1 000 倍液、20%利克菌乳油 1 200 倍液、50%根腐灵可湿性粉剂 800 倍液。

三、新几内亚凤仙

1. 凤仙花白粉病

（1）危害。该病发生普遍，严重时造成植株衰弱。病原菌为凤仙花单丝壳菌，属子囊菌亚门真菌。

（2）症状特征（见图 7－5）。被白粉菌侵染后，叶、茎、花甚至果实上都可见到白色粉斑，叶面多于叶背。粉斑圆形，呈放射状。叶背面对应处褪绿变黄，后转为黄褐色至褐色枯斑。后期粉斑相互融合成大片，仿佛叶面上撒了一层白粉。受害重的植株衰弱，叶片提早变黄枯死。

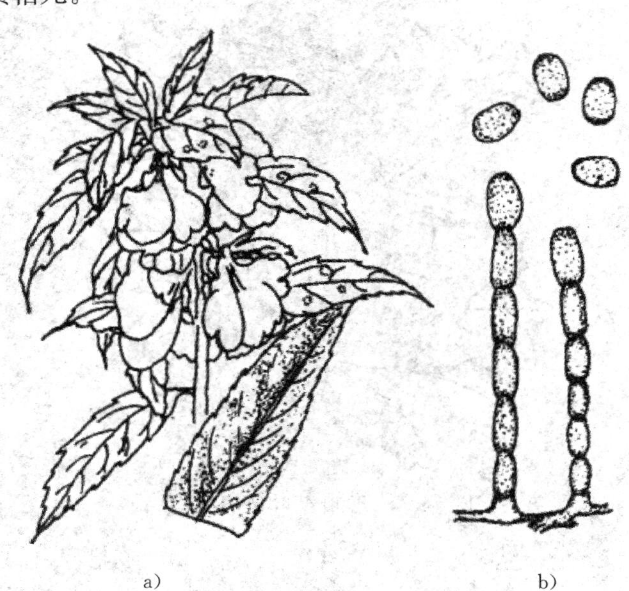

图 7－5　凤仙花白粉病

a）症状　b）病原菌

（3）发病规律。病菌以闭囊壳在凤仙花的病残体和种子内越冬，翌年发病期散放子囊孢子进行初次侵染，以后产生分生孢子进行重复侵染，借风雨传播。8—9 月为发病盛期，气温高、湿度大、种植过密、通风不良时发病重。

（4）防治措施

1）园艺管理。种植密度要适当，应有充分的通风透光条件，多施磷钾肥。及时拔除病株、清除病叶并集中烧毁，减少翌年侵染源。

2）药剂防治。发病初期用 50%甲基托布津可湿性粉剂 1 000 倍液隔 10 天左右喷叶面一次，喷 2～3 次。

2. 凤仙花霜霉病

（1）危害。病原菌为凤仙花单轴霉，主要危害凤仙花叶片，严重时导致叶片焦枯脱落，影响观赏。

（2）症状特征（见图 7－6）。多见于叶部。初为褪绿斑块，常为叶脉所限呈不规则形，大小不限，后期变为黄褐色或褐色坏死。病斑对应的叶背可见较厚密的白色霜状物，严重时覆满全叶，导致叶片枯焦。

（3）发病规律。在南方，病菌以孢子囊进行初侵染和再侵染，完成病害周年循环，无明显越冬期。在北方，病菌以卵孢子随病残体在土壤中越冬；翌年卵孢子借水流或雨水溅射传播，孢子萌发后进行初侵染，病部产生的孢子囊借气流传播，进行再侵染，使病害传播。气温 15～17 ℃、高湿或昼夜温差大、雾大露重、土壤黏重、含水量大则发病重。

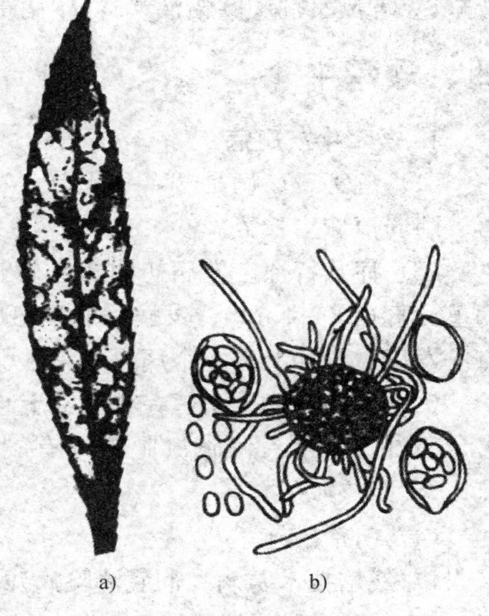

图 7－6　凤仙花霜霉病

a）症状　b）病原菌

（4）防治措施

1）园艺管理。合理密植，通风透光。雨后及时排水，降低株间湿度。不偏施氮肥，注意磷钾肥的合理搭配，增强抗病力。发现病株及早拔除烧毁。

2）药剂防治。可喷施 70%乙磷锰锌可湿性粉剂 500 倍液或 64%杀毒矾可湿性粉剂 500 倍液、72.2%普力克水剂 600 倍液、72%克露可湿性粉剂 600 倍液、60%灭克可湿性粉剂 800 倍液。

3. 凤仙花病毒病

（1）危害。该病在上海、陕西、江苏等地有分布，致病病毒包括黄瓜花叶病毒和芜菁花叶病毒。凤仙花各部位都可受害造成叶片畸形、植株矮化，严重的不开花，失去观赏价值。

（2）症状特征。病毒病发病初期，新叶呈深绿与浅绿相间的斑驳，后发展成花叶。严重时，叶片变窄呈蕨叶状或柳叶状。叶片扭曲畸形，节间变短，植株矮缩，有的呈丛生状，芽叶丛簇。苗期、成株期均可发生。染病植株开花小且少，严重的不开花，失去观赏价值。

(3) 发病规律。病毒由蚜虫传播，也可由病健叶相互摩擦而传播。蚜虫多时病情重。

(4) 防治措施

1) 园艺管理。选用无毒苗，发现病株及早拔除烧毁，减少毒源。加强管理，提高抗病力。花房的通风口安装 30 目的尼龙纱作为挡虫网。

2) 药剂防治。蚜虫发生期，及时喷施杀虫剂治蚜，防其传毒。可用 10%吡虫啉可湿性粉剂 2 000～2 500 倍液或 50%抗蚜威可湿性粉剂 1 000～1 500 倍液、2.5%功夫乳油 2 000 倍液。在周围的杂草上也要喷洒药液，防止杂草或其他植物上的蚜虫向凤仙花上迁移。

发生期喷施 5%氨基寡糖素水剂 800 倍液、3.85%病毒必克可湿性粉剂 700 倍液或 7.5%克毒灵水剂 700 倍液、2%宁南霉素水剂 250 倍液。

四、矮牵牛

1. 矮牵牛灰斑病

(1) 危害。该病是矮牵牛上常见的一种叶斑病，致病菌为壳二孢，常造成叶片早落，削弱植株生长势。

(2) 症状特征。发病初期叶片上出现褪绿的小圆斑，扩展成圆形、近圆形病斑，黄褐色，直径 2～4 mm；发病后期病斑中央变为灰白色，斑缘红褐色，其上着生黑色小点。发病重时叶上有多个病斑，常常引起叶片干枯早落。

(3) 发病规律。病菌在枯落叶上越冬，孢子由水滴及风雨传播。高温多雨、病残体多、喷淋式浇水、偏施氮肥等均有利于病害发生。北京地区 7 月份发病，8—9 月病斑多。

(4) 防治措施

1) 栽培技术防病。彻底清除病残体；改喷淋式浇水为地灌；雨后及时排水；适量增施磷钾肥，提高植株抗病性。

2) 药剂防护。发病初期喷药。常用药剂有 80%喷克可湿性粉剂 600 倍液、40%百菌清悬浮剂 500 倍液、12%绿乳铜乳油 600 倍液等，7～10 天喷一次。

2. 矮牵牛煤污病

(1) 危害。该病危害多种矮牵牛，叶片上产生煤粉斑，而随着煤粉层的逐渐加厚，将会影响花卉的光合作用，影响观赏。

(2) 症状特征。发病初期叶上出现针尖大小的黑色煤粉点，扩展后成大小不等近圆形的煤粉斑，较厚，多数为单个着生。

(3) 发病规律。该病为真菌病害，病菌在病部、病残体及其他寄主上越冬，由气流、昆虫等传播。病害的发生与蚜虫、白粉虱危害密切相关。蚜虫等害虫多、通风不良、高温、高湿均能加重病害发生。

(4) 防治措施

1) 园艺管理。温室通风透光，以便降温除湿；栽种密度适宜，不偏施氮肥；种植地应清洁卫生，减少腐生菌的滋生。

2）药剂防治。做好蚜虫防治，常用药剂有 2.5%敌杀死乳油 2 000 倍液、40%菊马乳油 4 000 倍液、40%扑虱灵可湿性粉剂 2 000 倍液等。

发病初期喷 25%苯菌灵·环己锌乳油 700 倍液，或 50%甲基托布津·硫黄悬浮剂 800 倍液，或 30%氧氯化铜悬浮剂 600 倍液等。7～10 天喷一次。

3. 矮牵牛花叶病

（1）危害。矮牵牛花叶病是由烟草花叶病毒（TMV）和黄瓜花叶病毒（CMV）引起的，矮牵牛生长区都有发生，是一种世界性病害。该病会导致矮牵牛退化。

（2）症状特征。在矮牵牛叶子上常常发现有花叶和斑驳症状，有些植物上形成条斑。除形成花叶外，植株矮小，花小且少，甚至不开花。

（3）发病规律。TMV 和 CMV 都能使矮牵牛产生花叶，从症状上难以区别。TMV 主要是通过种子、土壤及栽培作业所引起的接触传播，种子和土壤传毒率很低，传毒的关键在于工具及手指传播。CMV 由汁液、蚜虫非持久性传播。种植密度大或花坛上的花卉混杂摆放，以及从发病植株上采条扦插育苗，均可增加矮牵牛发病的概率；蚜虫种群密度大时，也会加重病情。

（4）防治措施

1）园艺管理。农具和种子用 10%漂白粉处理 20 min 可以起到一定效果。被 TMV 污染的土壤用溴甲烷（30 g/m^2）也可以使病毒失活。吸烟者如果手指上感染有 TMV 再接触矮牵牛，容易将病毒传开。因此，种植矮牵牛的温室或大田不准吸烟，更不能乱丢烟蒂。注意操作卫生，减少接触传染，操作工具、人手用热肥皂水或磷酸三钠溶液消毒。

2）药剂防治。生长季节可用 20%病毒 A 可湿性粉剂防治，用 500～600 倍液喷雾，每周喷一次，连喷 2～3 次；也可用 10%混合脂肪酸水乳剂，移栽前 2～3 天用一次，移栽后两周用一次。

4. 矮牵牛立枯病

（1）危害。该病害在矮牵牛扦插繁育时发病较重，导致不生根、苗枯萎，该病危害多种矮牵牛。

（2）症状特征。首先发现苗木地上部分萎蔫，继而干柄死亡。拔出苗木，可看到截口部位变黑褐色，没有生根。发病重时，埋存基质中的茎干皮层完全腐烂，褐色，没有异味。拔出轻病苗，洗净保湿 2～3 天，病部长出菌丝。

（3）发病规律。该病是真菌病害，由立枯丝核菌引起。病菌在土壤及病残体内越冬，菌核存活多年；病菌由水流、工具等传播。基质湿度大、温度高，或基质未消毒，很容易发生这种病害。

（4）防治措施

1）园艺管理。调控扦插基质的温湿度能较好地防治该病。

2）药剂防治。基质用 40%五氯硝基苯可湿性粉剂（5～10 g/m^2），或 90%敌克松可溶性粉剂（3～4 g/m^2）消毒。发病初期苗喷淋 50%立枯净可湿性粉剂 800～900 倍液，或 10%立枯灵水剂 1 300 倍液，或 80%代森联可湿性粉剂 600～800 倍液等，药液用量以基质湿度合适为宜。

五、蒲包花

1. 蒲包花茎腐病

（1）危害。致病菌为核盘菌，该菌寄生范围广泛，能侵染菊科及多种草本观赏植物。

（2）症状特征。主要危害茎基部。病部呈水渍状浅褐色腐烂。病部易生白色棉絮状菌丝体，集结成黑色菌核。茎干枯，上部枯萎。有时叶片上也产生不规则水渍状浅褐色斑。

（3）发病规律。病菌主要以菌核形式在土壤中越冬。条件适宜，菌核萌发长出子囊盘和子囊孢子。子囊孢子引起初次侵染。另外，菌核在高温的土壤中能直接着生菌丝体，向周围蔓延扩展。温度较低（20 ℃以下）、过度浇水，造成湿度大、通风差，病害易发生。

（4）防治措施

1）及时清除病体，并集中烧毁。花田栽植密度要合理，不宜过密；花期控制浇水，基部烂叶及时清除。

2）药剂防治。用75%五氯硝基苯（5～7 g/m^2）对土壤消毒。发病时，喷施甲基托布津800倍液，或敌克松800倍液，或70%茎腐灵乳油600倍液，喷洒于植株及地表。10天一次，连喷2～3次。

2. 蒲包花猝倒病

（1）危害。病原为腐霉的一种，危害多种扦插花卉，引起幼苗猝倒死亡。江苏及其他栽培地区有分布。

（2）症状特征。该病侵害后，幼苗茎基部产生水渍状黄褐色斑。病害发展速度快，幼苗即猝倒。严重时，幼苗成片猝倒。病残体及地表生一层白色棉絮状菌丝。

（3）发病规律。种子播种过密、高温和土壤水分过大时，易受到病菌的侵染。

（4）防治措施。秋种不宜过早，土壤水分不能过多，播种前要进行土壤消毒，采用敌克松1份加30份细土混匀撒于地面。花田栽植密度要合理，保持通风透光。发病后，要用瑞毒霉1 000倍液浇灌病土，20%乙酸铜可湿性粉剂800～1 000倍液或恶霉灵30%水剂1 000倍液喷雾。

3. 蒲包花灰霉病

（1）危害。该病为真菌病害，由灰葡萄孢菌引起，江苏、北京、上海等地有分布。病菌寄主范围极广，许多温室花卉都受其感染，影响生长和观赏。

（2）症状特征。主要发生在开花期的中下部叶片上。发病初期叶缘出现暗绿色水渍状斑块，湿度大时扩展快，病斑可达叶的1/4～1/3，呈黑褐色湿腐状；干燥时病斑小，呈浅褐色干枯状。潮湿条件下病部长出灰色霉层。

（3）发病规律。发病在春季花期，温室内湿度过高、通风不良易发生。

4. 蒲包花病毒病

（1）危害。该病为全株性病害，影响商品价值。致病病毒为番茄斑萎病毒。

（2）症状特征。植株明显矮化；病株上叶片呈浅黄色花叶症，叶子扭曲；花上有白色、红色或黄色环纹。

（3）发病规律。病毒在种子内或其他寄主内越冬，由汁液、蓟马等传播。

（4）防治措施

1）园艺管理。禁止从病株上采种留用，发现病株立即销毁。

2）防治传毒昆虫。常用药剂有 40%七星宝乳油 600～800 倍液、10%吡虫啉可湿性粉剂 1 500 倍液、2.5%菜喜加 48%催杀（多杀霉素）悬浮剂 1 500 倍液等，隔 10 天左右喷一次。

第三节　宿根花卉病害及其防治

→ 掌握宿根花卉主要病害及其危害特征

→ 掌握宿根花卉主要病害的防治措施

一、菊花

1. 菊花白粉病

（1）危害。主要危害叶片、叶柄和幼嫩的茎叶。全国各种植区广泛发生，严重影响菊花产量和品质。

（2）症状特征。感病初期，叶片上出现黄色透明小白粉斑点，叶片正面较多。在温湿度适宜时，病斑可迅速扩大成大面积的白色粉状斑或灰色的粉状霉层。严重时发病的叶片褪绿、黄化，叶片和嫩梢卷曲、畸形，早衰和枯萎；茎秆弯曲，新梢停止生长；花朵少而小；植株矮化不育或不开花，甚至出现死亡现象。

（3）发病规律。病原为菊科白粉菌，病菌能以有性时期的闭囊壳在病残体上越冬，在温室内则可以菌丝体形式在被害植物活体上存活越冬。病菌孢子萌发产生侵入丝，直接侵入表皮细胞；而匍匐于寄主表面的菌丝体则产生附着器，在寄主表面蔓延。当棚室内湿度大，温度在 16～24 ℃时，有利于白粉病的发生。

（4）防治措施

1）园艺防治。剪除过密和枯黄叶片，拔除病株，清扫病残落叶，集中烧毁或深埋。用 50%甲基托布津与 50%福美双 1∶1 混合药剂 600～700 倍液喷洒盆土或苗床、土壤，以消灭菌源。

2）加强管理。栽植不能过密，控制土壤湿度，增加通风透光，避免过多施用氮肥，应增施磷钾肥，增强植株叶片抗病能力。

3）药剂防治。发病初期可喷施 50%加瑞农可湿性粉剂，隔 10 天喷一次，连喷三次；在发病期喷施 70%甲基托布津可湿粉剂 800～1 000 倍液或 75%百菌清可湿性粉剂 600 倍液，每隔 7～10 天喷一次，连喷 3～4 次。8 月上中旬喷洒甲基托布津或多菌灵，每 15 天喷一次，连喷 3～4 次。

2. 菊花褐斑病

（1）危害。该病又称菊花斑枯病或黑斑病，是菊花栽培品种中常见的重要病害。除危害菊花外，还危害雏菊、野菊、除虫菊、甘菊等多种菊科植物。主要危害叶片，导致叶片焦枯，严重时整个植株枯死。

（2）症状特征。该病主要危害菊花的叶片，先从植株的下部叶片开始发生，后逐渐向上蔓延。起初在茎基部的叶片上出现暗褐色小斑点，逐渐扩大增多，变成直径 3～10 mm 的圆形黑斑，病斑逐渐扩大成为圆形、椭圆形或不规则状，严重时多个病斑可互相联结成大斑块；后期病斑中心转浅灰色，散生不甚明显的小黑点，叶枯下垂，倒挂于茎上，致全叶干枯。

（3）发病规律。病原菌（菊壳针孢菌）以菌丝体和分生孢子器在病残体上越冬，成为次年的初次侵染来源。来年分生孢子器吸水溢出大量的分生孢子，由风传播；分生孢子从气孔侵入，潜育期 20～30 天。潜育期长短与菊花品种的感病性和温度有关，温度高潜育期较短，抗病品种潜育期较长。该病害通常在高湿的 7 月中旬出现，尤其是连日阴雨闷热、积水久湿、昼夜温差大时容易较大面积发病。

（4）防治措施

1）园艺防治。改善环境条件，增施磷钾肥，氮肥要适量；浇水时忌喷溅浇灌弄湿下部叶片；栽植不要太密，加强通风透光；土壤表面施放一层泥炭土等物质，可以对病残体上分生孢子的传播起到机械隔离作用。

2）药剂防治。病害发生后，选用 50%多菌灵或 50%甲基托布津可湿性粉剂 500～1 000 倍液，也可喷 75%百菌清可湿性粉剂 800～1 000 倍液，每隔 7～10 天喷一次，连续喷 3～4 次，效果较好。减少侵染来源，一旦发现病叶要及时除去，并喷洒 65%代森锌可湿性粉剂 500 倍液，或 75%百菌清可湿性粉剂 500 倍液，每隔 7～10 天喷一次，连续喷 3～4 次。或在发病前喷 50%甲基托布津 1 000 倍液，或 50%多菌灵 500 倍液。8—10 月，每隔 10 天左右喷一次 65%代森锌 600 倍液保护叶片。

3. 菊花锈病

（1）危害。菊花锈病包括黑色锈病、白色锈病、褐色锈病等。它是菊花上的常见病害，也是重要病害，主要危害菊花的叶和茎。该病在各种植区广泛发生，危害严重。

（2）症状特征

1）黑色锈病。黑色锈病是锈病中较常见的一种。染病初期叶片表面出现苍白色的小斑点，逐渐膨大为圆形突起，叶背相应处生褐色或暗褐色小泡斑，不久叶背表皮破裂，生出成堆的橙黄色粉末，为病菌的夏孢子；生长后期生深褐色或暗黑色椭圆形肿斑，破裂后散出栗褐色或黑色粉末，为病菌的冬孢子。发病严重时自下而上全株染病，最后导致叶片干枯。

2）白色锈病。比黑锈病危害严重，染病初期叶子表面发生灰白色圆形病斑，叶背相应处生白色或灰白色小泡，后期变淡褐色或黄褐色，为病菌的冬孢子堆。一片叶上可有许多病斑，形成明显的白色泡状物，严重时致菊花枯死。

3）褐色锈病。发病叶片表面密生淡褐色或橙黄色的细小斑点，导致叶子枯黄。

（3）发病规律。菊花锈病病原有菊柄锈菌、堀柄锈菌及蒿层锈菌三种，常见的为前两种，均属担子菌亚门真菌。病菌主要以冬孢子或菌丝形式在病残体上越冬。冬孢子萌发产生担孢子，侵染寄主，在寄主体内扩展蔓延，最后在叶表面形成夏孢子堆。夏孢子可反复再侵染，造成病害大面积发生。凉爽的气候，以及较高的湿度，有利于病害发生。不同品种的抗病性存在差异。通风透光条件差，地势低洼排水不良，土壤缺肥或氮肥过量，空气湿度过大等，都有利于菊花锈病的发生。

（4）防治措施

1）加强管理。土壤湿度大、地下水位高的，要注意并沟滤水；盆栽的菊花要注意疏通排水孔或洞，防止渍水。在氮、磷、钾合理配合的基础上，适当增施磷肥、钾肥提高菊花的抗病能力。

2）药剂防治。春季萌发新叶前，喷施 0.3°Bé 的石硫合剂，预防病害发生。在生长期间，喷洒 15%粉锈宁可湿性粉剂 1 000 倍液，每隔两周喷洒一次，连续喷 2～3 次。

4. 菊花病毒病

（1）危害。菊花病毒病又称花叶病。危害菊花的病毒种类很多，我国初步鉴定出七种，其中主要的有三种，分别是菊花 B 病毒、番茄不孕病毒和番茄斑萎病毒。不同的病毒在菊花上引起不同的症状，有时不同品种的菊花感染同一种病毒症状也有差异。菊花在栽培中，往往会同时受到几种病毒的复合侵染，症状加重。该病是菊花上的重要病害，各种植区普遍发生，全株发病，危害较重。

（2）症状特征。菊花受病毒侵染，顶梢和嫩叶蜷缩内抱，中上部叶片出现明暗不一的淡黄斑块，俗称花叶病。根系长势衰弱，叶片、花朵畸形，严重影响生长发育和观赏效果并遗传。菊花花叶病的典型症状为在感病品种上形成花叶症状或坏死斑，严重时产生褐色枯斑。在抗病品种上，它只是表现为轻型花叶，甚至不显症。由于菊花品种、生长期及栽培环境不同以及病毒造成的复合感染，症状表现很复杂。

（3）发病规律。该病主要是由菊花 B 病毒引起的，可通过昆虫（主要是刺吸式口器昆虫，如蚜虫、蓟马、红蜘蛛等）、嫁接、机械损伤等途径传播。

病毒在留种菊花母株内越冬，靠分根、扦插繁殖传毒。此外，菊花 B 病毒和番茄不孕病毒还可由桃蚜、菊蚜、萝卜蚜等传播，番茄斑萎病毒则由叶蝉、蓟马传播。在田间蚜虫发生早、发生量大的地区或年份易发病。

（4）防治措施

1）园艺防治。选留健壮、无毒的脚芽和顶梢育苗。注意田间卫生，清除杂草和病株，减少侵染源，消灭传病介体如昆虫、线虫、真菌等。

2）药剂防治。及时消灭传毒介体，用 80%敌敌畏乳油 800 倍液或 40%氧化乐果乳油 1 500 倍液防治蚜虫，用 40%乐斯本 2 000 倍液或 40%三氯杀螨醇乳油 1 000 倍液防治螨类害虫。

病害发病初期可喷洒 1.5%植病灵乳剂 1 000 倍液，或 20%病毒 A 可湿性粉剂 5 000 倍液，或高锰酸钾 1 000 倍液。

二、香石竹

1. 香石竹黑斑病

（1）危害。该病也称叶枯病、枝腐病，为香石竹的一种严重病害。病害危害叶片、枝条和花蕾，影响植株生长和开花，严重时引起全株枯死。

（2）症状特征。该病主要侵染叶片。病斑常出现在下层叶片上。发病初期有暗绿色小斑点，随后为紫色近圆形病斑，扩展后成圆形、椭圆形病斑，直径 2～4 mm。发病后期病斑中央组织变为浅黄褐色，斑缘为褐色，较宽。病重时病斑相连成大斑，引起叶片干枯。潮湿条件下病部长出黑色霉层。茎部受害病斑多着生茎节上，环割茎秆后其上部枝叶枯死。花部受害后出现坏死斑，花瓣不能正常开放。

（3）发病规律。该病为真菌病害，由香石竹链格孢病菌在病株及病残体上越冬；分生孢子随风雨传播，从伤口及气孔侵入。多雨、露重、栽培密度大等有利于发病。

（4）防治措施

1）栽培技术防病。雨后及时排水除湿，栽种密度适宜，栽种地块应设置在通风处，及时分株移栽。

2）药剂防治。发病初期喷 70%代森锰锌可湿性粉剂 500 倍液，或 40%百菌清悬浮剂 500 倍液，或 75%达克宁可湿性粉剂 600～700 倍液等，7～10 天一次。

2. 香石竹病毒病

（1）危害。香石竹病毒病是世界性病害，在各栽培地区均有发生。侵染香石竹的病毒，目前已报道的有 20 多种。常见的病毒病为叶脉斑驳病、坏死斑病、蚀环病和潜隐病。病毒常引起香石竹生长衰弱，花枝短、花朵变小、花瓣出现杂色，严重影响切花的质量和产量。

（2）症状特征。该病为全株性病害。叶片发病产生黄绿相间的花叶或近环状蚀斑，或有白色坏死斑、条斑；花器发病造成花小、畸形，花上有杂色条纹。植株严重矮化，花少或不开花。

（3）发病规律。该病是由多种病毒或病毒复合侵染所致。田间残存的病根和残株、带毒种苗是最重要的初侵染来源，田间病株及一些带病毒杂草是再侵染来源。植株及根相互接触可传病，也能通过工具、操作者的手传播。蚜虫、苗木、插条都可传病。缺乏对病毒病的高抗品种，是香石竹病毒病发生和流行的重要原因之一。

（4）防治措施

1）园艺防治。彻底清除田间病残体，以减少病毒侵染来源；选用健苗、壮苗，尽量杜绝带病毒种苗；进行轮作，忌连作。

2）加强检疫。进口或调运种苗时，应加强检疫，对不能确定是否带病毒的繁殖材料，先在检疫苗圃中进行隔离试种，确定不带病毒后再作为快繁的母本进行扩繁。

3）培育无病毒种苗。建立香石竹无病毒母本园，利用茎尖脱毒或热处理脱毒技术，培育和获得无病毒苗。

4）防治传毒介体。诱杀防蚜虫传播病毒，温室可用防虫网。

5）药剂防治。参见其他病毒病防治。

3. 香石竹锈病

（1）危害。香石竹锈病为香石竹栽培时的常见多发病。该病分布较广泛，为世界性病害。主要危害叶片，造成叶片向上卷曲，植株生长停滞、矮化。

（2）症状特征（见图7-7）。该病在叶片、茎以及萼片上形成红褐色小斑，表皮破裂后散出红褐色或黑褐色的粉状物。发病初期常在叶背产生橙色至褐色孢子堆，其表皮破裂散出黄褐色锈粉，即病菌的夏孢子，有时多个夏孢子堆组成一圆形或椭圆形的大斑块，其周围有一淡黄色的圈。后期受害植株形成大量的黑褐色孢子堆，即冬孢子堆，受害植株表现矮化，叶片卷曲早枯。

图7-7　香石竹锈病症状

（3）发病规律。香石竹锈病病原为香石竹单胞锈菌。病菌多以冬孢子存活于不良的环境条件，从气孔侵入寄主，发病后产生大量夏孢子，又进行再次侵染。温暖（15～24 ℃）和高湿（相对湿度在95%以上）环境有利于病害发生。此外，种植密度过大，通风不良，叶面有水滴，施氮肥过多，均加重病害的发生。

（4）防治措施

1）棚室保持凉爽，10～15 ℃不利该病发展。冷凉干燥环境有利香石竹生长而不利锈病发展。

2）从无病植株上取插条，清除病残体或及时清除病叶以减少侵染源。

3）发病初期喷施50%萎锈灵1 000倍液，或20%粉锈宁乳剂3 000倍液，或20%三唑酮乳油1 500～2 000倍液等，每10天喷一次，连续喷2～3次。以上几种药剂交替使用。

4）香石竹要远离大戟属植物栽种。

三、非洲菊

1. 非洲菊叶斑病

（1）危害。叶斑病是非洲菊常见的病害。该病由菊尾孢菌、菊叶点霉菌和壳针孢菌等半知菌亚门真菌侵染所致，三种病菌侵染叶片引起的叶斑病，严重影响植株生长和开花，降低切花质量和观赏价值。

（2）症状特征。主要危害叶片，叶片受害后开始出现紫褐色小点，后扩大为圆形或不规则形褐色斑。病斑中央为暗灰色，边缘有稍隆起的褐色浅纹，其正背面有时出现暗绿色霉点。有时病斑组织开裂形成穿孔。由于病原微生物不同，症状表现略有差异。由菊尾孢菌引起的叶斑病，在病斑边缘有稍隆起的褐色浅纹，病斑两面有不明显的暗绿色霉点。由菊叶点霉菌引起的病斑具有不同心轮纹，其上着生黑色小点。

（3）发病规律。病菌以菌丝在病叶上越冬。在高温、潮湿、阳光不足、土壤黏重、偏施氮肥等条件下发病严重。一般在阴湿、阳光不足的室内比露天通风透光发病严重。气温为 26～32 ℃的夏秋多雨、多风暴季节，发病较为严重。该病多于 5 月下旬开始发病，6—9 月较严重。

（4）防治措施

1）加强栽培管理。大棚及时通风换气，降低湿度和避免出现高温；合理密植，及时疏叶，保证阳光充足、空气流通；摘叶、采花后，避免立即进行水肥管理；适当施用有机肥，增施磷钾肥，增强抵抗力。

2）及早清除病叶。发病初期或病害不严重时，初见病叶应及时摘除、集中烧毁，以控制病害传播和蔓延。

3）发病初期用 50％多菌灵可湿性粉剂 500～600 倍液，或 70％甲基托布津可湿性粉剂 800 倍液等杀菌剂喷雾，每 7～10 天喷一次，连续喷 2～3 次。

2. 非洲菊白粉病

（1）危害。白粉病是非洲菊叶片上的一种常见病害，世界性分布，寄主范围广。

（2）症状特征。主要危害叶片，严重时也可发生在叶柄、嫩茎以及花蕾上。发病初期，叶面上的病斑不明显，后来成近圆形或不规则形黑色斑块，上覆一层白色粉状物，严重时白粉层覆盖全叶。在严重感病的植株上，叶片和嫩梢扭曲，新梢生长停滞，花朵变小，有的不能开花，最后叶片变黄枯死。发病后期，叶面的白粉层变为灰色或灰褐色，并可见黑色小点。

（3）发病规律。病原为菊科白粉菌。北方露地栽培病菌以闭囊壳越冬；北方棚室及南方露地栽培时，该菌以分生孢子或潜伏在芽内的菌丝体越冬或辗转传播，越冬期不明显，一般温暖潮湿的天气或低洼荫蔽的条件或气温 20～25 ℃，湿度达 80％～90％易发病。大棚通风不良、温度较高时易发病，管理不善、植株生长不良时发病严重，以 8—9 月危害最重。该菌孢子耐旱能力强，高温干燥时亦可萌发，有时高温干旱与高温高湿交替易引起该病流行。

（4）防治措施

1）园艺防治。大棚及时通风以降低温湿度；浇水不宜过多，特别是叶面上不要有水滴；发现病叶、病株及时清理，集中烧毁或深埋；合理施肥，勿施过量氮肥。

2）药剂防治。发病初期用 25％粉锈宁可湿性粉剂 1 500 倍液，或 70％甲基托布津可湿性粉剂 800 倍液，或 65％代森锌可湿性粉剂 500 倍液等杀菌剂喷雾，每 7～10 天喷一次，连续喷 2～3 次，交替使用杀菌剂。严重时可选用 20％三唑酮乳油 1 000 倍液，隔 15 天喷一次，连续喷 2～3 次。

3. 非洲菊疫病

（1）危害。非洲菊疫病又称根腐病、根颈腐烂病。整个生育期均可发病，一般花期受害重。

（2）症状特征。病菌从近地面基部侵染，向下蔓延至根部，受害部位呈水渍状，浅黑色，变软腐败。植株叶片萎蔫，变为紫红色，拔病株时病部易被折断。最后根部皮层腐烂脱落，露出变色中柱。潮湿时病部表面生长出稀疏的白色霉层。

（3）发病规律。该病害是由卵菌纲疫霉属真菌引起的。植株任何时候都可受害，开花期受害最为严重。高温多雨，地势低洼，排水不良时，危害重。病菌以卵孢子随病残体在土壤中越冬，翌年借雨水飞溅传到寄主上，从近地面的茎基部侵染，向下延伸到根部。该菌也可由无性繁殖材料传播。在南方田间周年可见萎蔫病株。一般气温 20～30 ℃，田间积水或湿度大、降雨或台风侵袭时发病重。盛夏塑料棚中气温高于 35 ℃，发病轻；冬季月均气温高于 10 ℃，棚中湿度高也见发病。该菌在 5～33 ℃范围内均可生长，生长适温为 25～30 ℃。梅雨季节，排水不良的低洼处常见形成大量白色绵毛状霉，产生大量菌丝和孢子囊，借风雨传播，造成该病大流行。发病后期病菌又产生出卵孢子越冬。

（4）防治措施

1）目前国内仅分布在浙江、广东等省，其他地区应防止病菌随种苗引进、调运传入，建议从无病地区引进种苗。

2）选用抗病品种。品种间抗性差异明显。“鸡蛋黄”“粉色”两品种发病重，抗性差。

3）精心养护。秋末冬初及时清除病落叶，集中烧毁。

4）发病重的地区提倡采用起垄栽植，有条件的采用避雨栽培法，雨后及时排水，防止湿气滞留。

5）发病频率高的棚室土壤应进行消毒，杀死越冬的卵孢子。

6）发病前喷洒 58%甲霜灵锰锌可湿性粉剂 800 倍液或 64%杀毒矾可湿性粉剂 500 倍液、72%杜邦克露可湿性粉剂 700 倍液，对上述杀菌剂产生抗药性的地区可改用 60%灭克可湿性粉剂 900 倍液。该菌易产生抗药性，要采取综合防治措施，杀菌剂要轮换交替使用方可见效。

四、安祖花

1. 安祖花炭疽病

（1）危害。炭疽病是安祖花常见病害之一，造成叶枯、花腐烂，降低观赏性和切花产量。

（2）症状特征。该病症状比较复杂。一种症状是沿叶脉发生近圆形或不规则形大病斑，直径 20～25 mm，褐色，外围有或无黄色晕圈。发病后期中央组织变为灰褐或灰白色，病斑易撕裂脱落。还可侵染花，病斑与叶上相似，引起花腐烂。另一种症状多发生在叶缘，叶脉之间也有。初发病时为褐色小斑点，扩展后为圆形或半圆形病斑，褐色；发病后期病斑中央组织变为灰白色。不论哪种症状，病斑往往导致叶片枯死。在枯死的组织上生有黑色小点。

(3) 发病规律。该病是由胶孢炭疽菌引起的真菌病害。病原菌以菌丝体和分生孢子盘在病残体或病株内越冬，借灌溉水的水滴飞溅及小昆虫活动传播蔓延，由伤口、气孔侵入，潜育期 10～20 天，有潜伏侵染的特性。多雨、空气湿度高易发病；发病的温度范围宽，为 15～30 ℃；盆中积水、株丛过大、分盆不及时等易发病；温室栽培可终年发病，冬、春较轻，5—6 月发病较重。叶柄和花柄上子实体较常见，叶片枯黄后亦产生。安祖花喜高温高湿，浇水方法不当或叶上有微小伤口易发病，温室高温高湿持续时间长，叶面存在自由水，或顶棚上自由水多，均利于发病。

(4) 防治措施

1) 园艺防治。温室应及时通风换气，降低湿度。浇水宜用滴灌，勿浇迎头水，上午浇水最适宜。增施磷钾肥，不偏施氮肥。及时摘除病叶和折断的花序、叶柄等残体并集中烧毁，以减少菌源。

2) 药剂防治。发病初期喷药保护，如 80%炭疽福美 800 倍液、70%代森锰锌 500 倍液、50%扑海因 1 500 倍液、50%百菌清 800 倍液，7～10 天一次，连续喷 3～4 次。

2. 安祖花叶霉病

(1) 危害。该病主要危害叶片，使叶面形成大病斑，病重时引起叶枯死。

(2) 症状特征。病斑多发生在叶缘，病斑褐色、形状不规则，病斑外围有黄色晕圈；发病后期病斑中央为浅褐色，斑缘为褐色。在潮湿条件下，病斑上着生墨绿色霉点。

(3) 发病规律。该病是由枝状枝孢引起的真菌病害。病菌在病叶上、病落叶上越冬，由气流、风雨传播。栽植温室病残体多、病叶多，以及通风不良、湿度大，有利于该病发生。

(4) 防治措施

1) 园艺防治。彻底清除病残体，及时摘除衰老叶片。秋末天气渐冷，应注意保温，防止花株受冻伤。生长季节控制好温湿度，严防湿气滞留；禁止直接往株丛上喷水，降温应往地上喷水，并经常通风换气。

2) 药剂防治。发病初期喷 50%扑海因可湿性粉剂或 65%甲霜灵可湿性粉剂 1 000 倍液，或 40%克百霉热雾剂 1 500 倍液，或 50%多霉威可湿性粉剂 1 000 倍液等，10 天左右喷一次。

3. 安祖花根腐病

(1) 危害。根腐病是安祖花常见的根部病害之一，主要危害根部，造成整株枯萎。

(2) 症状特征。病害发生在根部，初期为黄色小斑点，水渍状，渐变褐色，病斑扩大后变黑褐色，植株叶片呈黄色，枯萎脱落，根系渐变黑褐色，腐烂，但症状先表现在地上部枯萎死亡。挖出根部，可看到营养根变为褐色腐烂，严重时全部烂掉，并蔓延到大侧根。生长后期能重新侵染主茎的维管束。把带有病斑的根洗净进行表面消毒，保温后长出白色霉层。

(3) 发病规律。该病是由一种镰孢菌引起的真菌病害。病菌在病残体、病土内越冬。该菌产生厚垣孢子，孢子由水流或水滴滴溅传播。植株生长不良是诱发该病的重要

因素。浇水过多或不足、缺肥等都会引起生长不良。在基质湿度波动较大或低温等不良生长条件下容易发病。

（4）防治措施

1）加强养护管理。安祖花是喜肥花卉，尤其是对微量元素的需要较多，应合理施肥；浇水要见干见湿，一次浇透，干后再浇；栽培基质必须肥沃、疏松、易透水。及时更换基质，并做好基质的消毒，控制基质水分。

2）药剂防治。发病初期若土壤湿度大、黏重、通透性差，要及时改良并晾晒，然后再用药。用 30%恶霉灵水剂 1 000 倍液或 70%敌磺钠可溶粉剂 800～1 000 倍液，用药时尽量采用浇灌法，使药液作用于受损的根茎部位。根据病情，可连用 2～3 次，间隔 7～10 天。对于根系受损严重的，配合使用促根调节剂，恢复效果更佳。

五、四季秋海棠

1. 四季秋海棠立枯病

（1）危害。立枯病是四季秋海棠普遍发生的病害之一，常导致植株成片倒伏枯死。花场及家庭盆栽海棠均有发生。

（2）症状特征。病菌主要危害茎基部及靠近土表的叶片。病菌从根茎处侵入幼苗，首先呈现水渍状病斑，病部为褐色腐烂斑，扩及整个根茎后苗木倒伏。苗木木质化后，病部黑褐色，缢缩下陷，苗枯死。潮湿时病部长白色菌丝体。发病重的病株倒伏或腐烂死亡。

（3）发病规律。该病是由立枯丝核菌引起的真菌病害。病菌主要以菌丝体或菌核在土壤或寄主残余组织上越冬，借水流传播；菌核在土内可长时期存活。高温多雨，土壤积水，栽植密度大，连作，均加重发病。

（4）防治措施

1）园艺防治。栽植时选用土质疏松、排水良好、有机质丰富的无病菌土壤作为栽培用土，最好不要用旧盆土，施用的基肥要充分腐熟。雨后及时排水，降低田间湿度。

2）药剂防治。栽培用土和基质消毒，将 40%五氯硝基苯粉剂和 75%敌克松按 3∶1 混合，每平方米施 4～6 g 处理土壤。发病初期喷洒 50%速克灵 1 500 倍液、40%菌核利 1 000 倍液、20%甲基立枯磷乳油 1 200 倍液、50%立枯灵可湿性粉剂 1 000 倍液、高锰酸钾 1 200～1 300 倍液，灌根处理。

2. 四季秋海棠灰霉病

（1）危害。四季秋海棠灰霉病是温室栽培中常见的病害。该病引起四季秋海棠叶片、茎、花冠的腐烂坏死，降低观赏性。该病除危害四季秋海棠外，还能侵染竹叶海棠和斑叶海棠。

（2）症状特征。病害可侵染整个植株的绿色部位。发病初期，叶缘出现褐色至红褐色的水渍状病斑，以后逐渐褪色腐烂，最后整个叶片变黑。花冠发病时花瓣上产生褐色的水渍状斑，萎蔫后变为褐色。茎干发病往往是近地面茎基的分枝处先受侵染，病斑不规则，深褐色，水渍状。病斑也发生在茎节之间。病枝干上的叶片变褐下垂，发病部位容易折断。在高湿条件下发病部位着生有密集的灰褐色霉层。

（3）发病规律。病原菌以分生孢子、菌丝体在病残体及发病部位越冬。第二年环境条件适宜时产生分生孢子，分生孢子借风雨传播，自植株气孔、伤口侵入（也可以直接侵入，但以伤口侵入为主）。一般情况下，温室花卉3—5月容易发生灰霉病。寒冷、多雨、潮湿的天气有利于病原菌分生孢子的形成、释放和侵入，通常会诱发灰霉病的流行。缺钙、多氮也能加重灰霉病的发生。

（4）防治措施。参见前述其他花卉灰霉病的防治方法。

3. 四季秋海棠白粉病

白粉病是四季秋海棠常见的病害之一。病菌侵染嫩叶和花梗后，出现白色粉斑，后期粉斑上长出许多黑色小点，病斑变成灰白色或淡褐色，致使嫩梢弯曲、叶片卷曲、花小而少，严重时叶片枯焦。

四季秋海棠白粉病发病规律及防治方法可参见前述其他花卉白粉病。

六、天竺葵

1. 天竺葵灰霉病

（1）危害。灰霉病是天竺葵栽培中常见的病害。此病主要引起花枯、叶斑和插枝腐烂。

（2）症状特征。花部受害时，通常中部小花最先受到侵染，花瓣边缘褐色，导致花提前凋萎脱落。天气潮湿时，病部长出灰霉层，腐烂的小花被黏结在一起。叶片受害后，出现不规则水渍状褐色斑，并长出灰霉层，后期变干皱缩。茎和叶柄受害后，也形成水渍状边缘不清晰的褐斑，纵向迅速扩展，并发生腐烂。

（3）发病规律。天竺葵灰霉病是由灰葡萄孢菌引起的真菌病害，在冷凉潮湿的温室内易发生。低温下频繁浇水是该病的诱因。

（4）防治措施

1）园艺防治。及时剪除病花、病叶，彻底清除病残体，并集中销毁。浇水应从植株下部、花盆边沿浇入；注意通风，避免在叶和花上留水分。定植时要施足底肥，适当增施磷钾肥，控制氮肥的用量。

2）药剂防治。发病初期，药剂可选用50%速克灵可湿性粉剂2 000倍液，或50%扑海因可湿性粉剂1 500倍液，或70%甲基托布津可湿性粉剂800～1 000倍液，或50%多菌灵可湿性粉剂1 000倍液，或50%农利灵可湿性粉剂1 500倍液，或65%甲霜灵可湿性粉剂1 500倍液，进行叶面喷雾。每两周喷一次，连续喷3～4次。有条件的可用10%绿帝乳油300～500倍液或15%绿帝可湿性粉剂500～700倍液。

2. 天竺葵真菌性叶斑病

（1）危害。由真菌引起的天竺葵叶斑病主要有黑斑病和褐斑病两种，主要危害叶片，形成黑色或褐色坏死斑，病斑常汇成大的枯死斑，降低植株的观赏性。

（2）症状特征。黑斑病主要发生在植株下部老叶上。初生水渍状小斑点，以后扩大成直径2～3 mm的坏死斑，中央褐色，周围有黄色晕圈。有的病斑可继续扩展，直径达6～10 mm，因受叶脉限制而呈不规则形。病斑具同心轮纹，上生少量黑色霉状物。严重时病斑汇合，叶片皱缩、变黑枯死。

褐斑病的受害叶片，初时产生针尖状黄色小斑，后扩大为褐色圆斑，直径为2～6 mm。叶片正面病斑边缘稍隆起，而叶背相应处则稍凹陷。重病叶片上的病斑可达数十个，叶片变黄，容易脱落。病斑两面均产生淡黑色霉状物。

（3）发病规律。黑斑病由链格孢菌引起，褐斑病则由天竺葵尾孢菌引起。两种病原菌均属半知菌亚门。病菌在病叶内及病残体内越冬，以分生孢子借风雨传播进行初次和再次侵染。高温多雨的年份易发生该病。温室通风不良、湿度大加重发病。

（4）防治措施

1）园艺防治。要严格控制浇水次数和浇水量，适时通风排湿，同时注意改善光照条件。及时摘除病叶，清除病残体，并集中烧毁。适当增施磷钾肥，避免偏施、过施氮肥。处在休眠期的天竺葵应控制浇水和追肥，以免发病。

2）药剂防治。发病初期喷洒50%甲基托布津·硫黄悬浮剂800倍液或25%苯菌灵·环己锌乳油700倍液、75%甲基托布津或50%多菌灵可湿性粉剂500倍液，隔10天左右喷一次，连续防治2～3次。

3. 天竺葵细菌性叶斑病

（1）危害。该病又名天竺葵细菌性疫病，是天竺葵的重要病害之一。感染植株叶片大部分死亡，造成落叶，影响天竺葵正常生长和开花，降低植株的观赏价值。

（2）症状特征。主要危害叶片，也可侵染茎秆和枝条。叶片感病后，初期为水渍状褐色小斑点，后扩展为暗褐色或赤褐色圆形或不规则形病斑，直径2 mm左右，病斑稍有轮纹，周围有褪色区。严重时病斑连片，叶片迅速坏死干枯；茎和分枝受害后，维管束变为褐色或黑色，最后茎枝变黑收缩，呈干腐状，茎上的叶片迅速枯死，枯死斑呈多角形，叶片不久脱落。插条受害时不能生根，并由基部向上慢慢腐烂，叶枯萎，呈多角形坏死。

（3）发病规律。该病是由野油菜黄单胞菌天竺葵致病变种引起的细菌病害。细菌可借插条接触、水滴飞溅以及昆虫飞迁传播蔓延。植株栽培过密、发生徒长时容易发病。高温潮湿、施肥不当有利于发病。植株下部的老叶发病重。高氮、高磷和低钙有利于发病。不同品种对该病的抗性差异较大，如大花天竺葵高度抗病，香叶天竺葵中度抗病，而盾叶天竺葵高度感病。

（4）防治措施

1）园艺防治。温室内要注意通风，植株不要过密。要控制好温度和湿度；浇水方式和时间要合理，不要直接对植株喷浇，以避免飞溅的水滴传病；从健株上取插枝作为繁殖材料，所用的修剪工具均要用70%酒精消毒；天竺葵发病的棚室，要彻底清除和销毁所有的病株和病残体。

2）对种植棚室内各种设施进行消毒。可用10%漂白粉液浸泡花盆10～30 min，浸泡液要现配现用；或用40%福尔马林加水配成2%的药液，浸泡花盆10 min。换新土或进行土壤消毒处理，可使用福尔马林，每平方米用30～50 mL，加水6～10 L兑成药液，用以浇灌土面，浇后用草帘盖严，10天后方可栽植。此外，也可采用热蒸汽进行土壤消毒。

3）药剂防治。发病初期，及时用50%二元酸铜（DT）可湿性粉剂500倍液（注意此药不能与其他药剂混用），或60%琥·乙膦铝可湿性粉剂500倍液，或77%可杀得可湿性粉剂400倍液，或70%百菌清可湿性粉剂500～600倍液，或70%硫酸链霉素液4 000倍液，或新植霉素4 000倍液，进行叶面喷雾，每隔7～10天用药一次，连续喷施3～4次。

4. 天竺葵锈病

（1）危害。天竺葵锈病是一种叶部病害，此病在南非和澳大利亚造成了极大的影响，损失严重。病菌造成天竺葵长势下降，切穗量减少，严重时叶片脱落，甚至引起植株死亡。

（2）症状特征。被锈病侵害的天竺葵典型症状是其叶片、叶柄和茎上均出现红褐色泡斑（夏孢子堆），病重时叶片褪绿、脱落。

（3）发病规律。该病害是由一种柄锈菌引起的真菌病害。病菌在受害天竺葵的插条或植株中越冬，由空气、雨水飞溅近距离传播，天竺葵植株和切穗的调运是远距离传播的主要途径。发病部位产生的夏孢子，在温室中可存活6个月，条件适宜时便侵染发病。

（4）防治措施

1）园艺防治。科学浇水，适时通风，降低湿度。一旦发病，应及时摘除病叶，甚至拔除病株，并彻底烧毁。

2）从无病的植株上取插条。若必须采用病地插条时，可将插条置于50 ℃热水中浸泡90 s，或放在饱和湿度的38 ℃空气中24 h，或用代森锌药液浸泡消毒。

3）药剂防治。具体方法可参考菊花锈病的防治。

七、蟹爪兰

1. 蟹爪兰炭疽病

（1）危害。该病是蟹爪兰比较常见的病害之一，主要危害叶状茎节。

（2）症状特点。发病初期出现水渍状并有淡褐色的小点，之后变为褐色、灰褐色和黑褐色圆形或近圆形病斑，直径4～8 mm或更大；有的病斑呈湿腐状下陷，边缘略隆起，湿度大时斑面上散生呈轮斑状排列的黑色小点。

（3）发病规律。该病是由围小丛壳菌引起的真菌病害。病菌在病组织和病残体上存活并越夏或越冬。病菌借风雨传播，昆虫和田间操作也可以传播病菌。菌丝发育适温约25 ℃，高温、高湿有利于发病。

（4）防治措施

1）园艺防治。出现病斑立即挖除，并在伤口涂少量硫黄粉末或木炭灰，尽快晾干伤口；病情重时将腐烂处剪去。嫁接时用健康植株。

2）药剂防治。定植前植株用高锰酸钾1 000倍液浸泡1 h，或用50%多菌灵可湿性粉剂700倍液浸泡8 min。盆土消毒用40%五氯硝基苯与70%代森锰锌等量混合后，每平方米用8～10 g混合好的药与土混匀后装盆，也可以用高温消毒土壤。发病初期喷药，药剂可选用25%炭特灵可湿性粉剂500倍液、25%苯菌灵乳油800倍液、36%甲基托布津悬浮剂500倍液、50%施保功可湿性粉剂1 000倍液、80%炭疽福美可湿性粉剂700倍液。

2. 蟹爪兰灰霉病

（1）危害。灰霉病是蟹爪兰常见病害之一，主要危害花，叶状茎也有侵染，严重影响观赏性。

（2）症状特征。花瓣开始衰老时易染病，受害部呈水渍状褐色腐烂，有浅褐色蛛丝状霉层填满或覆盖花序。

（3）发病规律。该病是一种真菌病害。病原菌有性态为富克尔核盘菌，无性态为灰葡萄孢菌。病菌在病株或腐烂的残体上，以菌核在土壤中越冬。气温 18～23 ℃，天气潮湿，利于该菌的生长和孢子的形成、释放及萌发。此菌在 0～10 ℃低温条件下也很活跃。该菌孢子萌发后很少直接侵入生长活跃的组织，但可通过伤口侵入，或者在衰老的花柄、正在枯死的叶片上生长一段时间后产生菌丝体侵入。该病系低温高湿型病害，多于早春、晚秋或冬季在低温高湿条件下发生或流行。棚室中发病较多。

（4）防治措施

1）园艺防治。精心养护，增强寄主抗病力；注意棚室通风，严防湿气滞留。

2）药剂防治。发病前，可选喷 50%扑海因可湿性粉剂 1 000 倍液、50%速克灵可湿性粉剂 1 500 倍液、65%甲霉灵可湿性粉剂 1 000 倍液、25%使百克（咪鲜胺）乳油 900 倍液，隔 10 天左右喷一次，防治 1～2 次。

八、君子兰

1. 君子兰根茎腐烂病

（1）危害。君子兰根茎腐烂病又称软腐病，主要危害假鳞茎和叶片。

（2）症状特征。茎染病，初生暗褐色水渍状斑，不规则形，茎部组织很快变软腐烂，致全株折倒。叶片染病多始于叶基，叶片失去光泽，叶两面生暗绿色水渍状斑，后沿脉向上、向下扩展，病部变软腐烂，叶片下垂或脱落。染病后的茎和叶都散发出恶臭味。

（3）发病规律。病原菌多从伤口侵入。夏季气温高、湿度大、通风不良时易发病，受介壳虫危害的发病重。

（4）防治措施

1）栽培君子兰应使用质地疏松、保水、透气良好的腐殖质土或君子兰专用土，最好高温消毒后使用。

2）沿盆沿浇水，避免顶浇把水浇进心叶中。

3）保持室内通风，空气新鲜。

4）避免各种虫伤和人为伤口。

5）发病初期，喷洒或浇灌医用硫酸链霉素 3 000 倍液或 47%加瑞农可湿性粉剂 800 倍液、12%绿乳铜乳油 600 倍液、100 万单位新植霉素 4 000 倍液。

2. 君子兰炭疽病

（1）危害。炭疽病也是君子兰常见的病害之一，成株及幼株均可受害。该病主要侵染叶片，尤其是植株中下部叶片的叶缘更易受害，可造成叶片出现大面积的坏死斑。发病严重时，整株受害引起叶片变黑、枯萎。

(2) 症状特征。发病初期，在叶片上产生淡褐色小斑，后扩大成圆形、椭圆形或半圆形具有轮纹的病斑，病健交界处明显，上有小黑点，潮湿时涌出粉红色黏液，为病原菌的分生孢子堆。

(3) 发病规律。该病是由圆盘孢属真菌引起的真菌病害。病菌以分生孢子和菌丝状态在病株和土壤中越冬，以分生孢子进行初侵染。病菌孢子靠气流、风雨、浇水等传播，多从伤口处侵入。温室内可以反复发生，多雨潮湿季节容易发病；浇水过湿，特别是傍晚浇水及植株放置过密，都容易发病。病菌在 13～32 ℃温度范围内都可以侵染，在 25～28 ℃条件下发病最重。植株在偏施氮肥，缺乏磷钾肥以及在通风透光不良时发病严重。

(4) 防治措施

1) 及时剪除病叶，清理并销毁病残体。

2) 合理增施磷钾肥，避免偏施氮肥。

3) 盆土及摆放花盆周围的地面定期用杀菌剂进行喷洒消毒，一般于每年春季和秋季各进行一次，药剂有 50%福美双 500 倍液，或 50%多菌灵 500 倍液，或 80%炭疽福美 100 倍液。

4) 生长季节，尤其是多雨季节，定期用 80%炭疽福美 800 倍液，或 50%福美双 800 倍液进行叶面喷洒，每隔 7～10 天喷一次。

3. 君子兰花叶病

(1) 危害。君子兰花叶病又称君子兰褪绿斑驳病，在我国昆明、成都、南京、武汉、北京、青岛、沈阳、福州、厦门、广州、哈尔滨、大连、包头等地均有发生，分布十分广泛。主要危害叶片，叶脉间出现褪绿长短不一条纹，造成植株生长瘦小。

(2) 症状特征。随着君子兰新叶的长出，病叶上产生点状、条点状褪绿斑，与健康组织相比呈浅黄色，由于褪绿斑分布不均匀而呈斑驳状。感病植株叶片略小，有时畸形，叶缘扭曲，花较小，有时有碎色花。

(3) 发病规律。该病是一种病毒病害，除了由汁液传播外，也可以由蚜虫传播；此外，该病毒还有低温隐症现象。温室栽培君子兰时，如果蚜虫防治不及时，能导致病毒从病株向健康株传播。在养护管理过程中，工具和手也是传带病毒的重要途径。

(4) 防治措施

1) 发现病株，及时淘汰；避免用病株的种子繁殖后代。

2) 加强温室管理，及时防治蚜虫，并防止由于园艺操作而引起的病毒传播，如不要用手经常触摸植株，用过的剪刀及时用 0.5%磷酸三钠溶液消毒。

3) 加强植株的水肥管理，每年叶面喷施 5～6 次植病灵 200 倍液，或双效微肥 300 倍液，提高植株的抗病毒能力。

4. 君子兰叶斑病

(1) 危害。叶斑病是君子兰的常见病害之一。该病在君子兰上发生十分普遍，东北、华北、西北、华中、华东多地城市均有发生。病害影响植株正常生长发育，严重时整株叶片病斑累累，影响其观赏性。

（2）症状特征。发病初期，叶上出现褪绿浅黄色、褐色、灰褐色病斑，扩大后为大型不规则斑，边缘稍隆起，褐色，中央灰褐色，稍呈轮纹状。后期病斑上出现黑色颗粒状物，有时病斑融合成大斑块。

（3）发病规律。该病是一种真菌病害。病菌存活于寄生植物的病叶上，多从伤口侵染危害。在高温干燥的条件下，植株生长势衰弱或有介壳虫危害时容易发病。

（4）防治措施

1）园艺管理。雨后或阴天温室应及时通风、降温、除湿，盆在荫棚下摆放，雨后应及时排水，盆中无积水；施足底肥，生长季节追施稀薄肥，勿偏施氮肥；及时擦洗叶上粉尘，杜绝喷淋式清洗。

2）药剂防治。发病初期喷药，常用药剂有 50％百菌清·硫黄悬浮剂或 12％绿乳铜乳油 600 倍液、20％龙克菌悬浮剂 500 倍液、27％铜高尚悬浮剂 600 倍液、25％敌力脱乳油 4 000 倍液等。

九、倒挂金钟

1. 倒挂金钟炭疽病

（1）危害。该病主要危害叶片，叶片形成褐色坏死斑，影响植株正常生长，降低其观赏价值。

（2）症状特征。病斑常出现在叶尖或叶缘，半圆形或形状不规则，褐色至灰褐色，病健交界处不明显，多呈波浪状，湿度大时露出黑色小点，即病原菌的分生孢子盘，后期坏死斑易破裂或脱落。

（3）发病规律。该病是由一种刺盘孢菌引起的真菌病害。病原菌在病部或病残体上越冬，条件适宜时分生孢子借风雨传播，从伤口侵入进行初侵染，经几天潜育，发病后病部又产生病原菌进行再侵染，致病害不断扩大。高温多雨季易发病。

（4）防治措施

1）园艺防治。清除病叶，减少侵染源。花盆或植株株距适当，盆土不宜过湿，保证通风、透光良好。

2）药剂防治。发病初期喷药，药剂可选用 27％铜高尚悬浮剂 600 倍液、50％多菌灵可湿性粉剂 800 倍液加 75％百菌清可湿性粉剂 800 倍液、25％炭特灵可湿性粉剂 500 倍液、50％施保功可湿性粉剂 1 000 倍液、25％使百克乳油 800～1 000 倍液。以上药剂隔 10 天左右喷一次，连续防治 3～4 次。

2. 倒挂金钟灰霉病

（1）危害。该病是倒挂金钟的一种常见病害，可危害植株的叶、茎和花，并长出灰霉状物，有害花蕾，导致花蕾腐烂，严重影响植株的正常生长。

（2）症状特征。主要危害茎、叶、花，致使受害部位出现水渍状斑点。花瓣、花梗、叶柄染病时病部初生水渍状褐色小扇，后迅速扩大，雨后或湿度大时长出灰色霉层。叶片染病时生水渍状大型褐斑。

（3）发病规律。该病是葡萄孢菌引起的真菌病害。该病属低温型病害，对湿度要求很高，相对湿度 90％以上才能发病，故潮湿、冷凉的环境条件下易发病，连续阴雨发病重。

(4) 防治措施

1) 园艺防治。注意通风，增温控湿。及时摘除病花、病叶、病枝并烧毁，保持栽培场地的清洁卫生，以减少侵染源。

2) 药剂防治。发病初期喷药，药剂可选用50%多菌灵1 000倍液、50%灭霉灵可湿性粉剂800倍液、40%施佳乐悬浮剂1 200倍液、28%灰霉克可湿性粉剂700～800倍液、30%大力水悬浮剂800～900倍液。

十、大花蕙兰

1. 大花蕙兰炭疽病

(1) 危害。该病为真菌病害，由胶孢灰疽菌引起，在大花蕙兰上发生普遍，降低植株的观赏价值。

(2) 症状特征。该病主要发生在叶缘或叶片上。发病初期为褐色小斑点，扩展后为圆形或半圆形褐色病斑，直径为8～25 mm；后期病斑变红褐色或灰褐色，其上着生密集的褐色小点。

(3) 发病特点、防治措施参看蝴蝶兰炭疽病。

2. 大花蕙兰叶斑病

(1) 危害。该病为真菌病害，由叶点霉引起。该病在大花蕙兰上时有发生，叶片上形成较多的病斑，降低观赏性及商品价值。

(2) 症状特征。该病主要危害叶片，也侵害假鳞茎。发病初期叶上出现黄褐色小斑点，扩展后为卵圆形、近圆形病斑，褐色或赤褐色，边缘褐色、隆起，中央组织凹陷明显；发病后期病斑中央组织为褐灰色，其上着生黑色小点。假鳞茎发病，病斑与叶上相似。病斑组织有时碎裂穿孔。

(3) 发病规律。病菌在病残体或发病部位越冬，由风雨及水滴滴溅传播，由伤口和气孔侵入。高温多雨、湿度大（85%以上）、伤口多、病叶清理不及时、调运装车前大量喷水、途中不通风等均有利于病害发生。

(4) 防治措施

1) 园艺防治。控制温室湿度，通风降湿，叶片上不残留水滴；雨后及时排水，盆中勿积水；见到病斑及时剪除并销毁；调运装车前可以喷水，叶片上无水滴时再装车，途中通风；园艺操作中尽量减少伤口。

2) 药剂防护。发病初期喷药。常用杀菌剂有40%氟硅唑乳油8 000倍液、12%绿乳铜乳油或30%氧氯化铜悬浮剂600倍液等。10～15天喷一次。

3. 大花蕙兰黑斑病

(1) 危害。大花蕙兰黑斑病也称圆斑病，在大花蕙兰上通常是急性侵染。该病为真菌病害，由蝴蝶兰柱盘孢菌引起，可降低观赏性及商品价值。

(2) 症状特征。该病危害叶片，主要发生在叶基部，叶尖或叶缘也受害。发病初期出现褐色小斑点，扩展后呈圆形或近圆形黑褐色斑；发病后期病斑上的轮纹似有似无，病斑直径10～15 mm，病斑之间组织变黄，病斑上有黑色小点。

(3) 发病规律。病菌在病株及病残体上越冬，由风雨及水滴滴溅传播，由伤口侵入，潜育期10～15天。发病适温为15～20 ℃。多雨、高温，植株长势差，盆中积水、板结、通气性差，栽植密度大、株丛过大造成通风不良、湿度大，调运途中通风不及时，偏施氮肥等均有利于病害发生。温室中该病春、秋、冬季均可发生。

（4）防治措施

1）园艺防治。及时剪除发病部位；加强养护，提高植株抗病性；栽植密度适宜，以利通风、透光、降湿；适量增施磷钾肥，不偏施氮肥；操作中减少伤口；温室及时通风，降低湿度，叶上不要有水滴。

2）药剂防护。发病初期喷 50%使百克可湿性粉剂 1 000 倍液、12%绿乳铜乳油或 27%铜高尚悬浮剂 600 倍液、20%龙克菌悬浮剂 600 倍液、80%喷克可湿性粉剂 600 倍液、12.5%腈苯唑乳油 3 000～4 000 倍液等。

4. 大花蕙兰根腐病

（1）危害。根腐病又称枯萎病，属于真菌病害，分布很广，除大花蕙兰外，其他植物也会受害。它是由一种立枯丝菌引起的根腐烂。该病在幼苗、新移栽的植株和浇水过多的植株上发生较严重，是大花蕙兰毁灭性病害之一。

（2）症状特征。苗茎基部、根及根状茎上生褐色水渍状斑点，后环绕一圈形成褐腐区，造成幼苗萎蔫，最后死亡。病斑多局限在根部，初呈水渍状腐烂，后扩展到根状茎或进入部分假鳞茎，病株逐渐衰退，叶片和假鳞茎发黄、干缩或扭曲，最终死亡。

（3）发病规律。该病是由真菌引起的病害，病原菌为瓜亡革菌，无性态称立枯丝核菌。病菌以菌丝体或菌核在土壤中越冬，可在土壤中长期存活。当寄主处在衰弱期时病菌容易趁机侵入，通过水流、农具等传播蔓延。病菌生长适温 18～30 ℃，幼苗根系与菌丝接触易发病。

（4）防治措施

1）园艺防治。及时清除病株根部所有腐烂的部分。

2）药剂防治。拔除病株后，用 20%甲基立枯磷乳油 1 500 倍液、50%苯菌灵可湿性粉剂 1 000 倍液浇灌；如有终极腐霉或恶疫霉混合侵染时，可用唑托混剂或 72%杜邦克露或 60%氟吗·锰锌可湿性粉剂 800 倍液淋浇。

5. 大花蕙兰白绢病

（1）危害。该病是由真菌引起的病害，病原菌为齐整小核菌。

（2）症状特征。菌丝从鞘片开始逐渐蔓延到幼芽中心叶基，延伸至未出土的幼芽或幼小的假鳞茎及幼根，造成受害幼嫩组织变褐，常渗出黄色液体。植株近地面茎基部及肉质根初呈水渍状，病部发黑腐烂变软，接着其表面长出白色绢丝状物，多呈放射状向根部及四周土壤或盆土表面扩展，后期在白色菌丝上产生很多油菜籽状的棕褐色的小菌核，表面平滑。

（3）发病规律。病菌在病部或随病残体进入土壤中越冬，温暖地区病菌可以在未腐烂的有机残体上越冬。翌年 5—6 月，温度 25～35 ℃、相对湿度 90%以上时菌核萌发，并产生菌丝在土壤中蔓延，从叶基部侵入，经 7～8 天潜育即开始发病，病部又产生菌丝进行多次再侵染。该病每年有 2～3 个发病高峰，危害程度主要取决于当地空气的温湿度。白绢病菌发育温度为 8～40 ℃，最适温度为 32～33 ℃；适应 pH 值为 1.9～8.4，最适 pH 值为 5.9。菌核在室内条件下可存活 10 年，自然条件下可存活 5～6 年，淹水条件下 3～4 个月即失去生活力。我国东南沿海地区，梅雨季节、高温多雨及酸性土易发病，盆中植株过密、盆土积水或湿气滞留持续时间长、通风透光不良等发病重。

（4）防治措施

1）园艺防治。选用腐殖程度高、肥沃清洁的腐殖土为培养土。高山腐殖土清洁，有害微生物少，土壤具团粒结构，适合蕙兰生长。园土作为培养土，要筛去未腐烂的植物残体，然后经高温杀菌；也可将园土放入缸中浸水，充分搅拌后捞去浮渣，浸 4～6 个月后备用。施用有机肥料必须经过充分发酵、腐烂，适当施用硝酸钙、硫酸铵等肥料可减轻病害。调节培养土适宜的酸碱度。栽培用土提倡经过高温消毒，采用加温烘烤或通过蒸汽灭菌均可。雨季采用避雨栽培法。发现病株及时拔除。在盆栽株丛中，如有少数几株染病，必须把所有的受害根连同植株小心移掉。

2）药剂防治。拔除病株后，用 50%福美双粉剂 500 倍液，或 20%甲基立枯磷乳油 1 000 倍液消毒，防其传染。可用 40%五氯硝基苯粉剂，用量为盆土重量的 0.2%～0.3%，拌入盆土中，或制成药砂撒施在表面，也可加水 500 倍浇灌。发病季节可选喷 50%甲基托布津·硫黄悬浮剂 800 倍液、36%甲基托布津悬浮剂 500 倍液、40%百菌清悬浮剂 500 倍液、20%三唑酮乳油 800 倍液、25%瑞毒霉可湿性粉剂 800 倍液、20%甲基立枯磷乳油 1 200 倍液，隔 10 天左右喷一次，每月 2～3 次。

第四节　球根花卉病害及其防治

→ 掌握球根花卉主要病害及其危害特征
→ 掌握球根花卉主要病害的防治措施

一、唐菖蒲

1. 唐菖蒲幼苗猝倒病

（1）危害。幼苗猝倒病是许多花卉苗期在根部和茎基部出现的病害。它发生普遍，危害严重。除严重危害唐菖蒲的幼苗外，还可危害鸢尾、香石竹、凤仙花、翠菊、瓜叶菊、三色堇、一串红、大丽花、秋海棠、蒲包花和报春花等多种花卉的幼苗。

（2）症状特征。此病在早期发生，可引起烂种。幼苗期发病时，植株的茎基部产生水渍状病斑。病斑淡褐色，稍微缢缩，可迅速扩展，使幼茎逐渐缢缩成线状。病势发展很快，幼叶还为绿色时，幼苗即萎蔫倒伏，最后病苗腐烂或干枯。苗床潮湿时，在病部及其附近土面长出白色棉絮状菌丝体。

（3）发病规律。猝倒病主要是瓜果霉菌引起的。病菌以卵孢子和菌丝体在土壤内或病残体上越冬，可在土壤中存活多年。条件适宜时病菌萌发，从唐菖蒲幼苗的基部直接侵入或由伤口侵入。病菌靠灌溉水、土壤、粪肥和操作工具等传播。土温在 12～23 ℃时发病重。因此幼苗期间出现低温，会加重发病程度。高湿度有利于病菌的萌发和侵入。养分不足，幼苗生长不健壮，光照不足，幼茎木栓化程度低时，幼苗容易感病。此外，播种期不当，播种过密，分苗和间苗不及时，通风和浇水不当，土质黏重，地势低洼积水，施用未经高温腐熟的混有病残体的堆肥，以及进行连作等，均会加重猝倒病的发生。

(4) 防治措施

1) 园艺管理。选择地势较高、地下水位较低、排水良好、不黏重、无病菌或病菌较少的地块作为苗床。不要使用旧苗床土。苗床土壤要精耕细整，施用净肥。

适度催芽，播种密度要适宜。做好苗房保温、降湿，要防止冷风吹入，房内温度应控制在 20～30 ℃，地温保持在 16 ℃以上。苗床管理忌大水。要注意通风换气，降低湿度，增强光照，促进幼苗生长。

2) 药剂防治。进行苗床土壤消毒。在距离播种三周前，耙松土壤表层，每平方米苗床上用 40 mL 福尔马林药液，兑水 60～100 倍（即加水 2 400～4 000 mL）喷洒，然后用塑料薄膜覆盖严密，一周后揭膜，耙松土壤，让药充分挥发，再过两周后即可播种。土壤消毒也可使用五代合剂，即五氯硝基苯与代森锌按 1∶1 混合，每平方米用混合剂 8～10 g，拌 15 kg 干细土，配成药土。播种时，用 1/3 药土撒到苗床上或播种沟内垫底，再用 2/3 药土覆种，最后覆土。盖好后，土表要洒水，经常保持土壤湿润，以免发生药害。病土消毒除用五代合剂以外，还可用 50%多菌灵，或 50%福美双，或 50%甲基托布津，或五福合剂（五氯硝基苯与福美双按 1∶1 的比例混合）。

发病初期喷 75%百菌清可湿性粉剂 600 倍液，或 64%杀毒矾可湿性粉剂 300～500 倍液，或 25%甲霜灵（瑞毒霉）可湿性粉剂 600 倍液，或 40%乙膦铝（疫霜灵）可湿性粉剂 300 倍液。应重点喷洒幼苗嫩茎基部。也可用 45%百菌清烟剂熏烟，每 667 m^2 一次用量为 250 g，点燃后密闭苗房杀菌。

2. 唐菖蒲灰霉病

(1) 危害。该病在北京、上海、广州、贵阳等地有发生，病原为真菌中的葡萄孢菌，危害唐菖蒲叶、茎、花及球茎，严重时植株倒伏死亡，球茎中心腐烂变软。

(2) 症状特征。此病可危害叶片、花梗、花瓣、茎基和球茎。叶片受害初期产生锈褐色斑点，之后扩大为近圆形灰褐色或褐色的病斑，潮湿时病斑上产生灰色霉层。花梗受害初期产生淡褐色水渍状斑，后扩大产生褐色软腐。花瓣易感病，冷凉潮湿时，花瓣呈黏性腐烂，上生灰色霉层。茎基受害后出现茎腐，潮湿时茎基部产生褐色软腐，植株倒伏死亡。病组织上产生灰色霉层和菌核。病菌侵染球茎，出现圆形褐色斑点，向内扩展，引起球茎中心部分或全部腐烂，仅留外皮。球茎可发生海绵状腐烂，剥去外皮可见黑色菌核。

(3) 发病规律。病菌在病组织中以分生孢子或菌核越冬；由于该菌腐生性强，也可在土壤中越冬。温室或大棚栽培，冬季十分潮湿时易发生此病；露地栽培时，空气湿度大，在 10～18 ℃时最易发生此病。

(4) 防治措施

1) 园艺管理。高畦或深沟排水栽种唐菖蒲。地栽时实行轮作，盆栽时对盆土消毒；盆土勿过湿，地栽时不要积水。发现病株时及时拔除，摘除老花穗，集中烧毁。

在天气干燥的时候挖出球茎，将其放在 30 ℃下处理 7～10 天，待其充分干燥后储藏，储藏中将温度控制在 5～8 ℃，相对湿度控制在 70%左右。

2) 药剂防治。种植时选用无病的球茎作种球。对怀疑有病的种球进行药液处理，即在 46 ℃条件下，将其放在 50%速克灵可湿性粉剂 1 000 倍液中处理 20～30 min。

发病初期喷洒 50%速克灵可湿性粉剂 1 000～1 500 倍液，或 40%乙烯菌核利可湿性粉剂 600 倍液，或 80%代森锌可湿性粉剂 600～800 倍液，或 50%氯硝胺 1 000 倍液，每隔 7～10 天用药一次，连用 3～4 次。也可用 30%土菌消水剂，于定植前后淋施。

3. 唐菖蒲枯萎病

(1) 危害。此病危害唐菖蒲叶柄、叶片、花梗、球茎等，造成枯萎死亡，在上海、沈阳、广州、唐山、天津有分布。

(2) 症状特征。田间感病后的植株幼嫩叶柄弯曲、皱缩，叶簇变黄、干枯，花部受害后花梗弯曲，有色品种中花色变深、花瓣变窄、向上歪斜、不能充分开放，最后黄化枯萎。球根发病可区分为维管型、褐腐型和底盘干腐型。病斑初时为水渍状、不规则的赤褐色到暗褐色小斑，病斑凹陷，呈环状萎缩；在潮湿气候下，病斑上有白色菌丝和分生孢子产生，严重时整个球茎变为黑褐色干腐。当种植有病球茎时，严重的不能抽芽，或成苗纤弱，并很快死亡。不严重的病球茎可以抽芽直到长成正常植株，但是最后还是叶尖变黄并逐渐往下死亡，直到整株枯死。

(3) 发病规律。病菌主要为尖孢镰刀菌唐菖蒲专化型，为土壤习居菌，可在土壤中存活多年。借土壤和病球茎传播，由根颈部侵入并扩展到整个植株。条件适当时，病菌进入维管束，引起维管束变色。连作、种植带病球茎和施用氮肥过多时发病。入窖储藏时，球茎未充分干燥，储藏期间温度高、湿度大，均有利于病害的发生。

(4) 防治措施

1) 园艺管理。种植唐菖蒲的地块要土层深厚，有机质丰富，土壤肥沃，种植前施足有机肥；避免在有病的土壤上连作，最好实行六年以上轮作制；更换栽培用土，或对土壤进行药物或高温消毒。消毒药剂可选择 95%敌克松可溶性粉剂，或 70%百菌清可溶性粉剂。加强肥水管理，忌氮肥过量和土壤积水。

2) 储藏前处理。选择晴天采收球茎，挖掘球茎时避免造成伤口。储藏前，要剔除有病球茎，将球茎置于 30 ℃干燥条件下处理 10～15 天，促进伤口愈合，使球茎充分干燥。储藏时将温度控制在 5～11 ℃，相对湿度控制在 70%以下。

3) 药剂防治。选用无病球茎作种球。种植前进行种球消毒处理。用 50%多菌灵可湿性粉剂 500 倍液或 64%杀毒矾可湿性粉剂 400～500 倍液浸泡 30 min 后，再用福美双拌种。也可将抗菌剂 401 的 1 000 倍液喷洒于种球表面，或用 0.1%升汞水溶液浸泡 3 min，再用清水冲洗，晾干后种植。

发病初期，向茎基以及茎基附近的土壤和叶片上，喷洒 50%多菌灵可湿性粉剂 500～1 000 倍液，或 75%百菌清可湿性粉剂 800 倍液，或 70%甲基托布津可湿性粉剂

1 000 倍液，能抑制病害的扩展。

4. 唐菖蒲青霉腐烂病

（1）危害。青霉腐烂病是许多鳞茎花卉储藏期的病害。此病在上海地区有时十分严重，武汉、沈阳也有发生。

（2）症状特征（见图 7－8）。发病开始时，球茎上产生褐色下陷的病斑，周围黑色，病部与健部分界明显。潮湿时病斑上长出青绿色霉层。严重时整个球茎全部烂掉。在病部也可形成灰色或浅褐色的球形小菌核。

（3）发病规律。该病病原菌是一种青霉属真菌，分布在空气和土壤中，主要以菌核存在于不良的环境中。球茎表面如有病菌附着，遇高温高湿环境，病菌会大量繁殖，从伤口侵入。在采收、包装、运输和储藏过程中均可发病。球茎伤口多，储藏场所潮湿、高温和通风不良时发病严重。

（4）防治措施

1）种球处理。种植前用 2%高锰酸钾溶液，或 1%～2%硫酸铵水溶液，或 0.3%～0.4%硫酸铜溶液浸泡种球 1 h，晾干后再种。

2）储藏期管理。在挖掘和运送球茎过程中，减少造成伤口。采收后不要急于储藏，最好置于 30 ℃的干燥环境中处理 10～15 天，球茎充分干燥并促进伤口愈合。入窖储藏前，剔除有伤病的球茎。储藏时，将温度保持在 5 ℃左右，相对湿度控制在 70%以下。发现霉烂球茎，要及时清除出窖。

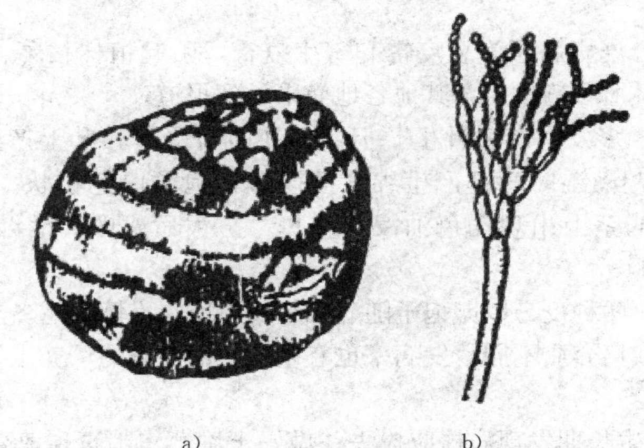

a)　　　　b)

图 7－8　唐菖蒲青霉腐烂病

a）受害球茎　b）病原菌

二、百合

1. 百合叶枯病

（1）危害。百合叶枯病又称百合灰霉病，病原为椭圆葡萄孢菌或灰葡萄孢菌，是百合病害中最广泛和严重的一种。该病影响植株光合作用，妨碍生长，降低观赏价值；病害严重时，导致整株死亡。

（2）症状特征（见图 7－9）。受害部位多为叶、茎、芽和花。叶上产生圆形或椭圆形病斑，大小不一，长度 2～10 mm，浅黄色到浅褐色。在某些品种中，斑点浅褐色，

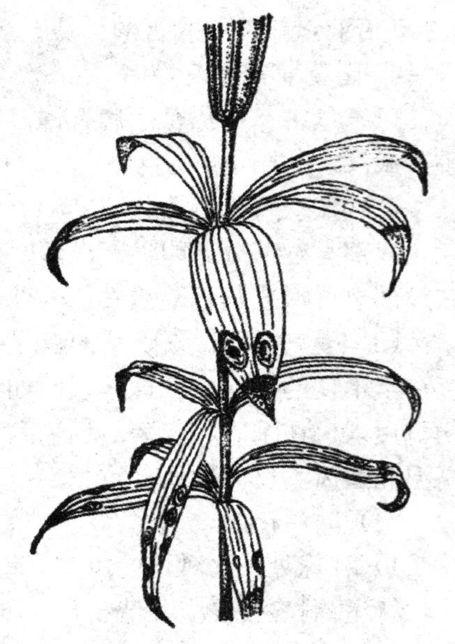
图 7-9 百合叶枯病

围有清晰的红紫色边缘，在潮湿条件下，斑点很快覆有一层灰色的霉。病斑干时变薄，易碎裂，透明，一般呈灰白色。严重时，整叶枯死。茎受侵染时，从侵染处腐烂折断，芽变褐色腐烂。花上斑点褐色，潮湿时迅速变成发黏的一团，覆有灰色霉层。幼株受侵染时，通常生长点死亡。但夏季植株可重新生长。

（3）发病规律。病菌以菌丝或菌核在落下的病残组织上越冬，翌年产生分生孢子侵染危害，可多次重复侵染。温室过分潮湿时容易发病，植株过密时发病重，偏施氮肥发病重。

（4）防治措施

1）园艺管理。初病时去除病叶，减少侵染来源；温室应通风和保证足够的光照；浇水应在叶上水分易干燥时进行，最好从边沿浇水，避免弄湿叶片。

2）药剂防治。喷洒1%波尔多液、75%百菌清500倍液或50%多菌灵500倍液，每两周喷一次，喷四次即可。

2. 百合疫病

（1）危害。百合疫病病原为恶疫霉和寄生疫霉，引起植株枯萎、死亡。1982年7月中旬曾在上海园林所普遍发生，其他各地尚未见到报道。

（2）症状特征。多发生在嫩叶上，但茎和花也可受害，叶上产生油渍状的小斑，逐渐扩大成灰绿色，潮湿时病部产生绵状菌丝体，孢子白色粉状。严重时叶和花软腐，茎曲折下垂，鳞茎上出现褐色油浸状小斑，扩大后腐败，潮湿时腐败部产生白色霉层。

（3）发病规律。两种疫霉以卵孢子随病残组织遗留在土壤中越冬。天气多雨、排水不良时病害严重。栽培介质不同，发病率也有差异，消过毒的培养土发病率最低。

（4）防治措施

1）园艺管理。生长期发现病株应拔去；做好土壤蒸汽消毒；改善环境条件，避免田间积水，注意通风，降低棚内湿度。

2）药剂防治。用氯化苦消毒（需戴防毒面具进行），土壤用敌菌丹1 000倍液（3 L/m^2）浇灌，以防止邻近株感染；此外，茎叶喷1次0.5%波尔多液或链霉素液1 000倍液进行防治，也有效果。发病前可喷65%代森锌600倍液加以保护，发病初期可喷40%乙膦铝250倍液，或58%甲霜灵锰锌500倍液，或25%瑞毒霉1 500倍液，或64%杀毒矾500倍液。

3. 百合茎溃疡病

（1）危害。该病在我国分布较普遍，严重影响植株的生长发育。

（2）症状特征（见图7-10）。病菌感染鳞茎和鳞片，受害鳞茎出现褐色溃疡病，待干燥时留下褐色疤痕。基部叶片未成年就变黄，变黄叶片逐渐变成褐色而脱落。严重时，导致根颈部或根腐烂。

（3）发病规律。该病病原为丝核薄膜革菌。病菌从鳞茎外皮的基部侵入鳞茎，通过伤口或寄生昆虫侵染植株的地下部分。在地下褐色的斑点出现在鳞片的顶部、侧面或鳞片与基盘连接处，这些斑点将逐渐扩展至腐烂（鳞片腐烂），当基盘和鳞片基部被感染后，鳞茎开始腐烂。带病鳞茎和带菌土壤传播。

（4）防治措施

种植前进行土壤消毒，鳞茎也应消毒处理。夏季栽培时要尽量降低种植前的土壤温度。挖除病株并烧毁。松土时不要碰伤根颈部，避免病菌从伤口侵入。

尽可能快地将轻度感染鳞茎种完，土壤温度要尽量低；中度和重度感染的鳞茎应隔离销毁，杜绝对土壤的污染。

土壤用敌克松和五氯硝基苯混合液处理。将 70%敌克松 25 mL 和 70%五氯硝基苯 25 mL 加入 4 L 水中，即为混合液。用 10%双效灵 200～300 倍液喷洒或浇灌盆土。

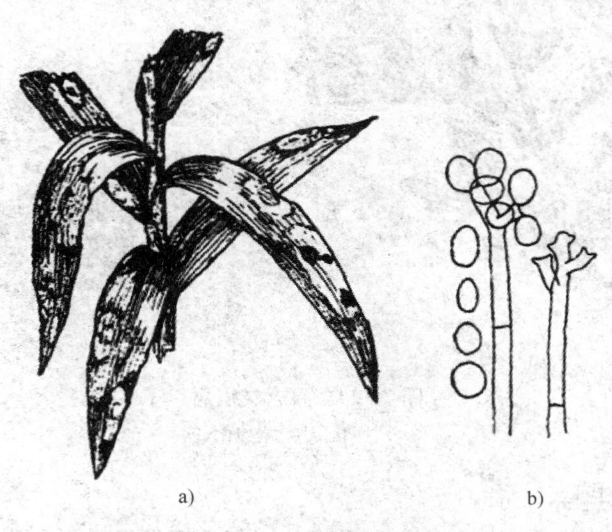

图 7－10　百合茎溃疡病

a）病害叶片　b）病原菌的分生孢子梗和分生孢子

单元 7

4. 百合炭疽病

（1）危害。百合炭疽病是百合种植区的普遍病害，病原为百合炭疽菌。该病影响百合的生长发育，降低观赏价值，严重时造成叶片干枯脱落。

（2）症状特征（见图 7－11）。主要危害球茎，因此该病害有时也称为黑色球茎腐烂病。病菌侵染球茎的外层鳞片，产生褐色的小斑点，有些内层鳞片可能受害。储藏期病斑扩大，球茎变为褐色或黑色，受冻鳞片上可见病原的黑色刚毛。叶上生黄色小斑点，直径 3～4 mm，中央稍凹陷，边缘赤褐色，病叶上生小黑点。

（3）发病规律。病菌以菌丝体和分生孢子盘在病残体上越冬，次春分生孢子借风雨传播，芽管从伤口侵入，病斑上新长出的分生孢子又再侵染。连作、排水不良、受冻、受机械损伤，以及螨猖獗均加重发病。高温高湿利于发病。

（4）防治措施

1）园艺管理。合理施肥，注重排水，勿浇水过多，挖掘时避免损伤。土壤消毒，冬季或收获后清除病残组织，减少菌源；种植密度要合适，改善通风透光条件，加强排湿。

2）药剂防治。种植前种球用50%苯来特1 000倍液或25%多菌灵500倍液浸泡15～30 min进行消毒。发病期间喷50%炭疽福美500倍液，或50%施保功1 000倍液，或25%炭特灵500倍液，结合喷雾还可用以上药液浇灌鳞茎，则效果更好。发病初期喷洒75%百菌清可湿性粉剂600倍液，或50%多菌灵可湿性粉剂500倍液，或50%炭疽福美可湿性粉剂500倍液；亦可使用混合剂，如75%百菌清可湿性粉剂1 000倍液混合50%多菌灵可湿性粉剂1 000倍液。

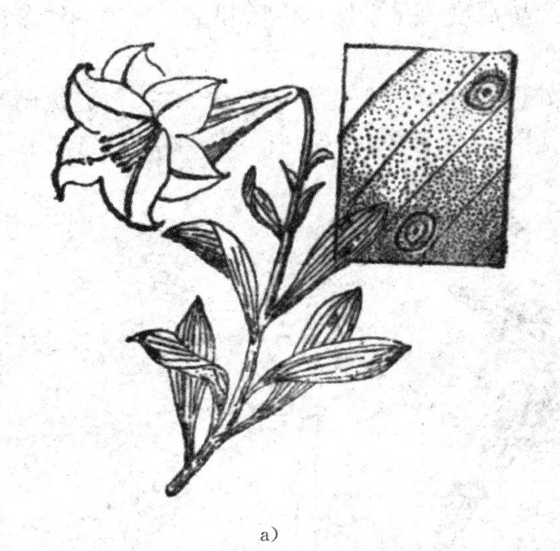

a)

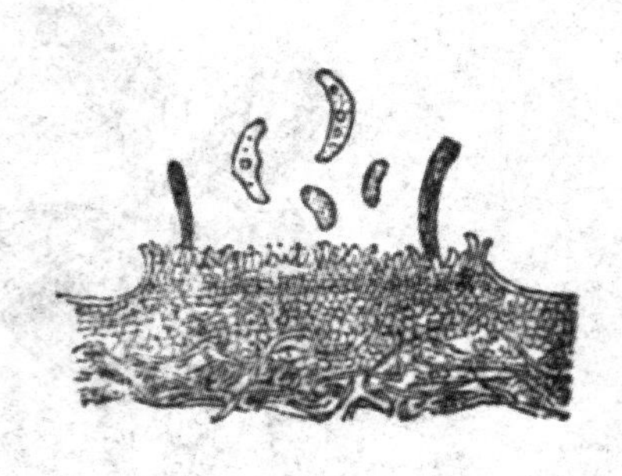

b)

图7-11　百合炭疽病

a）症状　b）病原菌

5. 百合青霉腐烂病

(1) 危害。刺孢圆弧青霉和丛花青霉均能引起该病发生，百合鳞茎储藏、运输过程中常发病，有时严重。

(2) 症状特征（见图7-12）。储藏中鳞茎缓慢腐烂，几周才使其烂掉，呈干腐状。在腐烂鳞茎上孢子呈团状，具有典型青绿色。

(3) 发病规律。病菌通过组织上的伤口侵入，并在储藏期间传染，最终侵入鳞茎的基盘，使鳞茎失去价值或使植株生长迟缓。储藏期间，在鳞片腐烂处长出白色斑点，然后会长出绒毛状的绿蓝色斑块。被感染后，在整个储藏期间，甚至在−2 ℃的低温时，腐烂也会逐步增加。虽然受感染的鳞茎看起来不健康，但是只要保证鳞茎基盘完整，那么在栽种期间植株的生长将不会受到影响。种植后，青霉菌的侵染不会转移到茎秆上，也不会从土壤中侵染其他植株。

(4) 防治措施

1）园艺管理。栽培和储存避免损伤，如挖掘、包装时勿碰伤鳞茎。运输、包装期间保持低温。保持储藏场所清洁、干燥、通风。及时清除病球茎。

2）药剂防治。包装土加入硫酸钙、次氯酸盐（混合粉，11.35 kg土中加混合粉

a)

b)

图 7 - 12　百合青霉腐烂病

a）发病初期　b）发病后期伴随腐烂

171 g）可抑制病害发生。鳞茎消毒，每 4.5 L 水（温度为 26.7～29.5 ℃）中加 50 mL 苯来特，浸泡 15～30 min，晾干后储存。病初期施用 50%多菌灵可湿性粉剂 800 倍液，或 50%苯菌灵可湿性粉剂 1 500 倍液，或 65%甲霉灵可湿性粉剂 1 000 倍液，或 50%多霉灵可湿性粉剂 800 倍液。

三、马蹄莲

1. 马蹄莲病毒病

（1）危害。马蹄莲病毒病是危害马蹄莲比较严重的常见病害之一，主要危害花叶，使叶片褪色或者变色，花畸形，严重影响马蹄莲的观赏价值，如图 7 - 13 所示。致病病毒主要有芋花叶病毒和番茄斑萎病毒。

（2）症状特征。常见的有芋花叶病毒引起的花叶症状，以及番茄斑萎病毒引起的环斑症状。典型花叶症状往往是较后期的症状，叶片或绿色的茎出现各种类型的褪绿或变色，在绿色中形成淡绿或淡黄、深黄的斑区或条纹。花叶之前常可见叶脉变色，即沿着叶脉变成淡绿或黄色，变色区宽度大致相等，像叶脉镶了边；或脉明，即叶片局部叶脉呈半透明，而代之以花叶。还有一种较轻的斑驳，叶片或绿色茎上出现浓淡不匀的近圆形斑区，其中小的斑区似点状，大的为明显的圆形褪绿斑。叶片缩小，扭曲畸形。小花梗上出现斑点，花蕾上也出现斑点，花朵畸形，严重影响花的产量和质量。

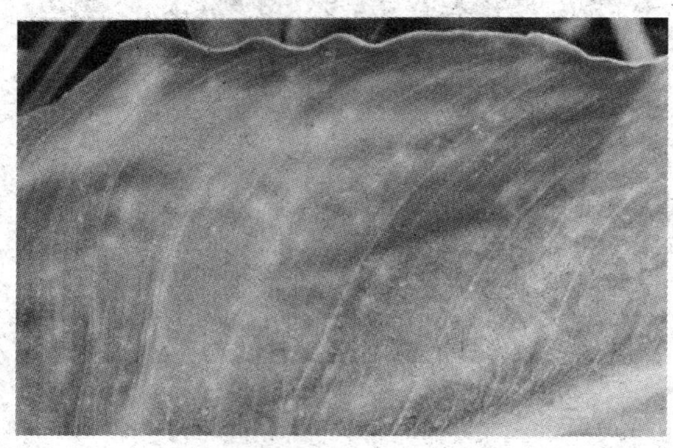

图 7 - 13 马蹄莲病毒病的危害

(3) 发病规律。芋花叶病毒引起的花叶病可由汁液、桃蚜等传播，番茄斑萎病毒引起的环斑病可由烟蓟马、豆蓟马、蓟马及苜蓿蓟马等进行持久性传毒。蓟马只能在幼虫期获得病毒，一旦带毒，具终生传毒能力。

(4) 防治措施

1) 园艺管理。及时拔除病株，集中烧毁。清除田间杂草，避免和有病毒植物混种。选择无病种苗。采用茎尖组织培养法获得无毒种苗。控制传播途径，如及时防治桃蚜、蓟马等。

2) 做好检疫工作，阻止外国或外地病毒侵入。

3) 药剂防治。发病初期，喷施 10%混合脂肪酸水乳剂 100 倍液、2%宁南霉素水剂 500 倍液、0.5%菇类蛋白多糖水剂 300 倍液、20%吗啉胍·乙酮可湿性粉剂 500 倍液。

2. 马蹄莲疫霉根腐病

(1) 危害。此病是马蹄莲较严重的一种病害，常引起吸收根腐烂，块茎干腐，影响切花生产。

(2) 症状特征。临近开花期发病，植株下部或外层叶片先感病，病叶浅黄色，条纹状，逐渐使整叶变褐枯萎，并向内层叶扩展蔓延。开放的花，顶端变褐色。拔起病株，看到许多根系腐烂，剩下的根呈水浸状软腐，留下表皮，呈中空管状。病害从吸收根向根状茎蔓延，最后根状茎呈海绵状干腐。

（3）发病规律。病菌以卵孢子在土壤内存活，为土传病害，或菌丝在根状茎病部存活。多雨、高温、高湿加重病情。地势低洼、积水、通风透光不良的地块发病重。产生的孢子囊借风雨进行多次侵染。

（4）防治措施

1）园艺管理。土壤消毒，病土和盆钵用热力灭菌。在种植前用 70%土菌消可湿性粉剂 250 倍液喷洒土壤。清洁田园，烧毁病残体。根状茎消毒，切除根状茎上的病斑，待干燥后用 50 ℃温水浸泡 1 h，或用 40%甲醛 55 倍液浸泡 1 h，用清水洗净，晾干后栽植。消毒的根状茎生长较慢，宜提前半个月种植。

2）药剂防治。喷药保护，常用药剂为 25%甲霜灵可湿性粉剂 800 倍液、40%乙膦铝 250 倍液、75%百菌清 600 倍液，每 7～10 天喷一次，共喷 2～3 次。

3. 马蹄莲褐斑病

（1）危害。我国各地均有发生，危害红花马蹄莲、银星马蹄莲、黄花马蹄莲等，发病严重时可致叶片提前枯萎，降低观赏价值，为马蹄莲常见病害。

（2）症状特征。叶片被侵染后，产生淡褐色至黄褐色的病斑，后期病斑中央生许多黑色小霉点，有时破裂。

（3）发病规律。该病病原为交链孢。病菌在病叶残体中越冬。夏季荫棚内温度高、湿度大时利于病害蔓延，以 7—10 月发病最重，入秋后逐渐停止发病。温室内通风不良、养护条件差时，可周年发病。

（4）防治措施

1）园艺管理。马蹄莲喜光照充足，生长适温为 15～25 ℃。生长期肥水要充足，施肥时肥水不要流入叶柄，以防烂叶，如不慎流入要用清水冲洗。夏季炎热，植株休眠，应控制浇水。秋季分球或播种繁殖。保持花圃清洁卫生。发现枯叶、病叶及时摘除并集中深埋，不要随地丢弃。

2）药剂防治。发病初期喷洒 36%甲基托布津悬浮剂 500～600 倍液、30%绿得保胶悬剂 300～500 倍液等，每 15 天左右喷一次，连喷 2～3 次。

四、仙客来

1. 仙客来病毒病

（1）危害。仙客来病毒病是一种世界性病害，在我国主要分布于天津、北京、上海等地。该病大多是由黄瓜花叶病毒（CMV）引起的。也有人发现烟草花叶病毒（TMV）也能危害仙客来，或者是 CMV 和 TMV 复合感染。

（2）症状特征。苗期、成株期均常发病。病株叶片皱缩不平或有斑驳，叶缘向下或者向上卷曲，叶片小且厚，质脆，容易折断，丛生枝，有时叶脉出现棱形突起或叶面上产生泡状物。花瓣上产生条纹或斑点，花畸形或者退化。病株矮小退化。

（3）发病规律。黄瓜花叶病毒在病种球种子内存活越冬，成为翌年的初侵染源。病毒主要通过汁液、棉蚜、叶螨及种子传播。带毒种球是传播仙客来病毒的主要途径。在仙客来养殖过程中，管理粗放、种子不脱毒、刺吸口器害虫多会导致病毒病的严重发生。

（4）防治措施

1）种球处理。一是防止种球带毒。把种球浸入75%的酒精中1 min，或者用0.1%升汞水浸2 min，或者用10%磷酸三钠浸15 min，取出种球，用灭菌水冲净表面药液，再置于35 ℃温水中浸泡24 h，播种在灭菌土中，发病率明显下降。二是种球脱毒。种球按上面方法处理后，置于40%聚乙二醇溶液中，在38.5 ℃恒温条件下处理48 h，脱毒率可达78%，可大面积推广应用。

2）利用茎尖组织培养法培育无毒苗。

3）药剂防治。及时喷洒杀虫药剂防治传毒昆虫。

4）合理施肥有助于提高植株抗性。

5）对种植土壤进行消毒。

2. 仙客来灰霉病

（1）危害。该病是仙客来温室、大棚栽培的重要病害，病原为灰葡萄孢菌，可危害叶片、叶柄、花梗、花瓣，降低观赏价值，分布在上海、北京、杭州、南京、沈阳、西安、银川、青岛等地。

（2）症状特征（见图7-14）。叶片、茎、花均可受害。叶片发病时，先在叶缘出现水渍状暗绿色斑纹，后逐渐扩展至全叶，使叶片变褐腐烂，最后全叶褐色干枯。叶柄、花梗、花受害时，发生水渍状腐烂、软化，并产生灰霉层。在湿度较大的情况下，发病部位密生灰色霉层。发病严重时，叶片枯死，花器腐烂，霉层密布。

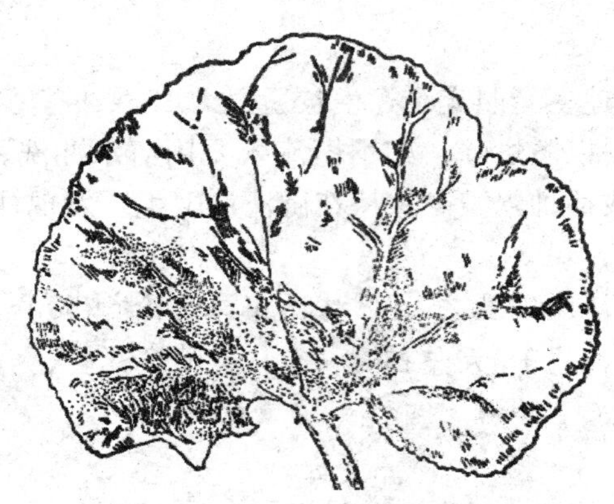

图7-14　仙客来灰霉病

（3）发病规律。病原菌能在土壤中或病残体上越冬，借气流、浇水传播。土壤黏重、温室通风不良、连续高温、放置过密均容易诱发此病。

（4）防治措施

1）园艺管理。改善通风条件，温室内要适当降低湿度，最好使用换气扇或者暖风机。合理施肥，增施钙肥，控制氮肥用量。及时清除病株并销毁，减少侵染来源。

2）药剂防治。可用50%扑海因1 000～1 500倍液、45%噻菌灵悬浮剂300～800倍液、50%速克灵可湿性粉剂1 000～2 000倍液。在温室封闭条件下，用45%百菌清烟雾剂或10%速克灵烟雾剂，密闭过夜，10天施药一次，连续2～3次。

3. 仙客来炭疽病

（1）危害。仙客来炭疽病由半知菌类盘长孢属真菌引起，在仙客来种植区有不同程度发生，危害叶片，严重时叶片干枯。

（2）症状特征（见图 7－15）。病斑初为褐色小斑，边缘不明显，呈轮纹状向外扩展，近圆形至不规则形，内黑褐色，边缘黄褐色。后期病斑上出现灰黑色粒状物，潮湿条件下可挤出灰白色胶状体，即病原菌的分生孢子盘和分生孢子。病叶干枯后不脱落。

（3）发病规律。该病菌存活在寄主植物病残体上。病害多发生在 5—7 月，高温、高湿、患有细菌性软腐病、植株上有蚜虫等均可诱发此病。

（4）防治措施

1）园艺管理。在养护中合理掌握温湿度，及时摘除病叶并除虫。

2）药剂防治。发病初期可喷洒 70%甲基托布津 1 500 倍液或 50%多菌灵可湿性粉剂 500 倍液进行防治。

图 7－15　仙客来炭疽病

4. 仙客来软腐病

（1）危害。软腐病是仙客来的一种主要病害，也是一种毁灭性病害，致病菌为海芋欧文氏菌和胡萝卜软腐欧文氏菌。仙客来的各个部位都可以受其危害。该病分布于上海、天津、合肥、青岛等地。

（2）症状特征（见图 7－16）。病害初期表现在叶柄和花梗上，病斑最初为白色或淡黄色，逐渐变为暗褐色。晴天时叶片褐色发黄，逐渐干枯；阴天时叶柄和花梗软化并很快萎蔫倒伏，逐渐蔓延到球茎。潮湿情况下，发病部位的外部组织膨胀，破裂腐烂有臭味；内部组织呈黑褐色，触摸时有又黏又软的感觉。

（3）发病规律。仙客来软腐病的病原是细菌，病菌能长时间存活在土壤里，借助水流、昆虫、病叶和健康叶之间的接触摩擦或通过操作工具进行传播。植株本身如果有伤口，病菌可以从伤口直接侵入到植株体内，几天后即可发病，而且在生长季节可以多次重复侵染发病。高温、高湿、植株受伤都容易诱发此病，其中湿度太大是主要原因。

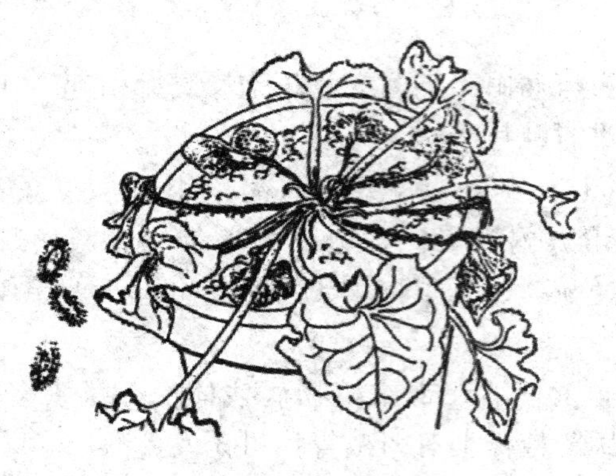

图 7-16　仙客来细菌性软腐病

此病在初期不易被发现，地上部分表现良好，在中午前后植株萎蔫，一提叶片，地上部分与球茎脱离，说明球茎已腐烂，有白色黏液。该病多发生在夏季高温高湿期，一般以 7—9 月较多，温室中植株可全年发病，是对仙客来危害最严重的病害之一。

（4）防治措施

1）园艺管理。栽培基质和花盆必须经消毒后再使用。如果有高温灭菌条件（如高压灭菌锅）可以直接灭菌；无条件的可在 30 ℃以上的晴天露地晒两周，利用阳光中的紫外线杀菌。

增强植株长势，提高植株抗性。浇水要适当，切勿过于潮湿，夏天注意不要被雨淋。始终保持良好的通风条件。及时清除病株，发现病叶及时摘除。

2）药剂防治。发病前期可用铜制剂，或 77%可杀得 600 倍液，或 100 mg/kg 土霉素 1 000 倍液喷施或根灌防病。病情较轻时，可喷洒链霉素 1 000 倍液防治。

五、水仙

1. 水仙大褐斑病

（1）危害。该病在各水仙栽培区均有不同程度发生。病原菌为水仙壳多孢，危害叶片，降低光合作用，使鳞茎生长不良，严重时致其地上部分提前 1～2 个月死亡。

（2）症状特征。主要危害叶片和花瓣，有时花茎也会受到侵染。叶片染病初期，在叶片尖端出现与健部分界明显的褐色病斑，造成叶片成段枯死。再侵染时多在叶片和花梗上产生褐色斑点，逐渐扩展成椭圆形至纺锤形或半圆形至不规则形病斑，融合后成大长条形病斑，四周黄化。病斑出现在叶缘的，染病部位停止生长，而健康部位正常生长，出现叶片扭曲，后期病部破裂。湿度大时病部密生深褐色小点。水仙品种不同，症状略有差异。

（3）发病规律。病原菌在干枯的纸质鳞片或鳞茎上越夏，6 月份以后水仙地上部分逐渐枯死。当水仙在秋季长出新叶时，冬前即可染病，病菌以菌丝在上年的病叶上或球茎表皮上端越冬。翌年 1 月下旬至 2 月上旬进行初侵染，经 3～5 天潜育即可发病。4—5 月，气温 20～25 ℃时进入发病盛期，进行多次再侵染，致病情不断加重。多雨、气温偏高的年份发病重。在养护过程中栽植过密、施肥过多、植株生长嫩脆或遇有低温、阴雨、多雾天气易发病。

(4) 防治措施

1) 园艺管理。病菌寄主较多，栽植时要远离朱顶红、文殊兰、君子兰、蜘蛛兰等，防止相互传染；实行轮作；种植时，如发现鳞片腐烂，应将其剥除并深埋。水仙性喜温湿，喜阳光充足，较耐寒，又略耐半阴，宜用肥沃、排水良好的黏壤土。花田栽种要筑高畦，以利排水，避免喷灌，雨后及时排水，严防湿气滞留；增施磷钾肥，忌偏施氮肥，以强壮植株，增强抗病力。田间定植以及花盆放置都不宜过密，以利通风透光。收获后清理大田的枯叶、病叶，集中深埋，或高温沤肥。

2) 药剂防治。种植前剥掉膜质鳞片，把鳞茎浸入 0.5%福尔马林溶液中 3～5 h，也可用 50%多菌灵可湿性粉剂 500 倍液浸 8 h，能减少初侵染。

田间发病初期，开始喷药防控。可选用 75%百菌清可湿性粉剂 600 倍液、65%代森锌可湿性粉剂 500 倍液、30%绿得保悬浮剂 1 500 倍液、50%克菌丹可湿性粉剂 500 倍液、50%代森锰锌可湿性粉剂 500 倍液。发病期每隔 7～10 天喷一次，连喷 3～4 次。

2. 水仙干腐病

(1) 危害。该病在各栽培区都有不同程度发生，是真菌病害，病原为水仙尖镰孢。轻者致使植株矮化、叶片短小或变为浅黄绿色，病重时根很少或者无根，不久枯死。该病在田间、储藏期或远途运输中均可发生。

(2) 症状特征。可侵染叶、鳞茎。叶上初为小而不规则的褐色病斑，后即扩大，病斑干燥，后期病部表面生白色或粉红色霉层。鳞茎发病，初自根盘部位出现褐色斑，逐渐向上部扩展，侵入鳞片，造成鳞片腐烂，并出现白色霉层，鳞片容易剥离。

(3) 发病规律。该病为真菌性病害，病菌以菌丝体和厚垣孢子在带病鳞茎、病残体、病根或土壤中越冬。可从伤口侵入，也可直接侵入健康根系。土壤偏酸，环境湿度过大，施氮肥过多，都有利于病害的发展与蔓延。

(4) 防治措施

1) 园艺管理。购买时选饱满、无病虫、无伤口的鳞茎，精心养护，防止各种伤口的产生。如鳞茎染病严重，应及早汰除。在水仙鳞茎掘取、分级、运输过程中避免产生各种伤口，并迅速晾晒，储藏于阴凉、干燥、通风的场所。种植时，如发现鳞片腐烂，应将其剥除并深埋。

2) 药剂防治。种球消毒用 40%福尔马林 120 倍液浸种 30 min，或 50%多菌灵可湿性粉剂 500 倍液、25%施保克乳油 500 倍液浸泡 1 min。可在种植前处理，也可发现病斑后处理。

3. 水仙病毒病

(1) 危害。该病是水仙上的重要病害，发病普遍、严重。致病病毒主要为水仙花叶病毒和水仙黄条斑病毒，此外，还有水仙潜病毒、黄瓜花叶病毒、烟草花叶病毒、烟草脆裂病毒和马铃薯 Y 病毒等。该病害导致鳞茎严重退化，失去或降低商品价值。

(2) 症状特征。该病症状类型较多，主要表现为系统花叶或产生黄色条斑。一类是叶片上出现花叶，严重时叶片扭曲、黄化，植株瘦弱矮小；一类是沿叶脉产生黄色条斑或泡状斑，病叶粗糙不平，花梗上也有黄绿色斑，鳞茎退化，植株矮化，早枯。

(3) 发病规律。该病由多种病毒复合侵染引起。病毒在鳞茎内越冬，由鳞茎、汁液、蚜虫等传播。管理粗放、种植有病鳞茎、传毒昆虫多，均有利于病害发生。

（4）防治措施

1）园艺管理

①严格检疫，杜绝毒源。

②及时拔除病株，最好在蚜虫大量繁殖前拔除，或剔除重病鳞茎；叶萎黄前提早收获鳞茎。

③生产中应用脱毒组培苗。

④病鳞茎脱毒热处理。一年生鳞茎用 43.5 ℃水浸泡 3 h，二年生的在 44 ℃水中浸 2 h，三年生的在 44.5 ℃水中浸 1.5 h。

2）药剂防治。热处理后的鳞茎再换到 1%福尔马林溶液中浸 1 h，播种时将呋喃丹（5 g/m^2）撒入播种沟中，再行播种。生长期喷 40%乐果乳油 1 000 倍液，或 50%灭蚜威乳油 2 000 倍液，或 2.5%敌杀死乳油 2 000 倍液等防治传毒昆虫。

4. 水仙根腐病

（1）危害。该病由尖镰孢病菌引起，使水仙失去商品价值。

（2）症状特征。该病先侵染水仙须根，呈水渍状褐色腐烂；须根腐烂蔓延至鳞茎上，茎盘基部为褐色腐烂，并凹陷；鳞片上有褐色斑。病重时整个鳞茎呈棕褐色腐烂，全株死亡。地上部分开始生长不良；叶色黄绿，生长停滞。

（3）发病规律。该病为真菌病害，病菌在土壤内越冬，可存活多年，由水流传播，伤口更利于侵入。高温、高湿、多雨、雨后排水不良、伤口多等有利于发病。

（4）防治措施

1）园艺管理。栽种健康鳞茎，种植前用 50%多菌灵可湿性粉剂 600 倍液浸泡半天以上，晾干后栽种；实行三年左右的轮作；田间发病立即拔除病株，并及时用药剂灌穴消毒。

2）药剂防治。发病初期灌根。可用 20%抗枯萎水剂 400～600 倍液或 50%双效灵可湿性粉剂 400 倍液、50%根腐净可湿性粉剂 800～1 000 倍液、10%立枯灵水剂 300 倍液等灌穴。

5. 水仙软腐病

（1）危害。该病是由一种欧文氏杆菌引起的细菌性病害，主要侵染鳞茎，病重时全株枯死。

（2）症状特征。鳞片上出现不规则水渍状斑，稍凹陷，浅褐色。病重时地上部分萎蔫变黄，折倒；鳞茎呈黑褐色湿腐，很臭。切开病鳞茎保湿，看到鳞片变深褐色，剖面上有发亮的菌脓溢出。

（3）发病规律。该病菌在土壤内、病球茎上越冬，由水流传播，由伤口侵入。高温、高湿、阴雨、伤口多、连作等均有利于发病。

（4）防治措施

1）土壤消毒。常用 98%必速灭微粒剂（30～40 g/m^2）、64%杀毒矾可湿性粉剂 300～400 倍液淋湿土壤，或太阳能热处理。

2）药剂防治。发病初期喷淋或灌药，药液应到达根部才有效。常用药剂有 50%琥胶肥酸铜可湿性粉剂 600 倍液、53.8%可杀得 2 000 干悬浮粉剂 1 000 倍液、20%络氨铜·锌水剂400倍液、20%龙克菌悬浮剂500倍液、72%农用链霉素3 000倍液等。

六、花毛茛

1. 花毛茛根腐病

（1）危害。病原是德巴利腐霉菌，严重时造成植株死亡。

（2）症状特征。花毛茛感染根腐病，导致根系腐烂，变成黑褐色或黑色；块根表面水分未干、堆放过厚、通风不良以及块根种植消毒不彻底等情况，也易使块根发病。发病部位内部组织由白色变为灰色，外表皮布满菌丝层，块根逐渐腐烂。

（3）发病规律。低温、土壤内水分过多且持续时间过长等不良条件易引发此病，阴雨连绵、植株生长拥挤时病害发生严重。

（4）防治措施

1）园艺管理。选择排水良好的土壤栽植花毛茛。栽植不宜过密，盆栽时花盆摆放不要拥挤。严格控制浇水量和浇水次数，忌积水。浇水后和雨过天晴时要及时通风排湿。要及时拔除重病株，并彻底烧毁。

2）药剂防治。参见唐菖蒲幼苗猝倒病的防治方法。

2. 花毛茛灰霉病

（1）危害。该病是温室栽培花毛茛常见的病害，致病菌为灰葡萄孢菌，危害茎和叶，严重时整株黄化、枯死。

（2）症状特征。受害部位为茎、叶，靠近地面的茎叶变色腐烂。病情蔓延时，叶柄逐渐腐烂，病部出现灰黄色霉层。病情严重时，整个植株黄化、枯死。在潮湿条件下，病部均形成灰褐色霉层。

（3）发病规律。参见仙客来灰霉病发病规律。

（4）防治措施。参见仙客来灰霉病防治措施。

第五节　观赏花木类花卉病害及其防治

→ 掌握观赏花木类花卉主要病害及其危害特征
→ 掌握观赏花木类花卉主要病害的防治措施

一、月季

1. 月季白粉病

（1）危害。月季白粉病是世界性病害，在我国月季栽培地区均有发生。该病是温室和露地栽培月季的重要病害。月季白粉病引起月季早期落叶、枯梢、花蕾畸形或完全不能开放，降低切花产量及观赏性；连年发生则严重削弱月季的生长势，使植株矮小。一般来说，温室发病比露地重。

（2）症状特征（见图 7－17）。病原菌主要危害月季的绿色幼嫩器官。叶片、花器、嫩梢发病重。嫩芽展开的叶片正背两面布满白粉层。嫩叶染病，叶片皱缩反卷、变厚，逐渐干枯死亡。叶片受害，初生褪绿斑点，后逐渐扩大，在叶片正背两面都布满了白粉层。嫩梢和叶柄发病时病斑略肿大，节间缩短；叶柄及皮刺上的白粉层很厚，难剥离。花苗受害后被满白粉层，逐渐萎缩干枯。受害轻的花蕾开出的花朵呈畸形。幼芽受害不能适时展开，且生长迟缓。

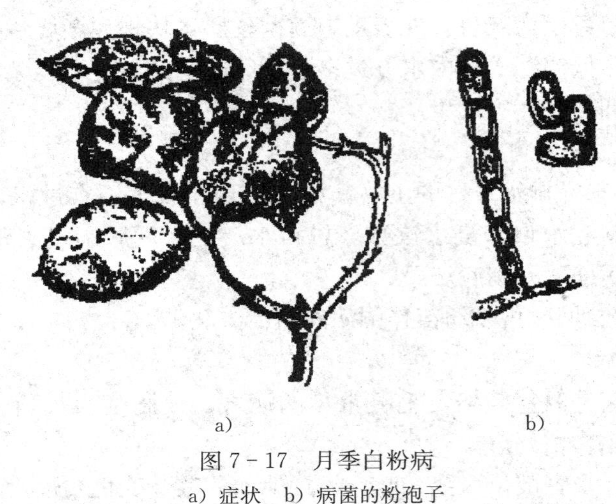

图 7－17　月季白粉病

a）症状　b）病菌的粉孢子

（3）发病规律。病原菌有性态为毡毛单囊壳菌和蔷薇单丝壳菌，属子囊菌亚门单囊壳属；无性态是粉孢属。月季上只有无性态病原菌。病原菌生长温度范围为 3～33 ℃，最适温度为 21 ℃。分生孢子萌发最适相对湿度为 97％～99％，水膜对分生孢子萌发不利。

病原菌主要以菌丝体在芽和病组织中越冬；在有些地区病菌可以闭囊壳越冬。翌春，分生孢子或子囊孢子借风雨传播。生长期分生孢子借风雨传播进行多次再侵染。

温暖、潮湿的气候有利于发病。在温度为 20 ℃、湿度为 97％～99％的条件下，分生孢子 2～4 h 就萌发；夜间温度较低（15～16 ℃）、湿度较高（90％～99％）有利于孢子萌发及侵入；白天气温高（23～27 ℃）、湿度较低（40％～70％）则有利于孢子的形成及释放。温室栽培月季可周年发病；露地栽培，南方一般 3—5 月发病重，北方则 5—6 月、9—10 月发病重。

偏施氮肥、栽植过密、光照不足、通风不良都会加重该病的发生。月季品种间抗病性有差异。一般来说，小叶、无毛的蔓生多花品种较抗病；芳香族的多数品种，尤其是红色花品种均感病。

（4）防治措施

1）减少侵染来源。结合修剪，剪除病枝、病芽和病叶。休眠期喷洒 2～3°Bé 的石硫合剂，消灭病芽中的越冬菌丝。

2）加强栽培管理，改善环境条件。栽植密度、盆花摆放密度不要过大；温室栽培注意通风透光；增施磷钾肥，氮肥要适量；灌水最好在晴天的上午进行。

3）药剂防治。发病前，喷施石硫合剂保护。发病初期，可喷施 25%粉锈宁可湿性粉剂 1 000～1 500 倍液或 50%苯来特可湿性粉剂 1 500～2 000 倍液、0.2～0.3°Bé 石硫合剂、胶体硫 50 倍液、碳酸氢钠 250 倍液。另外，也可喷施硫菌磷、多菌灵等。生物农药 BO-10（150～200 倍液）、抗霉菌素 120 对白粉病也有良好的防治效果。喷洒农药时应注意药剂交替使用，以免白粉菌产生抗药性。

硫黄粉常被用于温室栽培月季的冬季防病。将硫黄粉涂在取暖设备上任其挥发，能有效地防治月季白粉病。使用硫黄粉的适宜温度是 15～30 ℃，宜在夜间无人时进行。

2. 月季黑斑病

（1）危害。黑斑病是月季普遍而严重的病害，也能危害玫瑰、山玫瑰，世界各地均有分布。1815 年瑞典首次报道。1910 年我国首次报道了蔷薇属植物上的这一病害。该病在我国各地都有发生。该病病原为蔷薇放线孢菌。该病主要危害叶片，使叶片枯黄、早落。

（2）症状特征（见图 7-18）。该病害主要危害月季的叶片，也侵染叶柄、叶脉、嫩梢等部位。发病初期，叶片褪绿，正面出现黑褐色小斑点，逐渐扩展成为圆形或不规则形病斑，直径 2～12 mm，黑紫色，病斑边缘呈放射状。后期，病斑中央组织变为灰白色，其上着生许多黑色小点，即为病原菌的分生孢子盘。有的月季品种病斑周围组织变黄，有的品种在黄色组织与病斑之间有绿色组织，称为"绿岛"。病斑之间相互连接使叶片变黄、脱落，极大地损害其品质及观赏价值。该病还可以导致生长停止、枝条发黑坏死、扦插和嫁接成活率严重下降、植株早衰等严重后果。

嫩梢上的病斑为紫褐色的长椭圆形斑，而后变为黑色，病斑梢隆起。叶柄、叶脉上的病斑与嫩梢上的相似。

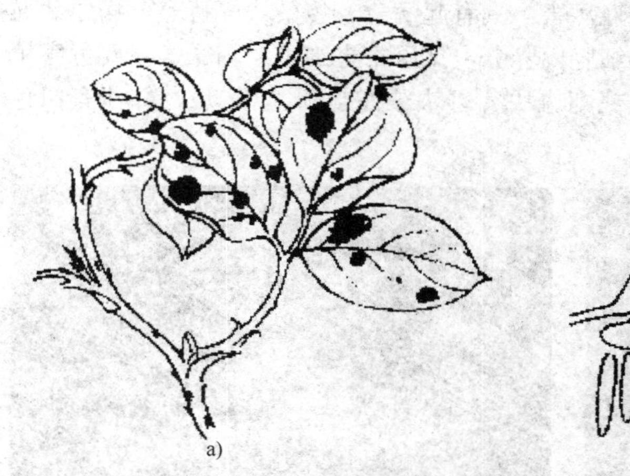

a)

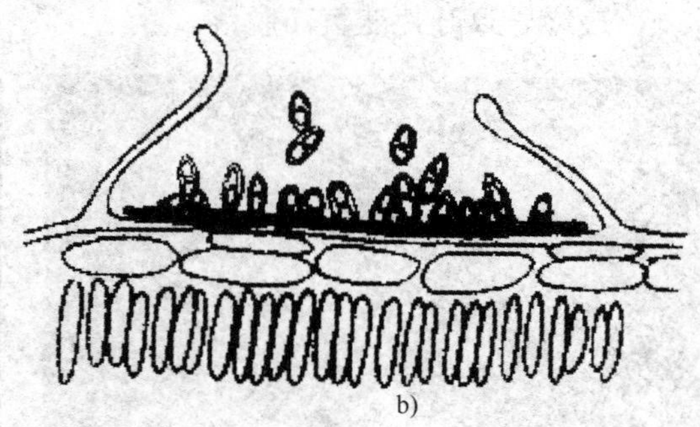

b)

图 7-18　月季黑斑病

a）症状　b）分生孢子盘和分生孢子

（3）发病规律。露地栽培时，病原菌以菌丝体在芽鳞、叶痕及枯枝落叶上越冬，翌年春天产生分生孢子进行初侵染；温室栽培时，则以分生孢子和菌丝体在病叶上越冬。分生孢子由雨水、灌溉水的喷溅传播。分生孢子由表皮直接侵入，在 22～30 ℃以及其他适宜条件下潜伏期为 10～11 天，生长季节有多次再侵染。

月季黑斑病与降雨的早晚、降雨次数、降雨量密切相关。老叶较抗病，新叶较易感病，展开6～14天的叶片最易感病。

所有的月季栽培品种均可受侵染，但抗病性差异明显。环境温度高、湿度大病害加重，栽植密度大病害发生严重，施氮肥过多病害加重。

（4）防治措施

1）减少侵染来源，及时清除枯枝落叶，并集中销毁。结合剪枝清除病枝。休眠期喷洒3°Bé的石硫合剂，将越冬病菌杀死。

2）改善环境条件，通风透气，降低栽植密度，氮、磷、钾肥要适量。采取滴灌措施，灌溉时间最好是上午。

3）发病期间喷洒75％百菌清可湿性粉剂500～700倍液，或70％甲基托布津可湿性粉剂500～700倍液，7～10天喷一次，共三次。为避免产生抗药性，上述两种药剂交替使用效果极佳。

3. 月季霜霉病

（1）危害。该病危害月季的叶片、嫩梢、花梗及花。霜霉病是保护地月季发生较重的病害之一，在全国范围内均有发生。该病发生早、传播快、危害重，月季感病后治疗不及时会造成当年绝收。

月季的叶、新梢和花均可发病。初期叶上出现不规则的淡绿色斑块，后扩大为黄褐色和暗紫色，最后为灰褐色，边缘较深，渐次扩大蔓延到健康的组织，无明显界限。在潮湿天气，病叶背面可见到稀疏的灰白色霜霉层。有的病斑为紫红色，中心为灰白色，如同被化肥、农药烧灼状。新梢和花感染时病斑相似，但梢上病斑略显凹陷。严重时叶萎黄脱落，新梢腐败而死。月季霜霉病如图7－19所示。

（2）症状特征。月季霜霉病是温室性病害，具有起病急、传染快等特点，病原菌通过叶片向细胞间隙和细胞膜扩展，吸取细胞内养分，灭杀寄主细胞。霜霉病主要危害植株中下部叶片，造成紫红色至暗红色不规则斑块（斑块往往与药害相似），并伴有白色霉斑，最终导致叶片变黄而脱落。

图7－19　月季霜霉病

（3）发病规律。病害是由蔷薇霜霉菌引起。孢子囊在水中18 ℃时只要4 h即可萌发。低于4 ℃或高于27 ℃不萌发。卵孢子不常见。

病菌在发病部位越冬，但茎干内菌丝体可存活多年。病菌由风雨或水滴滴溅等传播。该病主要在温室中发生，3月底到4月上中旬和11月中旬较严重，90%～100%湿度和相对低的温度有利病害发展。

(4) 防治措施

1) 清除感病叶片、病茎和病花，减少侵染来源。

2) 温室中通风降湿，可减少发病。

3) 发病初期喷洒58%瑞毒霉·锰锌500倍液，或40%乙膦铝（疫霉灵）200～250倍液，或75%百菌清可湿性粉剂600倍液，或60%杀毒矾400倍液，或70%甲霜铝铜250倍液，或40%增效瑞毒霉500倍液，或60%琥·乙膦铝（DTM）可湿性粉剂500倍液，或50%琥胶肥酸铜可湿性粉剂500倍液等，六天一次，连续3～4次。注意各种药剂交替使用。

4. 月季灰霉病

(1) 危害。月季灰霉病发生普遍。北京、天津、常州、呼和浩特、包头等市均有发生。病原为灰葡萄孢菌。灰霉病常造成叶片、花蕾、花瓣腐烂坏死，使月季生长衰弱，降低观赏性。

(2) 症状特征（见图7-20）。灰霉病主要危害月季的幼芽、叶片、花蕾、花梢等，以叶片受害为重。幼芽感病后，芽变为褐色腐烂状。发病初期在叶缘和叶尖上有水渍状小斑，光滑，稍下陷，多发生于叶尖叶缘。灰黑色病斑在花蕾上发生时，阻碍花的开放，病蕾变褐色，枯萎。花受害时部分花瓣变褐色，皱缩、腐败；花梢感病后，黑色的病部可以从侵染点向下延伸数厘米。在温暖、潮湿条件下，灰色霉层可以完全长满受侵染的部位。当老花束桩采摘的时候，病害不断发生，尤其在潮湿的多雨季节发病严重。

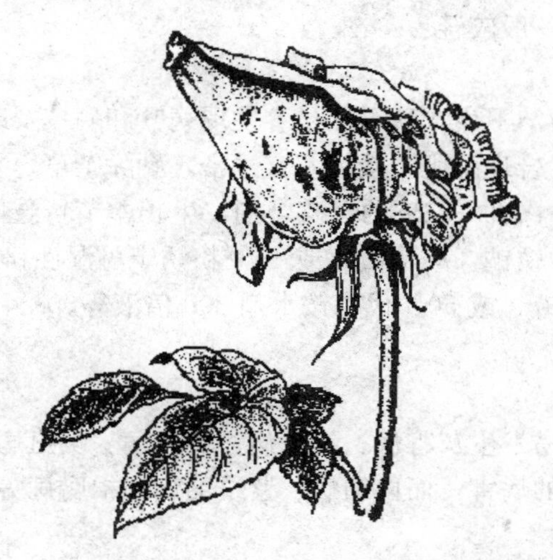

图7-20　月季灰霉病

(3) 发病规律。病菌以菌丝体或菌核潜伏在病处越冬，次年产生分生孢子侵染，表面产生灰色霉状物。高温、多雨有利于分生孢子大量形成和传播。栽植过密、湿度大、光照不足、氮肥过多、植株生长柔弱均易发病。

(4) 防治措施

1）园艺管理。及时摘除病花和凋萎的老花，并集中烧毁。及时清除病残体，减少侵染源。温室栽培时，要保持通风良好，湿度不宜过大。凡与病芽相连的茎部，应从芽以下的健部剪除。

2）药剂防治。发病初期可选喷50%苯莱特可湿性粉剂1 000倍液、50%代森铵800～1 000倍液、50%多菌灵胶悬剂1 000倍液、75%百菌清可湿性粉剂700倍液、50%氯硝胺1 000倍液等，并根据病情及时补治。发生初期，所有切口均需喷药保护。

5. 月季锈病

（1）危害。分布于江苏、浙江、安徽、广东、江西、河北、山西、云南、陕西、吉林、新疆、台湾、上海等地。病原属担子菌亚门多孢锈菌属，主要危害月季及多种蔷薇属植物。

（2）症状特征。该病主要危害月季的叶片、叶柄、茎、花柄和芽，以叶片和茎秆受害为重。叶的下表面、芽和绿色茎上常出现小的橘黄色的泡状突起，破裂后散出锈黄色的粉末，即病原菌的夏孢子。早春锈孢子堆不明显，常不被人们所注意，然后大而明显的孢子堆发生。夏末秋初，常常在同一感病部位上出现黑褐色泡状突起，即病原菌的冬孢子堆。病害严重发生时，月季生长瘦弱，叶片焦枯、提前脱落，花蕾小且不能正常开放。

（3）发病规律。病菌在病芽或发病部位越冬，或以冬孢子在枯枝病叶和落叶上越冬。该病菌为单主寄生锈菌，即生活史中的五个阶段都在同一寄主上发生。翌年春，冬孢子萌发产生担孢子，担孢子萌发侵入新叶形成初浸染。在生长季节，夏孢子借风雨传播，由气孔侵入，可发生多次再侵染。

月季锈病在温暖多雨或多雾的天气发病严重；但在冬季长而冷和夏季温度较高的地区孢子不易存活，病害一般较轻。

（4）防治措施

1）注意田园内的清洁卫生，秋天和早春发现病叶和病枝及时摘除，集中烧毁。

2）加强栽培管理，合理施肥，栽植不宜过密，勤除杂草，及时开沟排水。

3）早春发芽前喷一次3～4°Bé的石硫合剂，生长季节可选喷65%代森锌可湿性粉剂500～600倍液，或敌锈钠300倍液，或15%粉锈宁可湿性粉剂800倍液，或50%退菌特可湿性粉剂800倍液，或50%代森铵水剂800倍液等。

二、牡丹

在盆栽牡丹中，最易发生灰霉病、红斑病、褐斑病、炭疽病和白粉病等主要危害叶片、新枝与花器等部位的病害，而白绢病、紫纹羽病和根腐病等主要危害根系。

1. 牡丹灰霉病

（1）危害。灰霉病是盆栽牡丹中常见的真菌病害之一，上海、合肥、武汉、长沙、成都、重庆、洛阳、杭州等地均有发生。

（2）症状特征（见图7-21）。牡丹灰霉病多发生在叶尖和叶片边缘，有两种类型的症状。一种症状是叶片被真菌侵染后，出现水渍状近圆形或不规则的褐色或紫褐色病斑。在空气潮湿温凉的条件下，病斑可出现一层灰色霉状物，即真菌的分生孢子。新枝或叶柄被侵染后，会出现长条形、略凹陷、暗褐色的病斑，往往软腐，易折断；花器被侵染后，也变为褐色、出现软腐，并产生一层灰色霉状物。另一种症状是叶片边缘形成褐色病斑，表面出现轮纹状波皱，叶柄和新枝先软化倒伏，而后外皮再逐渐腐烂。病斑处有时产生黑色颗粒，即病原菌的菌核。植株花器如被侵染，轻者种子发育不良，重者不能结实。另外，春天被侵染的新枝，受害部位多发生在老枝与新枝接合处，是该病的又一典型症状。

（3）发病规律。该病主要发生在春季牡丹生长期与开花期。秋季如果气候条件适宜，也可发病，但危害较轻。

秋末，灰霉病的菌核随病株的叶片等掉落于盆土内越冬。翌年春天，气温在 15～20 ℃、空气相对湿度在 90%以上时，在多雾、多露的高湿条件下，病原菌迅速产生大量分生孢子，随风雨传播。分生孢子接触叶片、新枝与花器后，如遇到湿润条件，即萌发芽管，侵入植株体内而发病。光照不足、通风不良或施氮肥偏多，植株易受侵染。此病是发病最早、危害较重的叶部病害。该病在中原地区发病较少。在春季，如果植株摆放的地方阳光照射少、阴暗潮湿或在浓密的树荫下，加之多雨多露、空气相对湿度大，也会受侵染而发病。在长江流域与空气相对湿度大的地区，一年有两次发病高峰，一次是在春季 3 月中旬至整个花期，另一次是在高湿多雨的 7—9 月，但秋季该病对植株的危害较轻。

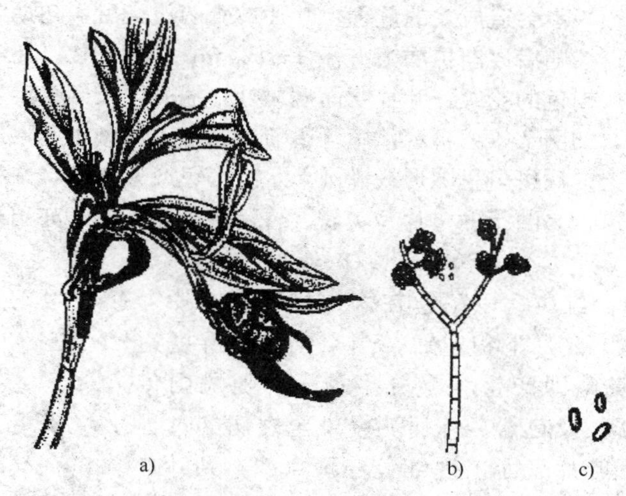

图 7-21　牡丹灰霉病

a）症状　b）分生孢子梗　c）分生孢子

（4）防治措施。对牡丹病害的防治，应遵循以防为主、防治结合的原则来控制其传播与发病。

1）加强植株的日常管理，使其生长健壮，增加株体的抗病能力。阴雨连绵的天气，不得向叶片喷水，并要将植株摆放于通风干燥的地方。

2）秋末应及时剪除叶片及病枝，集中烧掉或深埋，以减少翌春病原菌的数量。植株在早春发芽前与秋天发病前，可用 1∶1∶100 等量式波尔多液，或 70%甲基托布津可湿性粉剂 800 倍液喷洒，每 10～15 天一次，连续喷 2～3 次，即可控制病害的发生。在发病高峰期，一旦发现病叶、病枝等，应立即摘除剪掉，并喷药防治。

3）常用的防治药剂有50%速克灵可湿性粉剂2 000倍液、50%扑海因可湿性粉剂1 500倍液、65%代森锌可湿性粉剂800倍液、70%甲基托布津可湿性粉剂1 000倍液、65%甲霜灵可湿性粉剂1 500倍液、60%防霉保超微粒粉剂600倍液、45%噻菌灵悬浮剂3 000～4 000倍液、50%农利灵1 500倍液。以上药剂均有良好的防治效果。如能轮换应用，防治效果会更好。如果喷药预防，应10～15天一次，连续喷2～3次；发病期喷药，应7～10天一次，连续喷2～3次，即可控制病菌的侵染。另外，新购来的牡丹，最好用65%代森锌可湿性粉剂300倍液浸泡10～15 min后再上盆栽植。如在秋季喷药防治时，可把药液浓度增加1/3或1/2（如春天喷洒药剂稀释液为1 000倍，秋天则可稀释为500～700倍液），这是因为此时期叶、枝已经老化，吸收慢，耐药能力强。经对比试验，高浓度的防治效果优于一般浓度的防治效果，且不会发生药害。

2. 牡丹红斑病

（1）危害。红斑病又名叶霉病、叶斑病，是牡丹发生较普遍的叶部病害之一。病原为半知菌亚门丝孢纲丝孢目枝孢属真菌。国内菏泽、洛阳、北京、西安、上海、彭州、合肥、铜陵、武汉等地有发生，日本、美国、法国等栽培牡丹的国家也有发生。

（2）症状特征（见图7-22）。红斑病主要危害牡丹叶片、叶柄、茎枝；花器也偶有侵染，但发病较轻，不会造成大的危害。叶片被真菌侵染后，初期叶面出现大头针针头大小的绿色小斑点，随后逐渐扩展为直径3～12 mm、近圆形、紫红色或黄褐色的病斑，多数病斑具有淡褐色的轮纹。叶片背面病斑处，遇阴雨天气会产生一层暗绿色的霉状物，即真菌孢子，如图7-23所示。病斑逐渐扩展，斑与斑相连，最后可使整个叶片坏死、干枯。茎枝上的病斑多呈圆形或椭圆形，红褐色或紫红色，并稍有凸起。叶柄染病后呈黑褐色溃疡斑，易断折。萼片、花瓣、蓇葖果被侵染后，亦出现凸起的紫红色的小斑点。

（3）发病规律。红斑病以菌丝在病株枝条、叶片等上越冬。来年春天，3月下旬左右，当空气相对湿度达到90%以上时，真菌即产生大量分生孢子，随风雨传播，侵染叶片、新枝及花器。该病从侵染至发病的过程较长。一般从发现叶片表面出现红色小斑点起，到叶片出现病斑危害需要60～75天。空气干燥，少雨、少雾、少露，则不利于病原菌产生分生孢子。在中原地区，6月以前，因降雨少，空气干燥，很少发生该病。7—8月，降雨量增加，空气相对湿度加大，是该病发生的高峰期。在长江流域与高温、高湿的地区，一般在6月份即可发生此病。

图7-22　红斑病症状

（4）防治措施

1）封冻前，应将叶片等清除干净、烧掉，以减少来年病原菌的数量。加强对植株的管理，增强植株的抗病能力。阴雨天气，应把植株摆放于通风的地方，叶片少洒水或不洒水，尽量保持叶片干燥。

2）早春在植株萌动前，喷3～5°Bé的石硫合剂或40%多菌灵悬浮剂400～600倍液

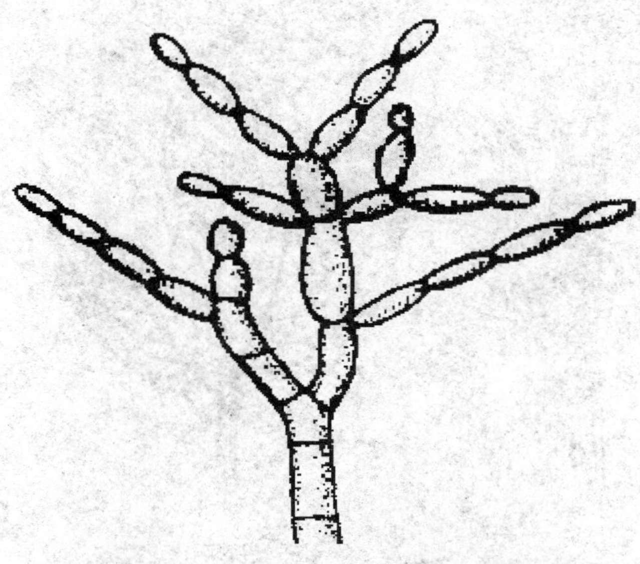

图 7-23　病原的分生孢子梗和分生孢子

等，杀灭越冬病原菌。花谢后，叶面可喷 1∶1∶200 等量式波尔多液防护。发病初期，可选用 40%多菌灵悬浮剂 600～800 倍液、70%甲基托布津可湿性粉剂 1 000 倍液、65%代森锌（代森锰锌也可）可湿性粉剂 800～1 000 倍液喷洒叶面，7～10 天一次，连续喷 2～3 次，即可控制该病的发生。

3. 牡丹炭疽病

（1）危害。炭疽病又称黄斑炭疽病，也是牡丹常见的叶部病害之一。该病在北京、上海、杭州、南京、无锡、郑州、菏泽、洛阳等地均有发生，美国、日本、法国等国家亦有发生。

（2）症状特征（见图 7-24）。炭疽病菌主要侵染叶片、叶柄、茎、枝与花器，尤其是对幼嫩组织危害最大。叶片被侵染初期，叶脉和叶脉间出现黄褐色或灰白色、略凹陷、近圆形的小斑点。病斑逐渐扩展，多为 2～5 mm，因受叶脉阻隔，呈不规则黑褐色的半圆形或半椭圆形。病斑后期，中央变为白色并穿孔，边缘部分呈红褐色。病斑上还散生有许多小黑点。在阴雨连绵、空气潮湿的环境条件下，病斑表面出现粉红色、发黏的孢子堆。茎、枝、叶柄被侵染后，初期出现浅红褐色、椭圆形、稍凹陷的小斑点，逐渐扩大为形状不规则的大斑，中央部分浅灰色，边缘部分淡红褐色。染病花茎常扭曲，严重时易折伏。幼嫩花茎被侵染后，多发生枯萎。

（3）发病规律。病原菌以菌丝体在病茎、病叶中越冬；翌春，在空气潮湿、温度适宜时，菌丝便产生分生孢子盘和分生孢子。分生孢子靠雨露萌发，随风雨传播。高湿多雨的年份，植株发病较多。阴雨天气较多的 7—9 月是发病高峰期。

（4）防治措施

1）入冬前，把植株病叶、病茎等清除干净并烧掉，减少翌年的侵染源。植株摆放的地方，在阴雨季节要通风、透光，叶面、叶柄、花茎等应保持干燥。保持植株健壮，适量施用氮肥，增强植株抗病能力。

2）早春植株萌动前，喷 3.5°Bé 的石硫合剂、65%代森锌可湿性粉剂 500 倍液等药

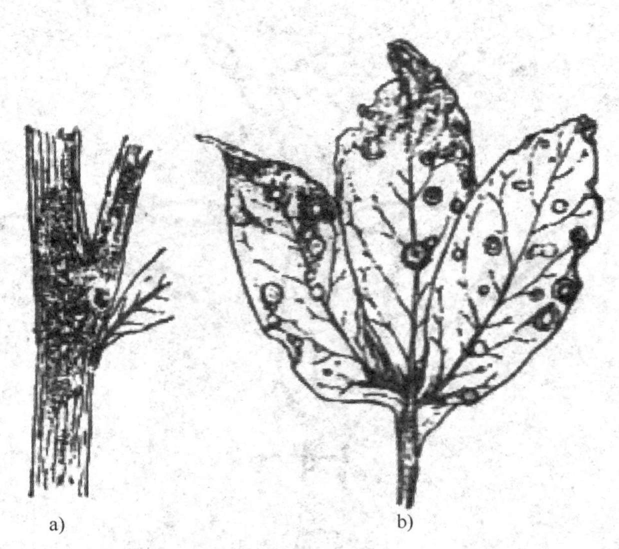

图 7-24　牡丹炭疽病
a）茎部症状　b）叶片症状

剂防护。花谢后，叶面可喷 1∶1∶100 等量式波尔多液，防止真菌侵染。发病初期，可选 70％炭疽福美 500 倍液、40％多菌灵悬浮剂 600～800 倍液、65％代森锌可湿性粉剂 500～600 倍液等药剂喷洒防治，7～10 天一次，连续喷 2～3 次。

4. 牡丹白粉病

（1）危害。该病在牡丹上发病较少，仅见于洛阳、荷泽，其他牡丹产区不多见。

（2）症状特征。该病在发病初期，叶片上有一层白色粉状物（斑）。扩展后，叶片正面、背面，叶柄、茎、枝都出现白色粉状层，并在其中散生许多小黑点，即真菌的闭囊壳。发病严重时叶片逐渐枯死、脱落。

（3）发病规律。病原菌以闭囊壳随叶片、叶柄等掉落盆土中越冬。树荫下、阳光照射少而经常潮湿的地方易发病。发病期一般在 4 月下旬至 5 月上旬。8 月下旬为发病的高峰期。

（4）防治措施。封冻前，将落叶等清除干净、烧掉。将植株放于通风向阳的地方。发病高峰期，应保持植株干燥，盆土也不要过于湿润。早春植株萌动前，喷 20％粉锈宁 800～1 000 倍液。发病初期，喷 20％粉锈宁 1 000～1 500 倍液，每 15 天一次，连续喷 2～3 次，即可控制病情。

5. 牡丹白绢病

（1）危害。该病是牡丹根茎部常见的病害之一，我国牡丹产区发病比较普遍，美国、日本亦有发现。病原为齐整小核菌，属半知菌亚门丝孢纲无孢目。

（2）症状特征。该病菌主要危害牡丹根茎部。染病植株的根茎部呈黑褐色、湿腐，随后在盆土表层及根茎处出现白色丝棉状菌丝体，盆土湿度过大时菌丝体上产生出油菜籽状圆形的菌核，初为白色，逐渐变为橘色或棕色（红褐色）。受害植株出现个别主枝叶片发黄，渐渐凋萎、干枯，最后扩展到整个植株使其枯萎死亡。

（3）发病规律。该病发生的主要原因是盆土消毒不彻底，或盆土过于潮湿。该病菌丝能在牡丹残体上及盆土中存活多年，并在盆土中传播。菌丝从植株根茎部侵入并扩展，六天左右即可使植株染病。气温高、盆土含水量多时发病较重。

（4）防治措施。盆土应彻底消毒，旧盆土更应严格消毒后才能再上盆应用。烧掉植株病残体。发病前，可结合浇水，选用 50%代森铵 800～1 000 倍液浇灌，15 天一次，连续浇灌两次，可预防该病。新购买的植株也应用代森铵 800 倍液浸泡 15 min 消毒预防。植株发病后，轻者可用 50%代森铵 800～1 000 倍液浇灌，10～15 天一次，连续浇灌 2～3 次；重者拔出烧掉。另外也可用木霉菌进行防治。木霉菌也是一种真菌，其在盆土中能释出某种气体，使白绢病菌丝溶解，失去侵染能力；同时还能寄生在白绢病菌丝上，使菌丝与菌核死亡。

三、杜鹃花

1. 杜鹃花叶斑病

（1）危害。该病主要侵染叶片，是杜鹃花最常见的病害。该病害是由半知菌亚门尾孢属杜鹃尾孢菌所致。

（2）症状特征。发病初期，叶片上出现红褐色小斑点，并逐渐扩展成为圆形或不规则的多角形病斑，黑褐色；后期，病斑中央组织变为灰白色。发病严重时，病斑相互连接，导致叶片枯黄、早落。在潮湿环境条件下，叶斑下面着生许多褐色的小霉点，即病原菌的分生孢子及分生孢子梗。

（3）发病规律。病原菌以菌丝体在病叶或植株残体上越冬，翌年形成分生孢子借风雨传播，自伤口侵入。雨水多、雾多、露水重有利于发病，梅雨和台风季节及多雨年份病重。通风透光不良，植株生长不良，可加重病害的发生。

（4）防治措施

1）秋季彻底清除落叶并加以处理，生长季节及时摘除病叶。栽植时盆花摆放密度适宜，以便通风透光，降低叶面湿度。夏季盆花放在室外的荫棚内，以减少日灼和机械损伤等造成的伤口。

2）药剂防治。可定期喷施国光银泰（80%代森锌可湿性粉剂）600～800 倍液和国光思它灵（氨基酸螯合多种微量元素的叶面肥），用于防病和补充营养，提高观赏性；发病初期，喷洒 25%咪鲜胺乳油（如国光必鲜）500～600 倍液，或 50%多锰锌可湿性粉剂 400～600 倍液。连用 2～3 次，间隔 7～10 天。

2. 杜鹃花灰霉病

（1）危害。该病主要危害叶片和花器，是北仑杜鹃花较为常见的病害之一。春季室内外栽培的杜鹃花花器易染病，冻害常是发病诱因之一。

（2）症状特征。发病初期，花瓣上出现褐色水渍状斑点，扩展很快，并相互连接形成大病斑。在湿度高的条件下，病部产生灰色霉层。

（3）发病规律。低温高湿的早春或晚秋及阴雨连绵、降雨量大的夏季易发病，杜鹃花受冻害发病重。

（4）防治措施。加强栽培管理，防止冻害，减少病害发生。室内培养杜鹃花要注意通风，不要过于潮湿。发现病叶、病花应及时摘除烧掉。可用 50%氯硝胺 1 000 倍液或 50%多菌灵可湿性粉剂 1 000 倍液或喷克菌稀释 800～1 000 倍液喷洒防治。

3. 杜鹃花根腐病

（1）危害。根腐病对杜鹃花来说是一种严重的威胁，虽发病率不高，但染病后死亡率很高，所以在杜鹃花的栽培管理中必须重视对根腐病的防治。

（2）症状特征。该病主要危害根茎部，病菌一旦侵入皮层，不久即会引起腐烂，根上出现水渍状褐斑、软腐，后腐烂脱皮，木质部呈黑褐色，树皮逐渐呈灰白色，并逐步蔓延，包围树干一圈，整个皮层坏死，切断养分及水分的输导，使顶端嫩叶逐步干枯，植株自上而下枝叶萎蔫失水干枯，以致全株死亡。

（3）发病规律。高温高湿的天气，质地黏重的土壤，有利于病害发生；分株移栽时未进行种苗消毒处理或栽植时土壤未消毒易引起发病；土壤湿度过大、积水，易引起发病。

（4）防治措施。改善场地通风，早晚增加光照，增施钾肥，提高抗病力。对邻近的植株可用0.1%高锰酸钾浸泡或淋洗全株，并用净水冲洗后再上盆，盆土可事先用70%甲基托布津1 000倍液喷浇。在每年5月份左右用200倍甲基托布津涂抹主干，每7～10天涂一次，连续涂三次，预防感染。

4. 杜鹃花煤污病

（1）危害。杜鹃花煤污病又称煤烟病，主要危害叶片，其次为枝条和叶柄。病菌在叶面、枝梢上形成黑色小霉斑，后扩大连片，使整个叶面、嫩梢上布满黑霉层，导致植物的光合作用下降，影响杜鹃花的长势和观赏价值。

（2）症状特征。发病时叶面上产生辐射状黑色圆形霉点，逐渐扩大成不规则形状煤斑，煤斑会合、增厚形成一层黑色的煤灰状物。病情严重时，整株污染，枝叶枯萎，植株死亡。

（3）发病规律。病菌以菌丝体、分生孢子、子囊孢子在病部及病落叶上越冬，翌年孢子由风雨、昆虫等传播。高温多湿，通风不良，蚜虫、介壳虫等害虫多，均加重发病。

（4）防治措施。注意通风透光，降低温度。发现煤污病发生时，及时剪除病叶并集中烧掉。可选用50%多菌灵可湿性粉剂500～1 000倍液或1∶1∶160等量式波尔多液等喷洒。家养少量盆花时，用清水擦洗叶片可取得一定效果。

5. 杜鹃花黄化病

（1）危害。杜鹃花黄化病又名缺铁病、缺绿病，是一种生理性病害。由于缺铁，导致杜鹃花正常生长发育受到影响，也会大大降低其观赏价值。

（2）症状特征。初期叶脉间叶肉褪绿，失去光泽，后逐渐变成黄白色，但叶脉保持绿色，使叶片上的绿色呈网纹状。随后黄化程度逐渐加重，除较大的叶脉外，全叶变成黄色、黄白色，严重时沿叶缘向内枯焦。

（3）发病规律。杜鹃花黄化病的病因主要是土壤缺铁或铁元素不能被吸收利用，因此影响叶绿素的合成，使叶片变成黄绿色。此病多发生在嫩梢新叶上。

（4）防治措施

1）避免在碱性和含钙质较多的土壤中种植；庭园露地栽植，不要靠近水泥、砖墙或用过石灰的地方。

2）盆栽杜鹃花宜用酸性土。苗圃地栽植，可施用堆肥、绿肥或其他有机肥料。也可将硫酸亚铁混入肥料中施用。

3）在偏碱性的土壤中可浇0.1%～0.2%磷酸二氢钾溶液，溶液的pH值为4.7，能使碱性土壤变为酸性土壤，可使感病黄化叶片变绿。

4）经常施磷酸亚铁溶液，会使土壤中硫及有效铁成分过多而使植物中毒。此时可将乙二胺四乙酸二钠 0.14 g、硫酸亚铁 0.1 g 混合后溶入 500 mL 自来水中，喷洒叶面，叶片正背面均要喷洒，三天喷一次，持续数次，效果很好。

四、山茶花

1. 山茶花炭疽病

（1）危害。该病主要危害叶片和新梢，是山茶花的主要病害，发病率达 30%以上。

（2）症状特征。该病发生于山茶花的叶部，主要发生在成叶或老叶上。症状多出现于叶缘、叶尖和叶脉两侧。初发生时为小点，后扩大成不规则的大斑，黄褐色至褐色，最后中央灰白色，其上散生或轮生许多小黑点，病斑交界处稍隆起，严重时可扩散到整个叶片，引起大量落叶。

（3）发病规律。病菌以菌丝及分生孢子在病残体上越冬。来年菌丝扩展产生新病斑，并在新老病斑上产生新的分生孢子，分生孢子借风雨、昆虫及人传播。该病的发生与温度和湿度有密切关系。一般发病适温为 25～28 ℃。当温度适宜、湿度增加，特别是连续降雨时，能促进病害的蔓延和发展。一般 4 月开始发病，6—7 月病害达到高峰，9 月以后病情趋向停止。

（4）防治措施。进行科学的肥水管理。倒盆时土内施入有机肥，适量增施磷钾肥，不偏施氮肥；上午浇水，一次浇透，盆土不干不湿；栽培基质应疏松、肥沃，易排水，微酸性；冬天接受全日照，夏季放入荫棚内，避免日晒。可定期喷施国光银泰（80%代森锌可湿性粉剂）600～800 倍液和国光思它灵（氨基酸螯合多种微量元素的叶面肥），用于防病和补充营养，提高观赏性；发病初期，喷洒 25%咪鲜胺乳油（如国光必鲜）500～600 倍液，或 50%多锰锌可湿性粉剂（如国光英纳）400～600 倍液。连用 2～3 次，间隔 7～10 天。

2. 山茶花煤污病

（1）危害。山茶花煤污病又称煤烟病，对山茶花的叶片、幼嫩枝梢都有危害。病害阻碍山茶花植株的正常光合作用及气体交换，使其生长发育严重受阻。另外，由于叶面布满黑色的煤粉层，严重地破坏了山茶花的观赏性。

（2）症状特征。发病初期，病部出现许多散生的暗褐色至黑色辐射状霉斑。这种霉斑有时相连成片，形成煤污状的黑霉。黑霉只存在于植株的表层，用手就能轻轻擦去。危害严重时，山茶花整株污黑，只有顶端的新叶仍保持绿色。

（3）发病规律。该病原菌以菌丝体、分生孢子和子囊孢子在病部及病落叶上越冬，成为次年的初侵染源。菌丝、分生孢子由气流、昆虫等传播。该病病菌喜低温高湿的环境条件，10～20 ℃温度最适宜病菌的生长。在这个温度范围内，湿度越大，病菌繁殖蔓延越快。长期杂草丛生、湿度大、光照差的山茶花林，有利于病害的发生和蔓延。

（4）防治措施

1）园艺防治。加强栽培治理，增强树势，并适当修剪；植株不可过密，改善通风透光条件，切忌环境阴湿，控制病菌滋生。

2）彻底消灭介壳虫、粉虱、蚜虫等害虫。

3）药剂防治。病发期喷一定浓度的石硫合剂，每隔 10～15 天一次，共喷三次；也可用 50%甲基托布津可湿性粉剂 500 倍液喷雾，7～10 天一次，喷三次；或喷洒 1∶1∶160

等量式波尔多液，以控制病情发展。严重时喷洒70%甲基托布津1 000倍液，或0.3°Bé石硫合剂。休眠期用3～5°Bé石硫合剂也很有效。家养茶花发生煤污病时，可摘除叶片或用水清洗。

五、栀子花

1. 栀子花炭疽病

（1）危害。栀子花炭疽病主要危害栀子花的叶片。

（2）症状特征。该病主要危害叶片，发病初期从叶尖或叶缘开始产生不规则或近圆形褐色病斑。严重时整个叶片呈褐色，造成枝枯或整株枯死。

（3）发病规律。病菌以菌丝体潜伏在病叶上越冬，翌年春季气温适宜时产生分生孢子进行侵染，一般4—10月均可发生。高温、高湿的条件有利于发病。栀子花的苗木在调运途中，由于通风不良，发病率较高。

（4）防治措施。及时清除病落叶，并集中销毁，减少侵染源。发病前喷施1%波尔多液，保护植株不受侵染；发病初期可用硫酸亚铁30～50倍液浇灌根际土壤，也可用0.1%～0.2%硫酸亚铁水溶液喷洒叶面；发病期间可喷施75%百菌清可湿性粉剂500～800倍液。

2. 栀子花黄化病

（1）危害。该病害是由于栀子花体内缺铁引起的生理性病害。

（2）症状特征。该病主要危害植株中上部叶片，最初从叶片的叶缘开始褪绿，然后逐步往中心发展，叶片由绿变黄或浅黄色，但叶脉仍呈绿色，扩展后全叶发黄，进而变白，最后变成褐色，并逐渐干枯。全株以顶部叶片受害最重，下部叶片正常或接近正常，受害严重的植株最后枯死。

（3）发病规律。该病在土壤过黏、潮湿处较严重。石灰质土壤地区易发生此病。

（4）防治措施。雨季注意排水，降低地下水位和园区田间空气湿度；用药剂治疗黄化病，应在病害发生初期进行，否则效果较差。发病初期用2%～3%硫酸亚铁浇灌2～3次，或用0.1%～0.2%硫酸亚铁喷洒叶片，每次间隔20天左右。若使用有机肥料，可在有机肥料沤制时混入硫酸亚铁和硫酸锌。

第六节　观叶花卉病害及其防治

→ 掌握观叶花卉主要病害及其危害特征

→ 掌握观叶花卉主要病害的防治措施

一、苏铁

1. 苏铁炭疽病

（1）危害。此病引起苏铁小叶成段或整片枯死，严重影响植株生长，降低观赏价值。

（2）症状特征。叶片干枯，边缘呈褐色。有的病斑中间呈灰色；有的病斑呈深褐色，垂直干枯，纵向卷曲成一条线；有的病斑呈黄褐色，椭圆形，后期则为黑褐色，病健交界明显；有的病斑中心呈现红褐色，形状大部分为椭圆形和半圆形，黄晕在外，病健交界划分不清，几乎很少见小黑点。不同品种症状有所差异，新抽幼嫩的小叶片为该病菌主要危害对象。

（3）发病规律。病原菌以菌丝体及分生孢子盘在植株病部越冬。症状在次年 5 月初开始表现，发病盛期为 6 月，至 10 月病害基本停止发展。病菌可以依附在病叶上越冬，翌年当温度适宜时再次复苏产生分生孢子，传播途径为昆虫、风雨或枝叶接触。

（4）防治措施。合理施肥，修剪枝叶工作应在冬末进行，通风、透光条件要得到改善，园地需及时清理。新叶刚抽发时应喷洒 27%高脂膜 150 倍液，发病期间喷洒 80%炭疽福美 500～800 倍液，隔 7 天喷一次，连续喷 2～3 天。

2. 苏铁斑点病

（1）危害。苏铁斑点病又名白斑病，是庭院、盆栽苏铁常见的病害。严重时，大部分叶片干枯，易破碎、断裂。

（2）症状特征。起初病害呈现出淡褐色小点，后来逐渐扩大呈现圆形或其他形状，直径为 1～5 mm。病斑边缘呈褐色，中间呈暗褐色或灰色。当发病严重时，大斑可相互连接，造成叶片全部枯死，严重受害的植株叶片大部分干枯和断裂。

（3）发病规律。病菌主要以分生孢子器或菌丝体在被害叶片上越冬，次年形成分生孢子，借风雨传播蔓延。高温多雨利于病害的发生。苏铁栽植在瘦瘠的黏质土壤中会加重病害的发生。

（4）防治措施。避免种植在低洼渍水处，应该选择在带微酸性土层肥沃的沙质壤土中栽植，辐射强烈的水泥地上不宜放置盆栽。在干燥的夏季多浇灌清水，选择通风良好的环境，并适当施腐熟饼肥。当新叶萌发时剪除病枝老叶提高抗病力，使树势增强。在发病期间喷洒 1∶1∶200 等量式波尔多液，或 77%氢氧化铜 600 倍液，或 75%百菌清可湿性粉剂 600 倍液，交替喷洒，连续多次。

3. 苏铁茎腐病

（1）危害。苏铁茎腐病是苏铁科植物最具毁灭性的病种之一，常在球茎顶部或近地面一侧开始发病。

（2）症状特征。苏铁茎腐病是由半知菌亚门球色单隔孢菌侵染诱发的真菌性病害。病变多从近地面开始，先是病部输导组织变为褐色，周围组织变为粉褐色水渍状，组织疏松如海绵，随后地上部有 1～2 片羽叶从叶柄基部开始萎缩，维管束变褐色，幼嫩羽叶开始萎蔫。随着病情发展，常见老羽叶叶柄基部干缩倒伏，病部周围变褐腐烂，直至整个茎干腐烂。

（3）发病规律。病菌以菌丝体于病残叶内越冬，翌年条件适宜时产生孢子，从叶基部伤口处侵入。该病害一年四季均可发生，以雨季为重，高温、高湿、易受雨水冲刷、积水及近路边的植株易感病。苏铁茎腐病具有病情发展快、传播蔓延迅速的特点，若未及时发现并控制，就会引起大面积发病，造成重大损失。

(4) 防治措施

1) 防治苏铁茎腐病的关键是以园地清洁和球茎处理为主要措施，使侵染源得以减少。

2) 药剂防治。用50%甲基托布津200倍液，或用波尔多液喷洒有很好的防治效果。发病初期及时检查，切除病部，伤口要用硫黄粉涂抹，干燥后用70%代森锰锌或50%苯莱特可湿性粉剂与50%多菌灵混合涂抹，可以交替使用。在进行田间日常管理时，可用生石灰在植株根基部周围撒施。此病的发生在一定程度上可以预防。

二、马拉巴栗

1. 马拉巴栗疫病

(1) 危害。马拉巴栗疫病为各种植区危害严重的病害之一，主要危害叶片和茎基部。

(2) 症状特征（见图7-25）。叶片发病时，初期在叶片边缘或中央出现水渍状暗褐色小点，之后病斑扩展为灰褐色大病斑，病斑的病健交界不明显。湿度大时病斑可扩展至全叶，并在病部可见大量的灰白色霉层（病菌菌丝体及孢子囊），致使叶片大量脱落。茎基部发病时，初期在茎基部出现水渍状暗褐色小点，之后病斑上下扩展至整个茎基部呈灰褐色大病斑，病茎木质部呈黑褐色棉絮状腐烂，导致全株萎蔫死亡。

图7-25 马拉巴栗疫病根茎基部症状

(3) 发病规律。该病是由真菌引起的，病原菌为棕榈疫霉菌。病原菌随病残体在土壤中越冬，能存活多年。容易积水的土壤里易发病。

(4) 防治措施

1) 园艺防治。注意排除积水。

2) 药剂防治。进入雨季喷淋杀菌剂保护，药剂可选用1∶1∶100等量式波尔多液、10%世高水分散粒剂3 000倍液、47%加瑞农可湿性粉剂700倍液、72%霜脲锰锌（克霉）或克霜氰或霜霉威（普力威）可湿性粉剂600倍液、60%灭克（氟吗·锰锌）可湿性粉剂1 000倍液、69%安克·锰锌可湿性粉剂800～900倍液、50%根腐灵可湿性粉剂800倍液。以上药剂每隔10天左右喷一次，连续防治2～3次。

2. 马拉巴栗叶枯病

(1) 危害。叶枯病是马拉巴栗常见的病害之一，主要危害叶片，对马拉巴栗的危害较大。

(2) 症状特征（见图7-26）。病斑形状不规则，初期为褐色，以后中央变为灰白色至褐色，边缘为暗褐色，有明显隆起。

(3) 发病规律。该病是由真菌引起的，病原菌为茶褐斑拟盘多毛孢。病原菌在病组织内或落叶上越冬，翌年春天借风雨传播蔓延。一般温暖多湿的夏季易发病，叶片受

图 7-26　马拉巴栗叶枯病

冻、植株长势弱发病重。

（4）防治措施

1）园艺防治。注意减少伤口；适时适量放风；5—9 月每月施一次酸性肥料，增强抗病力。

2）药剂防治。必要时喷药防治，药剂可选用 27%铜高尚悬浮剂 500～600 倍液、12%绿乳铜乳油 600 倍液、53.8%可杀得 2 000 干悬浮剂 1 000 倍液、10%世高水分散粒剂 3 000 倍液。以上药剂每隔 10 天左右喷一次，连续防治 3～4 次。

3. 马拉巴栗炭疽病

（1）危害。该病主要危害叶片。

（2）症状特征（见图 7-27）。发病时叶片上出现圆形或近圆形病斑，直径 7～12 mm，灰褐色或灰白色，边缘红褐色。后期病部散生或近似轮生黑色小点，即病原菌的子实体。

图 7-27　马拉巴栗炭疽病

（3）发病规律。该病是由真菌引起的，病原菌为黑线炭疽菌。病原菌在病部或病残体及种子上越冬，翌年春天当条件适宜时借雨水或灌溉水溅射传播。温暖潮湿的天气易发病，湿气滞留或偏施、过施氮肥发病重。

（4）防治措施

1）园艺防治。精心养护，配方施肥，避免氮肥过多；注意通风，雨后及时排水，防止湿气滞留，以减轻发病。

2）药剂防治。发病初期喷药，药剂可选用25%炭特灵可湿性粉剂500倍液，或60%炭必灵可湿性粉剂700倍液，或甲基托布津可湿性粉剂600倍液，连续喷洒3～4次。

三、平安树

● 平安树炭疽病

（1）危害。该病分布于广西、北京、河北、江苏、河南等地，危害平安树幼苗、幼树叶片，可致全株多数叶片干枯，严重时全株枯死，也危害鹅掌柴、福禄桐等花木的叶片。

（2）症状特征。叶片受害初期，叶面或叶尖、叶缘出现大小不一的圆形或近圆形褐色斑，并在叶脉间向叶片基部扩展，逐渐形成宽约1 cm、长3～5 cm的条斑，出现叶尖、叶缘或脉间干枯。病斑上有环状纹。后期病斑渐变为灰白色，有时穿孔，最后全叶干枯，坏死病斑上产生灰白色点状小突起。

（3）发病规律。病菌为半知菌类胶孢炭疽菌。该病的发生与树木生长、树龄、园地管理状况等密切相关。一般1～3年生的更新幼树常见发病，园圃瘠薄、干旱、抚育管理差则发病重。

（4）防治措施

1）加强栽培管理。平安树喜暖热气候，抗寒性弱，较耐阴，幼苗要遮阴，成树要阳光充足。南方露地培育应选择疏松肥沃、排灌方便的地块栽植。提倡间种豆类作物，以降低夏秋季节地面热辐射，茎秆压青后又可肥田。北方盆栽观赏，应选用富含腐殖质、pH值低于7的土壤，夏秋置于半阴处，避免阳光直射、暴晒；冬季注意防寒，棚室温度不应低于6 ℃。雨后及时排水；温室常通风透光，夏季地面喷水以便降温除湿；增施磷钾肥，氮肥适量；叶片上不要有自由水。

2）经常检查，发现病叶及时摘除，集中深埋。

3）发病初期喷50%使百克或施保功可湿性粉剂1 000倍液，或10%世高水分散粒剂3 000倍液。

四、散尾葵

1. 散尾葵茎腐病

（1）危害。该病危害散尾葵的茎、叶柄。

（2）症状特征。病斑初期为褐色斑点，周围黄色；扩展后病斑为长椭圆形，凹陷，内黑褐色，边缘黄褐色，周围黄色；后期病斑上出现紫黑色粒状物。

（3）发病规律。该病为真菌性病害。病菌存活在植株病残体上，借助风雨、昆虫、气流传播，可直接从叶柄、茎皮孔处侵染危害。四季均可发病，雨季前后发病严重。

（4）防治措施

1）及时剪除病枝、枯叶，减少再侵染源。

2）用五氯硝基苯杀菌剂300倍液涂擦病斑，用退菌特杀菌剂800倍液喷洒健康枝干、叶片，控制病害的发生与蔓延。

2. 散尾葵叶斑病

（1）危害。该病发生在羽状复叶上，多从叶基部开始发病。病菌除危害散尾葵外，还危害假槟榔、鱼尾葵、软叶刺葵、大王椰子等棕榈科植物，并引起类似症状。

（2）症状特征。发病初期病斑为褐色斑点，周围黄褐色，呈扇面状向外扩展；后期病斑干枯，严重发病时，多数叶片有一半以上干枯卷缩，如被火烧，并出现黑色粒状物。

（3）发病规律。该病为真菌性病害。病菌存活在植株病残体上，借助浇水、气流、风雨传播，从叶片基部侵入。高温干燥期植株失水，易发病；高温高湿期发病严重，常导致叶片失水、枯黄、死亡。

（4）防治措施

1）高温干燥期应采取遮阳、喷水等措施，降温保湿，提高植株生长势。

2）养护期间及时防治介壳虫，减少伤口。

3）适时药剂防治。发病初期喷洒50％克菌丹可湿性粉剂300～500倍液，或70％代森锰可湿性粉剂400～650倍液，每周一次，连续几次。

五、富贵竹

1. 富贵竹黑腐病

（1）危害。富贵竹黑腐病是富贵竹采后加工过程中的重要病害之一。该病主要造成富贵竹竹条腐烂，严重影响富贵竹竹条的加工质量。

（2）症状特征（见图7－28）。侵染初期，竹条切口处出现水渍状病斑，随后出现菌丝并开始腐烂，腐烂向整个竹条蔓延并在切口产生大量黑色分生孢子。湿度大时呈软腐症，内部中空残留纤维物质并呈黑色。干燥时茎秆枯黄，切口黑色，茎秆内部充满大量分生孢子，呈黑粉状。该菌主要从切口、受伤芽眼或伤口侵入，造成竹条腐烂。接种试验表明，黑曲霉主要从切口侵染危害且发病严重，切口接种发病部位的组织可观察到细胞核膨大，而离发病部位较远的组织则无膨大现象。刺伤接种发病极轻，只形成小病斑，但经较长时间仍可从干燥的小病斑分离到病菌，具有一定的潜伏侵染性。

图7－28　富贵竹黑腐病

（3）发病规律。该病在高温、高湿条件下发病迅速、危害严重，外运集装箱中发病率高。

（4）防治措施

1）加强栽培管理。育苗时选用无病苗床，不施带菌有机肥。注意田间排湿，及时中耕松土。

2）药剂防治。喷洒50％抑霉唑乳油或69％烯酰吗啉可湿性粉剂1 000倍液。

2. 富贵竹茎腐病

（1）危害。该病发生在水培的富贵竹上，引起富贵竹死亡，降低观赏性。

（2）症状特征。发病初期在水面以上的节茎处出现水渍状褐色斑点，扩大后呈褐色腐烂，绕干一周后植株上部枯死。如发生在竹条切口，产生红点及表面产生乳黄色黏分生孢子团，由多种镰刀菌属的真菌复合侵染引起，其中以尖孢镰孢菌侵染为主。该病除了造成腐烂外，纵切可观察到维管束内部被红色物质阻塞。随时间增加维管束变红数量增多，且向竹内延伸。

（3）发病规律。水培富贵竹管理粗放，和基质或土栽的花卉混放在一起，病菌可能会在浇水时滴溅到富贵竹上引起病害。

（4）防治措施

1）培育健壮和组织充实的植株种苗；清除病株，集中烧毁；开深排水沟，起高畦25 cm种植。

2）用42%克菌净粉剂3 000倍液，或88%水合霉素1 000倍液浸泡种苗下切口24 h。

六、酒瓶兰

1. 酒瓶兰软腐病

（1）危害。酒瓶兰移栽过程中极易受到损伤或在运输过程中受到碰撞，损伤的部位受到细菌感染后会导致细菌性软腐病的发生。

（2）症状特征。患病初期表皮层局部呈现不规则褐色斑块，病灶部位产生水渍状病斑，组织软腐，如果不及时救治，很快会蔓延至全株，整个植株很快萎蔫死亡。

（3）发病规律。酒瓶兰细菌性软腐病的发病原因主要有三方面：一是具有观赏价值的酒瓶兰，通常块茎都在1 m左右，植株的体积和重量都很大，在挖掘、包装、运输、定植的过程中，往往需要通过机械操作，难免会有碰伤，处理不慎就会造成局部腐烂；二是由于环境的改变，造成植株生长势衰弱，再加上其体内富含水分，极易受到昆虫等有害生物的侵袭，致使遭到病菌的感染；三是新定植好的植株都要浇一次充足的定根水。多肉多浆植物比较特别，这类植物移栽过程中修剪受伤的根系后，还要晾晒至根系的伤口干燥才可以移栽；如果没有这个过程，一定要在修剪的伤口处涂抹杀菌剂，且定植后不能立即浇水，10～15天后伤口愈合才可以浇定根水。

（4）防治措施

1）在移栽或养护管理过程中不慎碰伤酒瓶兰的表皮时，一定要认真处理伤口和根系。根系和伤口都要经过多菌灵消毒处理，以1∶5比例将多菌灵和生石灰调成糊状涂抹伤口，晾干后再定植。

2）酒瓶兰体内含有大量的水分，植株的病灶部位首先呈现水迹和腐烂，清除病灶部位是关键。用酒精消过毒的快刀剔除病灶部位，将腐烂变色的部分清除干净，用1.5%高锰酸钾溶液喷洒创伤部位，然后用电吹风的冷风吹干伤口，在伤口上撒生石灰，以吸收水分，预防伤口处遇到潮湿后再次造成腐烂。观察15～20天，伤口处不变色、没有水渗出，说明病灶部位已经愈合。

3）预防措施。酒瓶兰膨大的茎部是高度肉质化的部位，具有储藏水分和矿物质的功能，其内部肉质疏松，含有大量的水分。在干旱的季节，这些水分会供给植株继续生

长。所以，移栽换盆的时候，为了防止植株腐烂，根系都要经过晾晒才可上盆栽培；每年 4 月用敌克松 600～800 倍液浇灌病株根部周围的土壤，抑制病菌的发生；增施磷钾肥，加强通风透光，提高植株抵抗病害的能力。

2. 酒瓶兰叶斑病

(1) 危害。该病是由半知菌类尾孢引起的真菌病害，在酒瓶兰栽培、引种区都有不同程度发生。该病主要危害酒瓶兰等观赏植物的叶片，降低观赏价值。

(2) 症状特征。被害株叶面上出现圆形浅褐色褪绿斑，后期病斑中央可形成穿孔，相邻病斑可相互连接。

(3) 发病规律。环境湿度大，通风透光不良，利于病害的发生。

(4) 防治措施

1) 加强栽培管理，增强抗病性。酒瓶兰性喜阳光充足，耐旱不耐寒，但在盆栽时如保持盆土干燥也能耐 5 ℃低温；采用播种法繁殖。

2) 发病初期喷药保护，可选用 1∶1∶120 等量式波尔多液、25%络氨铜水剂等。对失去观赏价值的重病叶可剪除后集中深埋。

七、龙血树

1. 龙血树根腐病

(1) 危害。该病在我国主要分布在云南、广西、海南及台湾地区，是危害根部的病害。严重地块发病率可达到 30%～50%，大量龙血树发病，根部严重腐烂，失去观赏价值，严重影响龙血树生产。

(2) 症状特征（见图 7－29）

1) 地上部分的症状。叶片由绿色变为浅黄色，叶片下垂，下层叶片逐渐由浅黄色变黄色，继而变为黄褐色至褐色，最后干枯。叶片缺乏光泽，呈缺水状。

2) 地下根部的症状。多从根尖或根部分叉处开始发病，发病初期病根变为水渍状棕黄色，并由根尖逐渐向主根扩展。随着病部的进一步扩展，病根腐烂，其皮层与木质部极易分离，将分离的皮层剥去，可见内部的木质部也变为棕黄色。在发病中后期病根木质部上可见白色的霉层，显微镜检查可见大量的大型分生孢子、小型孢子、分生孢子梗和菌丝体，横切病根可见病根的维管束变为红棕色坏死。最后病根全部腐烂，散发臭味。

(3) 发病规律。该病一年四季均可发病，但在高温季节症状较明显，发病较重。该病原菌主要通过根部的伤口和根尖侵入而引起发病。在栽培管理上，应尽可能减少根部的机械伤口，以减少病原菌的侵入。

(4) 防治措施

1) 应选用无病菌土壤，并采取轮作等措施。

2) 栽植在深厚肥沃、排水良好的地方，上盆时盆土要求透气性强，排水要好。栽后浇一次透水，以后浇水不宜过多以防发病或烂根；遇天气过于干燥时，宜进行喷水保湿使盆土湿润。越冬温度应高于 5 ℃。

3) 必要时喷淋 50%多菌灵可湿性粉剂 400 倍液或 50%立枯净可湿性粉剂 800 倍液、80%绿亨 2 号可湿性粉剂 800 倍液。

图 7-29　龙血树根腐病

2. 龙血树叶斑病

(1) 危害。该病危害龙血树的叶片，影响龙血树叶片的观赏价值。该病主要是由半知菌亚门朱蕉叶点霉真菌侵染所致。

(2) 症状特征。发病初期叶片上着生褐色小斑，扩展后成不规则形较大病斑，褐色；发病后期病斑中央灰白色，斑缘红褐色，其上着生褐色小点。

(3) 发生规律。病菌以菌丝体和分生孢子器在病部或病残体上越冬。翌春条件适宜时从分生孢子器中释放出大量分生孢子，通过风雨或浇水水滴溅射传播。湿度大的条件下孢子萌发，长出芽管进行初侵染。叶片上发病后又产生分生孢子，进行多次再侵染，使病情不断扩展。温室湿度大、闷热、喷淋式浇水或清洗叶面等均有利于病害发生。

(4) 防治措施

1) 栽培宜选择土壤疏松、排水性能好的地块。禁止喷淋式浇水，夏季高温时应向地面喷水。

2) 应及时将植株下部的老叶和病枯叶剪除。

3) 发病初期可喷洒65%爱克菌可湿性粉剂800倍液或25%苯菌灵·环己锌乳油700～800倍液、36%甲基托布津可湿性粉剂600倍液。喷药次数依发病情况而定，一般10天喷一次。

3. 龙血树炭疽病

(1) 危害。该病影响龙血树长势，严重时致叶枯死。

(2) 症状特征。该病危害叶片，病斑发生在叶缘、叶面上。发病初期叶上出现褐色小斑点，扩展后成近圆形、椭圆形褐色病斑，斑缘深褐色，隆起，病斑外有黄色晕圈。发病后期病斑中央变为灰白色至浅褐色，病斑上着生黑色小点。

(3) 发病规律。该病为真菌病害，由胶孢炭疽菌引起。病菌在病叶或病残体上越冬，由风雨及水滴滴溅传播。高温、高湿（85%以上）、多雨、多露、栽种过密、通风不良等有利于发病。

(4) 防治措施

1) 栽培技术防病。进行科学的肥水管理，栽培基质疏松、肥沃，生长旺季（4—8月）一个月左右追施一次有机薄肥；温室及时通风透气，露地栽种雨后及时排水，以便除湿降温；发现病叶及时剪除并销毁。

2) 药剂防治。发病初期喷50%使百克可湿性粉剂1 000倍液，或10%世高水分散粒剂3 000倍液，或25%应得悬浮剂1 000倍液，或25%炭特灵可湿性粉剂500倍液，或50%杀菌王可溶性粉剂1 000倍液等，7～10天一次。

八、龟背竹

1. 龟背竹灰斑病

(1) 危害。灰斑病又名叶斑病，为龟背竹的常见病害。发病严重时，能引起叶片枯死，影响观赏。

(2) 症状特征（见图7－30）。灰斑病多发生在叶片上，从叶缘伤损处开始发病。病斑初为黑褐色斑点，扩大后为椭圆状至不规则状，边缘为黑褐色，内为灰褐色。后期病斑连成一片，使叶片腐烂干枯，并出现稀疏的黑色粒状物，即病原菌的分生孢子器。病情严重时，叶子大片枯死。

(3) 发病规律。该病菌存活在植物病残体上，在温室条件下可多次侵染。植株在低温、烟熏、受虫危害后发病较重。

(4) 防治措施

1) 加强栽培管理，注意控制室温不宜过低。及时剪除病叶或叶片的病组织，集中销毁。

2) 药剂防治。可定期喷施国光银泰（80%代森锌可湿性粉剂）600～800倍液＋国光思它灵（氨基酸螯合多种微量元素的叶面肥），用于防病和补充营养，提高观赏性；发病初期开始喷洒30%绿得保悬浮剂350倍液或40%百菌清悬浮剂（顺天星1号）600倍液、25%苯菌灵·环己锌乳油800倍液，隔10天左右一次，连续防治3～4次。

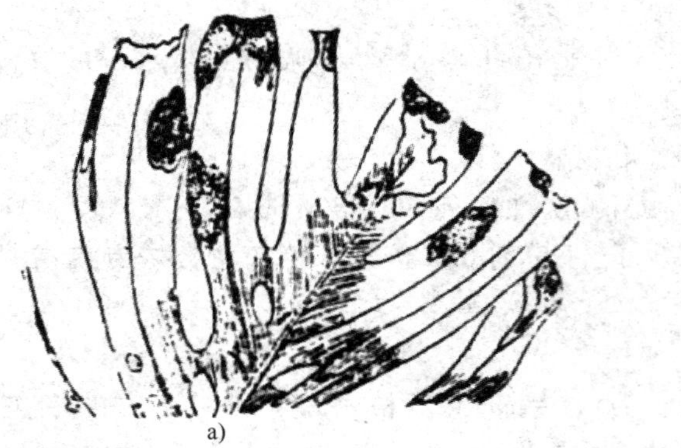

a)　　b)

图 7－30　龟背竹灰斑病

a）症状　b）病原菌的分生孢子器和分生孢子

2. 龟背竹炭疽病

（1）危害。该病发生在叶片上，多从叶缘开始发病。

（2）症状特征。受害叶病斑初期为浅褐色斑点；扩展后病斑呈不规则状，内灰褐色，边缘略隆起，叶片变黄，甚至整叶焦枯；后期病斑上散生黑色小点。

（3）发病规律。该病为真菌性病害。病菌存活在植株病残体上，借助风雨、浇水等传播，从叶片伤口处侵入，可重复侵染危害。湿度越大，发病越重。细弱枝比健壮枝发病重。在温室条件下，全年均可侵染发病。

（4）防治措施

1）注意适时浇水，防止过于干旱。

2）温室常通风，降温除湿。

3）及时除虫，避免叶片损伤。

4）清除严重病害叶片，喷洒等量式 160 倍波尔多液进行预防。

5）发病初期可喷洒 25％炭疽福美可湿性粉剂 500 倍液，每 10 天一次。

3. 龟背竹褐斑病

（1）危害。褐斑病在万年青、龟背竹等天南星科观叶花卉中均有发生，且均发生在叶片上。

（2）症状特征。发病初期叶片上产生淡黄色至淡褐色小斑点，而后逐步扩大成圆形或不规则形病斑，边缘为红褐色，中央位置为褐色、灰褐色或灰白色，随后产生黑色小点。病斑处最后干枯破裂，严重时全叶枯死。

（3）发病规律。病菌借风雨、喷水等传播。高温、高湿、通风不良环境发病率高。

（4）防治措施

1）万年青、龟背竹场地或温室内栽培前，喷洒 75％百菌清可湿性粉剂400～500 倍液，喷洒时包括地面、墙面、花架等全部喷洒到。如有条件，喷洒后关门密封 3～5 天则更好。

2）植株生长期间多施磷钾肥，使其养分平衡，增加抗性。

3）温室栽培万年青、龟背竹要定时开窗通风，株丛与行间过密时及时拉开株行距，并适当加强光照。

4）发现病叶及时摘除，集中烧毁或深埋。

5）发病初期喷洒 75％百菌清可湿性粉剂 500～600 倍液，或 70％甲基托布津可湿性粉剂 1 000～1 200 倍液，或 50％多菌灵可湿性粉剂 500～600 倍液，每 7～10 天一次，连续 3～4 次抑制病情。

九、海芋

1. 海芋叶斑病

（1）危害。该病是一种真菌病害，在海芋各栽培区都有不同程度发生，主要危害海芋、马蹄莲等。

（2）症状特征。该病主要危害海芋叶片。发病初期叶面生出多个近圆形病斑，直径 1～2 mm，中央灰白色，边缘黄褐色；后期病斑逐渐扩展相连，呈大型长椭圆形或不规则形大斑。花和花梗有时亦受害。

（3）发病规律。病原菌以菌丝体或分生孢子在病组织上越冬，翌春产生分生孢子，借风雨、水滴喷淋、园艺作业等传播，造成新的侵染。温室内无明显的越冬态。高温、高湿及通风不良有利于病害的发生和蔓延。

（4）防治措施

1）加强栽培管理。海芋不耐寒，喜高温、高湿及半阴，忌阳光直射，宜选用疏松肥沃、富含腐殖质的沙壤土；平时浇水不要过多，保持土壤湿润即可，尤其不要直接向叶面喷淋浇水；施以腐熟的有机肥；注意通风透光，避免阳光暴晒；及时清除病叶、残茎，保持花圃卫生。

2）发病期喷药防控，可选用 30％碱式硫酸铜胶悬剂 300 倍液、65％代森锌可湿性粉剂 500～600 倍液、25％敌力脱乳油 1 000～1 500 倍液、50％退菌特可湿性粉剂 800 倍液、50％敌菌灵可湿性粉剂 500 倍液、75％百菌清可湿性粉剂 600 倍液等，每 10～15 天喷一次，连喷 2～3 次。

2. 海芋灰霉病

（1）危害。该病在海芋各栽培区都有不同程度发生，危害海芋等多种花卉。

（2）症状特征。侵染植株叶、花，叶上常生水渍状褐色大斑，空气湿度大时生出灰黑色霉层。

（3）发病规律。该病病原为灰葡萄孢菌。高湿温暖、通风透光不良的环境，植株生长衰弱等，利于该病的发生。

（4）防治措施

1）加强栽培管理。海芋喜高温、高湿及半阴环境，不耐寒，宜栽植于疏松肥沃、排水良好的土壤。冬季室温不得低于 15 ℃，忌强光直射。

2）搞好花圃卫生，及时清除枯叶及病叶，集中深埋。

3）发病初期喷药防控，可选用 50％农利灵可湿性粉剂 1 500 倍液、50％扑海因可湿性粉剂 1 500 倍液等。

十、孔雀竹芋

● 孔雀竹芋叶斑病

（1）危害。孔雀竹芋叶斑病危害孔雀竹芋叶片，使叶片逐渐干枯、萎缩，以致脱落而死。该病是由半知菌德氏霉属真菌侵染所致。

（2）症状特征。病斑初期为黄褐色斑点，之后受叶脉限制扩展成块状或不规则状，黄褐色，其外围有晕圈。后期病斑干燥并出现灰色霉层。

（3）发病规律。病菌存活在土壤中及植物病残体上，借助风雨、浇水等传播，可直接从叶片气孔处、伤口处侵染危害。受蚜虫、介壳虫危害或生长衰弱的植株易发病；在温室环境下可常年发病；高温、高湿，空气不流通，植株摆放过密，栽培环境中杂草、烂叶多，氮肥施用过多，均易发病。

（4）防治措施

1）保持每年换盆。盆土应进行消毒，可喷洒五氯硝基苯杀菌剂 600 倍液，封闭 3～5 天，晾晒两天后使用。植株摆放不宜过密，适当通风透光，降低环境湿度，可减少发病。

2）注意及时除虫，清洗叶面，保持洁净亮丽。

3）加强肥水管理，适当增施磷钾肥，少施氮肥，促使植株生长充实，增强本身的抵抗力。

4）及时清除病残叶及杂草，减少侵染源。

5）发病时喷药保护。药剂有 50%多菌灵 600～800 倍液、50%代森锰锌 500～600 倍液，每隔 7～10 天一次。

第七节　花卉虫害及其防治

→ 掌握花卉主要虫害及其危害特征

→ 掌握花卉主要虫害的防治措施

危害花卉的害虫有两大类：一类是用口针刺吸植物汁液的刺吸类害虫；另一类是咬食植物叶片、嫩芽、嫩根、嫩茎、球根、鳞茎及插条愈伤组织的咀嚼类害虫，主要造成花卉机械性损伤。

一、刺吸害虫

蚜虫、粉虱、介壳虫、叶蝉、椿象、蜡蝉、木虱等害虫具有刺吸式口器，一般不使植株残缺或破损，只是使叶子的被害部分形成细小的褪绿斑点，有时随着叶片生长出现各种畸形。

1. 介壳虫

介壳虫以雌成虫、若虫群聚在花卉枝叶及果实上，吮吸汁液，造成枝叶萎黄，甚至整枝、整株枯死。与此同时，其介壳或所分泌的蜡质等物覆盖在植株表面，且不少种类介壳虫排泄蜜露，是真菌的良好培养基，易诱发煤污病。

介壳虫种类多、分布广，常见的有吹绵蚧、月季白轮蚧、日本龟蜡蚧、康氏粉蚧、仙人掌白盾蚧、红圆蚧、桑白蚧、红蜡蚧、褐软蚧等。

（1）吹绵蚧

1）危害。吹绵蚧主要危害月季、玫瑰、牡丹、山茶、桂花、君子兰、木芙蓉、海桐、金橘、佛手、玉兰、扶桑、无花果、石榴、含笑、樱花、枇杷、海棠、棕榈等多种花木。

2）形态特征

①雌成虫。体长 6～7.5 mm。橙黄色，椭圆形。触角 11 节，黑色。腹面扁形，背面隆起，上有白色蜡质物。腹部周缘有小瘤状突起 10 余个，由此分泌绵团状蜡粉。

②雄成虫。体长约 3 mm，翅展 7 mm。虫体橘红色，后翅及胸部黑色，翅紫黑色。腹部 8 节，末端有肉突起 2 个。

③卵。椭圆形，初为橙黄色，后变橘红色。

④若虫。椭圆形，橘红色，体被蜡粉，腹末有毛 6 根。

3）发生规律。一年发生 2～3 代，多以若虫越冬。一般 4—6 月发生严重，温暖、湿润有利繁殖，高温、干旱对其不利。1 龄若虫多寄生于新梢叶背的主脉两侧，2 龄以后逐渐转移至枝条上固定。成虫常聚集在主枝阴面或枝杈间营囊产卵，不再移动。成虫、若虫群集于叶背及新梢上吸食汁液，轻则影响植株生长，重则导至植株死亡。

（2）月季白轮蚧

1）危害。白轮蚧主要危害月季，其他寄主还有七里香、刺梨等。主要寄生在寄主的主干和粗枝上，吮吸汁液。虫口密度大时，在枝干上常有一层白色的絮状物。轻者削弱寄主的生长势，影响生长开花；重时整株枯萎。

2）形态特征（见图 7－31）

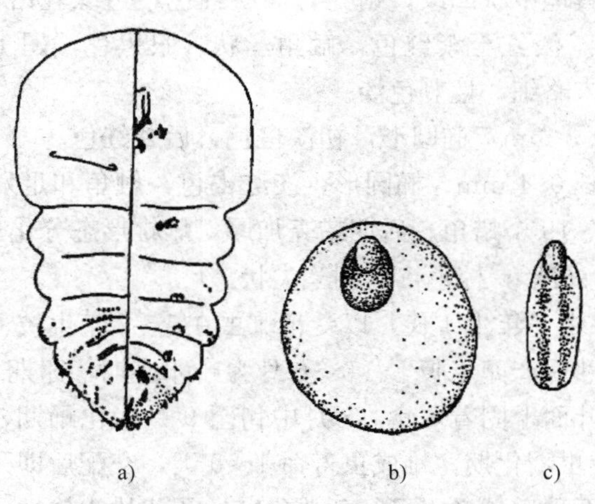

图 7－31　月季白轮蚧

a）雌成虫　b）雌成虫介壳　c）雄（蛹）介壳

①雌成虫。介壳宽，椭圆形或近圆形，直径 2～2.4 mm，白色；蜕皮在边缘，深褐色。雌虫体长形，扁平，背部稍隆起，前体部特别膨大，以中胸处最宽，前缘突明显，体长约 1.4 mm，初为黄色，后变为橙色到赤橙色。

②雄成虫。介壳狭长，两侧平行，背面有 3 条明显的纵脊线，白色，蜡质状，长约 0.8 mm；蜕皮位于前端。雄虫体瘦长，橘红色，前翅 1 对，无色透明，触角黄色，丝状，足 3 对。

③卵。长圆形，棕红色，表面有不规则的网纹。

④初龄若虫。橘红色，扁平，卵圆形。后期橙黄色，圆形，触角缩短。

⑤蛹。介壳长形似梭，白色熔蜡状；介壳上有 1 个暗褐色的壳点，有 3 条纵脊线和 2 道沟线。

3）发生规律。在贵阳地区一年发生 3 代。以雌成虫和雄蛹在枝干上越冬，翌年 4 月中旬开始产卵。各代发生期：第一代，4—6 月；第二代，6—8 月；第三代，8—12 月。若虫孵化盛期：第一代，5 月下旬；第二代，7 月中旬；第三代，9 月中旬。阴湿、低凹、通风不良，对月季白轮蚧的发生有利；较向阳、干燥、通风、光照充足的环境发育进度较快，危害也严重。月季白轮蚧的天敌有红点唇瓢虫、中华草蛉、方头甲等。

（3）日本龟蜡蚧

1）危害。日本龟蜡蚧分布于华北、华东、华中、华南、西南等地。寄主有悬铃木、枣、蔷薇、玫瑰、紫薇、玉兰、梅、月季、女贞、海棠、石榴、黄杨、桂花、柑橘、珊瑚树、夹竹桃、罗汉松、广玉兰、白兰、含笑、栀子、海桐、天竺葵、无花果、芍药、唐菖蒲、月桂、木瓜、米兰、阴香、马蹄莲、牡丹、丝兰、剑兰等百余种植物。

2）形态特征

①成虫。雌成虫长 4～5 mm，体淡褐至紫红色，体背有白蜡壳，较厚，呈椭圆形，背面呈半球形隆起，具龟甲状凹纹；蜡壳背面淡红色，边缘乳白色，死后淡红色消失。雄成虫长 1～1.4 mm，淡红至紫红色，触角丝状，眼黑色，翅 1 对，白色透明，具 2 条粗脉，足细小，腹末略细，性刺色淡。

②卵。长 0.2～0.3 mm，椭圆形，初淡橙色，后紫红色。

③初孵若虫。体长 0.4 mm，椭圆形，淡红褐色，触角和足发达，灰白色，腹末有 1 对长毛，周边有 12～15 个蜡角。后期蜡壳加厚，雌雄形态分化。

④蛹。长 1 mm，梭形，棕色，性刺笔尖状。

3）发生规律。该虫一年生 1 代，以受精雌虫在 1～2 年生枝上越冬，翌年春季植株发芽时开始危害，成熟后产卵于腹下。5—6 月为产卵盛期，卵期 10～24 天。初孵若虫多爬到嫩枝、叶柄、叶面上固着取食。8 月中旬至 9 月为化蛹期，蛹期 8～20 天。8 月下旬至 10 月上旬为成虫羽化期。雄成虫寿命 1～5 天，交配后即死亡；雌成虫陆续由叶转到枝上固着危害，至秋后越冬，可行孤雌生殖，子代均为雄性。主要天敌有瓢虫、草蛉、寄生蜂等。

（4）康氏粉蚧

1）危害。康氏粉蚧分布于乌鲁木齐等地温室，可危害梨、李、桑、石榴、夹竹桃等。

2）形态特征

①雌成虫。体扁平，呈椭圆形，长3～5 mm。虫体柔软，淡紫色，密被白色蜡粉。虫体周边有17对白色蜡丝，蜡丝基部较粗，上部尖细，腹部末端的一对蜡丝长，几乎与体长相等。

②雄成虫。体紫褐色，体长约1 mm，具尾毛，翅展约2 mm，翅1对，透明。

③卵。椭圆形，长约0.3 mm，浅橙黄色，产于白色絮状卵囊中。

④若虫。体扁平，椭圆形，淡黄色，体长约0.4 mm，外形与雌成虫相似。

⑤雄蛹。体长1.2 mm，淡紫色。雄茧白色，长形。

3）发生规律。我国北方一年发生3～4代，以卵囊在被害枝干、枝条粗皮缝隙等隐蔽场所越冬。若虫孵化盛期分别在3—4月、7—8月、11月至翌年1月。雌若虫发育期35～50天，雄若虫为25～37天。雌虫产卵时先形成絮状蜡质卵囊，再产卵于囊中，每只雌虫可产卵200～400粒。卵囊多分布于寄主的枝杈、叶腋、干部裂缝等处。康氏粉蚧喜在潮湿、隐蔽处栖息危害。

（5）防治措施

1）加强植物检疫，不让带有介壳虫的苗木接穗、种子、果实、球根等调运。一旦发现介壳虫，应立即采取有力措施消灭。国外常利用介壳虫的天敌进行生物防治，如瓢虫、金小蜂等都能有效抑制介壳虫的发生。

2）采用人工方法防除。结合花木修剪，剪除虫枝、虫叶并集中烧毁，或用毛刷、竹片等工具刷或刮除虫体。

3）采用药剂方法防除。因介壳虫外边有蜡质保护，一般时间段喷药不易见效，须在虫卵孵化期，蚧虫分泌蜡质少、抗药力差的时候防治。初龄若虫用25%噻嗪酮可湿性粉剂、40%毒死蜱乳油、29%石硫合剂水剂、97%矿物油乳油、100 g/L吡丙醚乳油、20%松脂酸钠可溶粉剂等3 000～5 000倍液防治，每隔7～10天喷一次，连续喷2～3次。

2. 螨类

螨类主要有朱砂叶螨、二斑叶螨等，危害月季、郁金香、水仙、鸢尾、仙客来、大丽花、晚香玉等。

（1）朱砂叶螨

1）危害。朱砂叶螨俗称红蜘蛛，属真螨目叶螨科。主要危害月季、野蔷薇、凤仙花、桂花、孔雀草、一串红、蜀葵、石竹、枸杞、梅花、蜡梅、茉莉等花卉，吸食寄主汁液，使叶面褪色为黄褐斑，导致叶片焦枯，提早脱落。

2）形态特征。雌成螨卵圆形，有浓绿、褐绿、黑褐、橙红等色，越冬时橙色；体背两侧各有1个暗红褐色长斑；足4对。雄成螨略呈菱形，多为红色。幼螨近圆形，取食后变暗绿色，足3对。若螨足4对，体色变深，体背出现色斑。

3）发生规律。一年发生10～20代。以受精雌螨在土缝、杂草根际附近群集吐丝结网越冬。卵多产于叶背主脉两侧或蛛丝网下面。7—8月干旱少雨时繁殖迅速。可吐丝下垂，借风力扩散、传播。高温、低湿适于发生。

（2）二斑叶螨

1）危害。二斑叶螨俗称白蜘蛛，主要寄主除苹果、梨、桃等果树外，还有国槐、毛白杨等绿化树种及牵牛花、独行花等。二斑叶螨主要在梨树叶背面取食危害，幼螨、若螨、成螨均能刺吸叶片、芽。受害叶片早期沿叶脉附近出现许多失绿斑痕，严重者变为褐色，树上树下一片枯焦。常会造成大量落叶及二次开花现象，严重削弱树势，影响当年产量和花芽形成。

2）形态特征

①雌成螨。卵圆形，有浓绿、褐绿、黑褐、橙红等色，越冬时橙色。体背两侧各有1个暗红褐色长斑，足4对。

②雄成螨。略呈菱形，多为红色。

③幼螨。近圆形，取食后变暗绿色，足3对。

④若螨。足4对，体色变深，体背出现色斑。

3）发生规律。华北地区每年一般发生8～12代，以橙黄色越冬雌成螨在枝干老翘皮内、根际土壤及落叶、杂草下群集越冬。翌年春平均气温达10 ℃左右时，越冬雌成螨开始出蛰，首先在树下杂草和根蘖嫩叶上取食、繁殖，随后上树危害。6月中下旬开始向全树冠扩散，7月下旬至整个8月份是全年危害高峰期。当气温下降到11 ℃时出现越冬雌成螨，陆续寻找越冬场所。

（3）防治措施

1）经常检查，发现螨类立即除掉；若叶片受害较重，应立即摘除并销毁。

2）喷洒0.3～0.5°Bé石硫合剂、15%哒螨灵乳油、25%三唑锡可湿性粉剂、1.8%阿维菌素乳油3 000倍液，消灭出蛰的越冬雌虫。

3）在幼、若螨活动期，可喷0.05°Bé石硫合剂混加15%哒螨灵乳油2 000倍液，或混加25%三唑锡可湿性粉剂2 000倍液，或25%杀虫脒水剂600～800倍液，或40%毒死蜱乳油、1.8%阿维菌素乳油3 000倍液。

3. 蚜虫

（1）危害。蚜虫主要危害菊花、月季、报春花等。

蚜虫是设施农业生产中的重要害虫，给蔬菜、果树、花卉等植物造成严重的危害，并且能够传播多种植物病毒。随着设施农业的快速发展，栽培面积逐年扩大，蚜虫更是常年发生，危害逐渐加重。保护地内温度条件极适合蚜虫的繁殖，与露地相比，蚜虫繁殖周期短、代数多、速度快，可周年发生。蚜虫每年可发生几十代，并可进行孤雌生殖，蔓延速度极快，迫使用药次数增加，造成农药污染加重，给人们健康带来威胁。保护地蚜虫的种类主要有桃蚜、萝卜蚜、甘蓝蚜等。

蚜虫危害时群集在幼嫩叶片和嫩茎上刺吸汁液，使植株生长缓慢、矮小，香气和香味改变。蚜虫分泌蜜露而引起霉菌滋生影响光合作用，且传播病毒病。一般年份该虫可造成10%～15%的经济损失；如果大发生或病毒病流行，则可造成50%～80%的经济损失，甚至绝收。

（2）形态特征。三种蚜虫形态特征见表7-1。

表7-1　三种蚜虫形态特征

虫态	桃蚜	萝卜蚜	甘蓝蚜
有翅胎生雌蚜	体长约2 mm。头、胸部均黑色。腹部暗绿色，背面有淡黑色的斑纹。复眼赤褐色。额瘤很发达，且向内倾斜。腹管绿色，很长，中后部稍膨大，末端明显缢缩。尾片绿色且大，具3对侧毛	体长1.6～1.8 mm。头、胸部均黑色，腹部黄绿色至绿色。额瘤不显著。第1、2节背面及腹管各有两条淡黑色横带。复眼赤褐色。翅脉黑色。腹管暗绿色，较短，约与触角第5节等长，中后部稍膨大，末端稍缢缩	体长2.2mm。头、胸部黑色。复眼赤褐色。腹部黄绿色，有数条不很明显的暗绿色横带。两侧各有5个黑点。全身覆盖有明显的白色蜡粉。无额瘤。腹管很短（远比触角第5节短），中部稍膨大，尾片短，呈圆锥形，基部稍凹陷，两侧有2～3根长毛
无翅胎生雌蚜	体长约2 mm。全体绿色，但有时为黄色至樱红色。额瘤和腹管同有翅蚜	体长约1.8 mm。全体黄绿色或稍覆白色蜡粉。胸部各节中央有一黑色横纹，并散生小黑点。腹管和尾片同有翅蚜	体长2.5 mm左右。全体暗绿色，也有明显的白色蜡粉。复眼黑色。无额瘤。腹管同有翅蚜

(3) 发生规律。桃蚜在新疆一年发生10～20代，而在华南、西南及北方温室内可终年繁殖危害。其生活史有全周期型和不全周期型。全周期型要经历孤雌生殖和两性生殖；而不全周期型全年营孤雌生殖，不发生有性世代，冬季也以孤雌生殖在蔬菜、花卉上越冬。全周期生活的蚜虫以卵在桃树枝条芽腑腋和缝隙等处越冬，初春孵化为干母，危害桃树嫩叶，成熟后孤雌胎生干雌，4—5月干雌迅速繁殖，5月份开始产生大量有翅孤雌蚜，少数仍留在桃树上继续危害，6、7月份受害最重。在同一地区，全周期型和不全周期型可混合发生，以不同的方式越冬。

桃蚜具有明显的趋嫩习性，有翅孤雌蚜对黄色呈正趋性，对银灰色和白色呈负趋性。蚜虫的传播方式是迁飞和扩散。主动飞行在无风条件下进行，一般飞行距离不超过3 m，高不超过1 m；而被动飞行常受气流影响。桃蚜能够传播病毒。桃蚜一生可交尾数次，雌蚜每交尾1次产1次卵，每次产2～4粒，卵多产在芽缝间、芽背面或树皮裂缝处。该虫生殖力较强，胎生期4～6天，胎生蚜量为15～20只，每只雌蚜产卵10粒左右。

萝卜蚜生活周期为不全周期型或同寄主全周期型，在北方各地一般一年发生10～20代，在新疆以无翅胎生雌蚜随冬菜在菜窖内越冬或以卵在秋白菜和十字花科留种株上越冬。一般越冬卵于3—4月孵化为干母，在越冬寄主上繁殖数代后，产生有翅蚜而转至大田蔬菜上扩大危害。春（4—6月）、秋（9—10月）两季危害最重。

甘蓝蚜一年可发生8～21代。在新疆以卵越冬。越冬卵主要在晚甘蓝上，其次是球茎甘蓝、冬萝卜和冬白菜上。全周期留守型蚜虫，全年只在几种近缘寄主植物之间转移危害。越冬卵一般在4月开始孵化，孵化的蚜虫首先在十字花科种株上繁殖危害，5月中下旬迁移到春菜、油菜和早甘蓝上危害。新疆以6—7月的早甘蓝、7—8月的晚甘蓝、秋白菜和冬萝卜受害最重，一般在10月上旬即开始产卵越冬。甘蓝蚜的发育起点温度为4.3 ℃，最适宜的发育温度为20～25 ℃。

自然条件下三种蚜虫在田间常混合发生，因各地条件不同，种类组成和组成中的数量比例常有差异，大部分地区为萝卜蚜和桃蚜混合发生。

（4）防治措施

1）农业防治

①根据保护地花卉品种布局，优先选用适合当地市场需求的抗虫和耐虫品种。调整播种期，避开当地蚜虫发生高峰期。做好苗床内的防蚜工作，培育无蚜苗。幼苗可带药定植。育苗与生产种植要分棚进行。

②合理安排茬口，避免连作，实行轮作和间作。

③在扣棚膜前，及时清运田间残枝败叶，深埋或烧掉，并铲除或喷洒除草剂灭除田间地边的杂草。

④清除田间杂物和杂草，及时摘除老叶和被害叶片。对因虫毁苗的植物残体要尽早清理，集中堆积后喷药灭杀或者烧毁，减少蚜虫源。

⑤在保护地扣棚膜后维持棚温 20 ℃左右数天，并采用敌百虫烟剂等熏蒸后再播种或定植幼苗。

2）物理防治

①黄板诱杀。利用蚜虫趋黄性，在大棚内挂黄板诱杀。可以将废纸盒或纸箱剪成 30 cm×40 cm 大小，漆成黄色，晾干后涂上机油与少量黄油调成的油膏挂在大棚内，下边距作物顶部 10 cm，每 100 m^2 大棚挂 8 块左右，每隔 7～10 天涂 1 次机油。

②采用银灰色避蚜。在苗床四周铺 15～20 cm 宽银灰色薄膜，苗床上方每隔 50～100 cm 挂 3～6 cm 宽银灰色薄膜；或按铺地膜要求，整好苗圃地，用银灰色薄膜代替地膜进行覆盖，然后播种或栽苗；或用银灰色薄膜代替普通棚膜覆盖小拱棚，在小拱棚上拉 10 cm 宽的银灰色薄膜；或采用银灰色遮阳网、防虫网覆盖苗圃；或在大棚四周挂银灰色薄膜条。

③安装防虫网。保护地的放风口、通风口可使用防虫网阻隔蚜虫由外边迁入。

3）生物防治

①充分利用和保护天敌消灭蚜虫。助迁捕食性的天敌瓢虫、食蚜蝇、草蛉等，寄生性的天敌蚜茧蜂、蚜小蜂等，微生物蚜霉菌等。

②利用植物源农药。如 50%辟蚜雾可湿性粉剂 2 000～3 000 倍液，或 10%烟碱乳油杀虫剂 500～1 000 倍液。

③植物驱蚜。如韭菜的挥发性气味对蚜虫有驱避作用。

4）药剂防治

①洗衣粉对蚜虫有较强的触杀作用，用 400～500 倍液喷两次。若将洗衣粉、尿素、水按 0.2∶0.1∶100 的比例搅拌混合，喷洒受害植株，可收到灭虫施肥一举两得的效果。

②烟草石灰水溶液灭蚜。用烟叶 0.5 kg、生石灰 0.5 kg、肥皂少许，加水 30 kg，浸泡 48 h 过滤，取液喷洒，效果显著。

③初发生蚜虫时，用 4.5%高效氯氰菊酯乳油 2 000～3 000 倍液，或 21%噻虫嗪悬浮剂 3 000 倍液，或 2.5%联苯菊酯微乳剂 5 000 倍液，或 2.5%氯氟氰菊酯乳油 3 000～5 000 倍液，或 10%联苯菊酯乳油 3 000～4 000 倍液，或 50%抗蚜威可湿性粉

剂2 000～3 000倍液，或40%氰戊·杀螟松乳油2 000倍液喷雾。在蚜虫始盛期，用20%氰戊菊酯乳油、20%噻虫胺悬浮剂、5%啶虫脒可湿性粉剂、70%吡虫啉可湿性粉剂、10%环氧虫啉可湿性粉剂2 000～3 000倍液喷雾。

④在傍晚密闭棚膜内，用10%异丙威烟剂或40%敌百虫烟剂熏蒸；或用90%晶体敌百虫，洒在几个装有干锯末的花盆内（分别摆开），每个花盆内放入烧红的煤球，点燃锯末熏烟。

4. 粉虱

粉虱主要危害海棠、一串红、扶桑、五色梅、旱金莲、马蹄莲、瓜叶菊、菊花、大丽花、月季、佛手等花卉。

（1）危害。危害花卉的粉虱主要有温室白粉虱和烟粉虱，属半翅目粉虱总科粉虱科。由于大面积发展保护地蔬菜，温室白粉虱种群数量逐渐上升，成为温室和露地栽培蔬菜、花卉的主要害虫。

上述两种粉虱都是多食性害虫，寄主有黄瓜、番茄、茄子、辣椒、南瓜、豆类等温室蔬菜作物及一些观赏植物，常混合发生，属世界性害虫。均以口针刺入植物韧皮部取食，致被害叶片褪色、变黄、萎蔫甚至死亡。烟粉虱对不同植物有不同的危害症状。十字花科蔬菜受害，表现为叶片萎缩、黄化、枯萎；根茎类的萝卜受害，表现为颜色白化，无味，重量减轻；果菜类如番茄受害，表现为果实不均匀成熟等。粉虱成虫、若虫除直接刺吸植物汁液，致植株衰弱外，还分泌蜜露，诱发煤污病的产生。密度高时，叶片呈黑色，严重影响光合作用和外观品质。两种粉虱传播病毒病是比粉虱本身危害更严重的问题。

（2）形态特征。温室白粉虱和烟粉虱的形态特征见表7-2，具体形态如图7-32和图7-33所示。

表7-2　温室白粉虱和烟粉虱的形态特征

虫态	温室白粉虱	烟粉虱
成虫	雌虫体长（1.06±0.04）mm，翅展（2.65±0.12）mm；雄虫体长（0.99±0.03）mm，翅展（2.41±0.06）mm。虫体黄色。翅面有白色蜡粉，外观呈白色。前翅脉有分叉。左右翅合拢平坦。当与其他粉虱混合发生时，多分布于高位嫩叶	雌虫体长（0.91±0.04）mm，翅展（2.13±0.06）mm；雄虫体长（0.85±0.05）mm；翅展（1.81±0.06）mm。虫体淡黄白色到白色，前翅脉一条不分叉，左右翅合拢呈屋脊状
卵	卵初产时淡黄色，孵化前变为黑褐色	卵在孵化前呈琥珀色，不变黑
4龄若虫（蛹壳）	解剖镜观察：蛹白色至淡绿色，半透明，0.7～0.8 mm；蛹壳边缘厚，蛋糕状，周缘排列有均匀发亮的细小蜡丝；蛹背面通常有发达的直立蜡丝，有时随寄主而异	解剖镜观察：蛹淡绿色或黄色，0.6～0.9 mm；蛹壳边缘扁薄或自然下陷，无周缘蜡丝；胸气门和尾气门外常有蜡缘饰，在胸气门处呈左右对称；蛹背蜡丝有无常随寄主而异
	制片镜检：瓶形孔长心脏形，舌状突短，上有小瘤状突起，轮廓呈三叶草状，顶端有1对刚毛；亚缘体周边单列分布有60多个小乳突，背盘区还对称有4～5对较大的圆锥形大乳突（第4腹节乳突有时缺）	制片镜检：瓶形孔长三角形，舌状突长，匙状，顶部三角形，具1对刚毛；管状肛门孔后端有5～7个瘤状突起

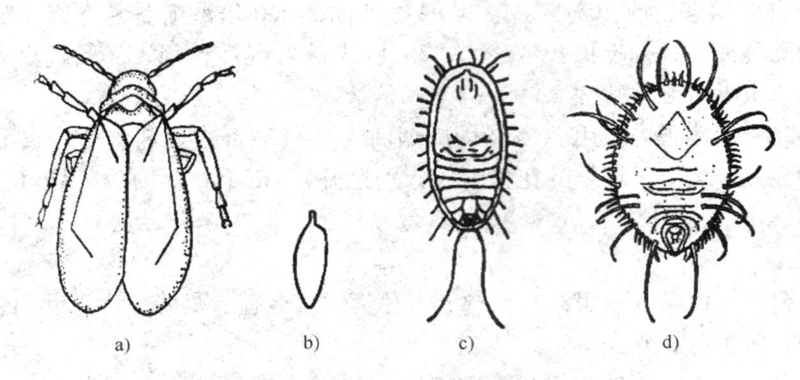

图 7-32　温室白粉虱

a）成虫　b）卵　c）幼虫　d）蛹壳

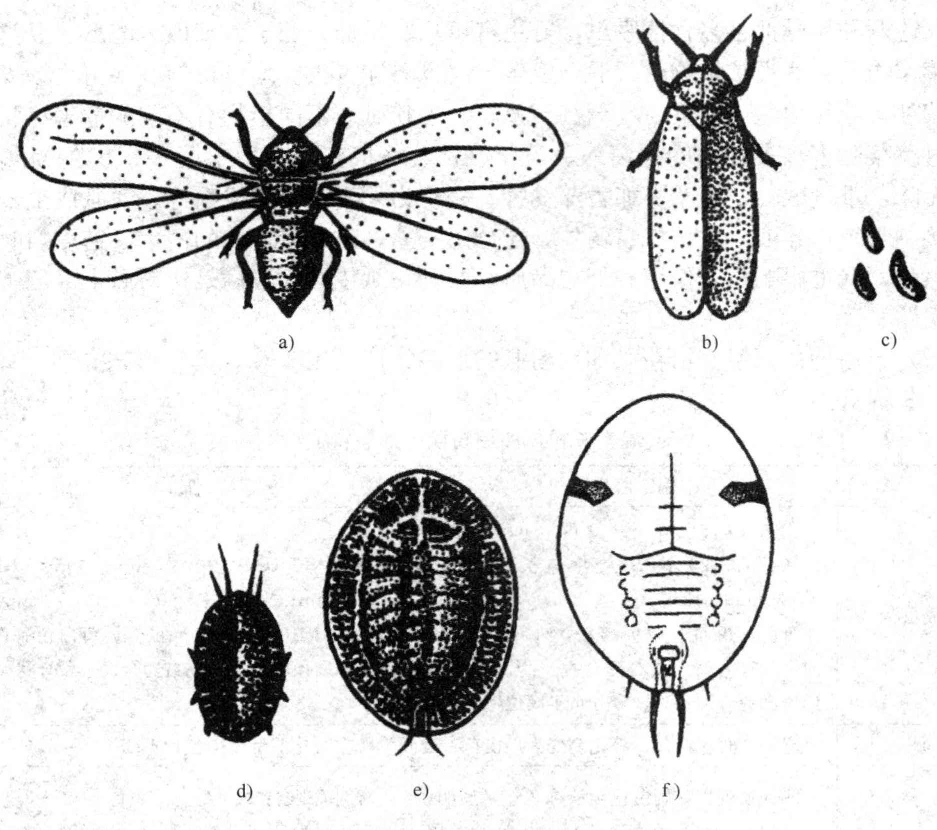

图 7-33　烟粉虱

a）成虫　b）成虫静止状　c）卵　d）若虫　e）蛹　f）蛹壳

（3）发生规律

1）温室白粉虱。温室白粉虱在温室内一年发生 10～12 代，在北方地区一年发生 9 代。在室外不能越冬，而以各种虫态通过各种渠道进入温室、花窖或养花者居室内繁殖过冬。世代严重重叠。翌年春季后，多从越冬场所向阳畦和露地蔬菜上逐渐迁移扩散，前期虫口密度增长较慢，7—8 月虫口密度增长较快，8—9 月危害十分严重。10 月下旬后因气温下降，虫口密度逐渐减小，并开始向温室内迁移或越冬。

温室白粉虱喜群集于嫩叶上取食危害，栖息在被害寄主叶背面，有强烈的集中性。不善于飞翔，在田间多先点片发生，后逐渐扩散蔓延。成虫羽化时蛹壳背面前半部出现 T 字形裂口，成虫从此裂口中钻出，羽化多在清晨进行。初羽化的成虫翅尚未完全展开，蜡粉不显著，不能飞行，但能迅速取食，不久便分泌白色蜡粉，第二天便可正常飞行。成虫活动适温为 25～30 ℃，当温度达到 40.5 ℃时活动明显下降。成虫对黄色、绿色有较强的趋性。成虫有两性生殖和孤雌生殖的能力，前者所产生的后代均为雌虫，后者所产生的后代均为雄虫。成虫羽化后很快就可交配，雌雄常成对并列排在一起，一生可交配多次。交配后经 1～3 天产卵，喜产卵于植株上部嫩叶上。雌虫一生平均产卵 120～130 粒，最多达 534 粒。卵大多产在叶片背后，少数产在叶片正面或茎上，15～30 粒排列成环状或散产，有一小卵柄从气孔插入叶片组织内，与寄主植物保持水分平衡，极不易脱落。

温室白粉虱有趋嫩叶产卵的习性。随着作物新叶生长，成虫亦逐步上移产卵。由于早产的卵发育早，因此，在植株不同的层次出现不同的虫态。即最上部嫩叶以成虫和新产的卵最多，稍下部多为变黑的卵，其下多为初龄若虫，再下为中老龄若虫，最下部则以蛹、蛹壳为多。

2）烟粉虱。烟粉虱在温暖地区，主要以成虫在杂草和花卉上越冬。春季和夏季迁移至经济作物，当温度上升时虫口密度迅速增加，一般在夏末暴发成灾。成虫常在作物幼嫩部产卵，雌虫产卵平均 160 粒左右，最高可达 500 粒。成虫寿命一般 14 天左右。与温室白粉虱相比，若虫对植物取食频率高且消化时间短，危害更严重。

烟粉虱在干旱、高温的气候条件下易暴发，适宜的温度范围宽，耐高温和低温能力较强。发育适宜温度范围在 23～32 ℃。完成一个世代所需时间随温度、湿度和寄主有所变化，一般变动在 16～38 天。

（4）防治措施

1）农业防治。对粉虱的防治，首先应注意培育“无虫苗”，把苗房和生产温室分开，育苗前彻底熏杀残余虫口，彻底清除杂草残株，在通风口密封尼龙纱，控制外来虫源。在温室、大棚附近避免种植黄瓜、番茄及其他粉虱发生危害严重的蔬菜，以减少虫源。

2）物理防治。粉虱对黄色有强烈趋性，可在温室内设置黄板诱杀成虫。方法是取 1 m×0.2 m 硬纸板或纤维板，用油漆涂为橙黄色，然后涂上机油置于行间，可与植株高度相同，每公顷设置 480～510 块。当白粉虱粘满时，应及时重涂机油，一般 7～10 天重涂一次。

3）生物防治。人工助迁草蛉，释放丽蚜小蜂。此外，亦可用粉虱座壳孢菌防治温室白粉虱，施药后 7 天，卵和初孵若虫的感染率达 90%左右。

4）药剂防治。点片发生就应立即防治，药剂可用 70%啶虫脒水分散粒剂、32%联苯・噻虫嗪悬浮剂、5%啶虫脒乳油、10%溴氰虫酰胺可分散油悬浮剂、25 g/L 联苯菊酯乳油、20%吡虫啉可溶液剂、22%噻虫・高氯氟微囊悬浮-悬浮剂等。

5. 蓟马类

蓟马类害虫主要有棕黄蓟马、花蓟马、烟蓟马等，危害唐菖蒲、兰花、菊花、月季、牡丹、大丽花、郁金香、香石竹、金盏菊等的叶片和花。

（1）危害。在保护地蔬菜上危害的蓟马类害虫主要有棕黄蓟马、瓜蓟马和西花蓟马，均是体型很小的害虫。成虫和若虫喜在蔬菜作物幼嫩的芽、茎、叶、花、果等处吸食汁液。叶片受害处出现黄白色斑点，严重时斑点连成片，使整片叶呈灰白色，或叶片上出现锈褐色斑点，卷缩扭曲；嫩茎芽受害，新芽僵缩、生长受阻，或枝叶丛生，或茎上形成伤疤；花器受害，造成落花，影响结实；幼果受害，僵硬畸形，生长停止，严重时落果，或果上形成伤疤，或出现锈褐色斑点。寄主范围很广，包括葫芦科、豆科、十字花科、茄科等几十种寄主植物。现以棕黄蓟马为例说明蓟马类害虫的防治。

（2）形态特征（见图 7－34）。成虫体长 1 mm，金黄色；头近方形，复眼稍突出，单眼 3 只，呈红色三角形排列，单眼间鬃位于单眼三角形连线外缘；触角 7 节，呈鞭状；翅 2 对，周围有细长缘毛；腹部扁长。卵长 0.2 mm，长椭圆形，淡黄色。若虫黄白色，3 龄复眼红色。

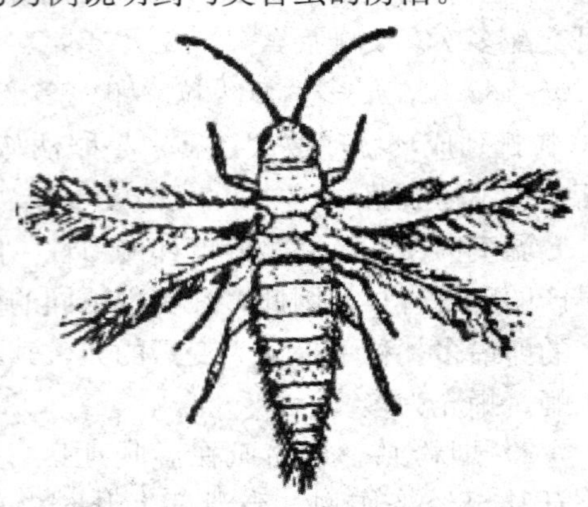
图 7－34　棕黄蓟马

（3）发生规律。棕黄蓟马发育适温为 15～32 ℃，在 2 ℃仍能存活，但骤然降温易死亡。成虫活跃、善飞、怕光，具有嗜蓝色特性。多数在中上部叶背危害，少数在生长点或嫩梢及幼果上取食。雌成虫主要行孤雌生殖，卵散产于叶肉组织内，雌虫产卵 40～60 粒。若虫怕光，到了龄末停止取食，顺植物茎秆落入根部表土化蛹。在保护地条件下每年可发生 11～13 代。

单元 7

（4）防治措施

1）农业防治。清理越冬场所，做好扣棚前的灭虫工作。在前茬寄主植物收获时，把茎、叶、秸秆连同大棚周围杂草一起清理干净，进行粉碎沤肥或深埋。棚内土壤深翻 25～30 cm，把表土层翻到下面。

2）物理防治。根据棕黄蓟马对温度差反应敏感的特性，冬季在定植前 15～20 天将大棚覆膜，密封 8～10 天后，当土壤中蓟马基本羽化出土时，夜间将棚模上方掀开进行通风降温，使其死亡。这样经过几天的温差处理，可将土壤中 90％以上蓟马消灭，此法效果甚佳。

利用棕黄蓟马趋蓝色的习性，在花卉种植行间悬挂两面涂不干胶的蓝色诱集带或诱集板诱集成虫。

3）药剂防治。幼苗移栽前对土壤用敌百虫进行处理。可选用 5％甲氨基阿维菌素苯甲酸盐微乳剂、5％啶虫脒乳油、25％噻虫嗪水分散粒剂、10％多杀霉素悬浮剂 1 500～2 000 倍液喷雾防治，注意往叶背面喷药。

6. 椿象类

（1）危害。椿象类害虫主要有绿盲蝽、细毛蝽等，以成虫、若虫刺吸嫩叶、嫩芽和花蕾，危害菊花、一串红、月季等。

（2）形态特征。成虫体长 5 mm，绿色，密被短毛。复眼黑色。触角 4 节，丝状，约为体长 2/3，从基体向端部颜色逐渐变深。前胸背板深绿色，后足腿节末端具褐色环斑。卵长约 1 mm，黄绿色，长口袋形，卵盖奶黄色，中央凹陷，两端凸起，边缘无附属物。若虫有 5 龄。老熟若虫体鲜绿色，密被黑细毛；触角淡黄色，端部色渐深。

（3）发生规律。一年 3～5 代，以卵在花卉上或苜蓿茎秆、果树皮或断枝内及土中越冬。翌春旬均温高于 10 ℃或连续 5 日均温达 11 ℃，卵开始孵化。第一、二代多危害苜蓿等作物。非越冬代卵多散产在嫩叶、茎、叶柄、叶脉、嫩蕾等组织内，6 月中旬棉花现蕾后迁入棉田，7 月达高峰，8 月下旬棉田花蕾渐少，便迁至其他寄主上危害蔬菜或果树。

（4）防治措施

1）成虫春季出蛰活动前，彻底清除杂草、枯枝、落叶，并集中烧毁或深埋，以消灭越冬成虫。9 月在树干上束草，诱集越冬成虫，清园时一起处理。

2）防治椿象类害虫的关键时期有两个：一是越冬成虫出蛰至第一代若虫发生期，最好在花后、成虫产卵之前，以压低春季虫口密度；二是夏季大发生前喷药，以控制 7—8 月危害。喷施 5%吡虫啉乳油或 10%吡虫啉可湿性粉剂 2 000～3 000 倍液，喷药时注意叶背面，连喷两次效果更好。

二、食叶害虫

各种蛾、蝶类的幼虫，金龟子、象甲、叶蜂等都属于食叶害虫。其危害的共同特点是植株受害部位破损。

1. 刺蛾

（1）危害。危害花木的主要有黄刺蛾、褐边绿刺蛾、扁刺蛾、丽绿刺蛾、中国绿刺蛾、黑纹白刺蛾等多种。幼龄幼虫只食叶肉、残留叶脉，将叶片啃食成网状；幼虫长大后，将叶片吃成缺刻，仅留叶柄和主脉。主要危害月季、蔷薇、黄刺玫、樱花、贴梗海棠、紫荆、芍药、梅花、珍珠梅、石榴、白兰、栀子、荷花、桂花、枇杷、桃、枫等。

（2）形态特征。黄刺蛾具有以下形态特征。

1）成虫（见图 7－35）。雌成虫体长 15～17 mm，雄成虫体长 13～15 mm。头胸黄色，腹背部黄褐色。前翅近基部黄色区域内有 2 个深褐色点，雌成虫尤为明显。前翅外半部黄褐色，有 2 条暗褐色斜纹，会合于翅尖，呈倒“V”字形。后翅灰黄色。

图 7－35　黄刺蛾成虫

2）卵。椭圆形，扁平，长约 1.5 mm，淡黄绿色。

3）老熟幼虫（见图 7－36）。体长约 25 mm，肥大，呈长方形，初孵时呈黄色，老熟后变黄绿色，背面有一淡紫褐色哑铃形的大斑纹。体自第 2 节起，各节有 2 对枝刺，以第 3、4、10 节为大，枝刺上长有黑色刺毛。

4）蛹。椭圆形，长约 12 mm，黄褐色。

5）茧（见图 7－37）。椭圆形，形似雀蛋，质地坚硬，灰白色，上有褐色条纹。

（3）发生规律。一年发生 2 代，以老熟幼虫在小枝分杈处以及树干粗皮上结茧越冬。第一、二代成虫分别出现在 5 月下旬至 6 月上旬及 7 月下旬至 8 月上中旬。成虫具趋光性。卵散产于叶背，卵期 5～6 天。幼虫共 7 龄，初孵幼虫啮食叶肉，残留表皮。成长后蚕食叶片，造成缺刻或仅剩叶柄主脉。幼虫老熟时先吐丝缠绕树干，后吐丝分泌黏液结茧。该虫在林缘、疏林和幼树林发生量大，危害严重。幼虫身上刺毛有毒，能刺激皮肤，影响健康。结茧部位多在距离地面 50～100 cm 的基干处。

图 7－36　黄刺蛾老熟幼虫

图 7－37　黄刺蛾茧

（4）防治措施。人工消灭越冬虫茧。木本花卉落叶后，观察树枝树杈有无虫卵，一旦出现，立即用刀刮下，虫卵多时连枝剪下销毁。

幼虫危害期及时喷洒 90％敌百虫可溶粉剂、25 g/L 溴氰菊酯乳油、25 g/L 高效氯氟氰菊酯乳油、1％甲氨基阿维菌素苯甲酸盐乳油、6％阿维菌素·氯虫苯甲酰胺悬乳剂等 2 000～3 000 倍液。

2. 蓑蛾

（1）危害。常见危害花木的有大蓑蛾、茶蓑蛾、碧皑蓑蛾、白囊蓑蛾等，主要危害桃、梅、柑橘、葡萄、枇杷、山茶、樱花、蜡梅、冬青、石榴、蔷薇、海桐、丁香、木兰等。

（2）形态特征（见图 7－38）。大蓑蛾具有以下形态特征。

1）成虫。雄虫有翅，体长 13～22 mm，翅展 35～44 mm，体黑褐色，胸部背面有 5 条黑色纵纹，前翅红褐色，有黑色和棕色斑纹，并有 4～5 个透明斑。雌虫无翅，体肥大、粗壮，米黄色，体长 17～25 mm。

2）幼虫。体长 25～40 mm，头部暗褐色，胸部各节背面黄褐色，上有黑褐色纵斑纹。护囊纺锤形，长 52～80 mm，其上常缀附碎叶片或小枝条。

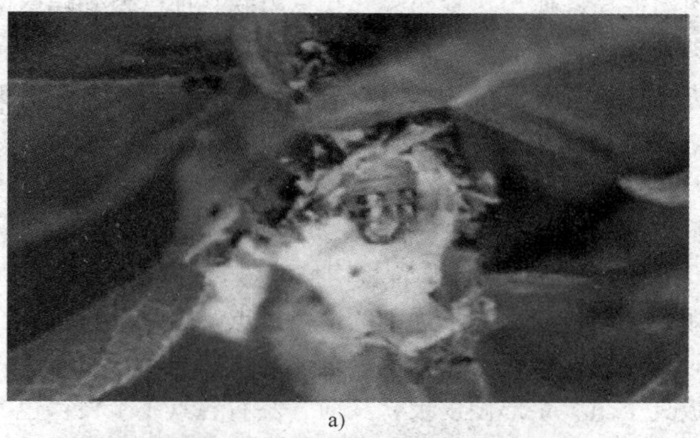

a)

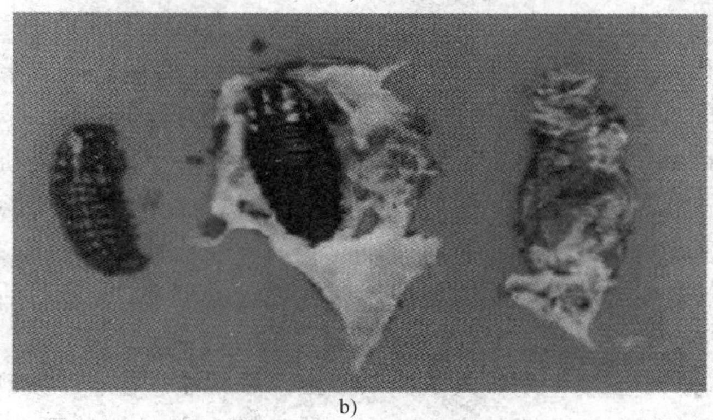

b)

图 7 - 38　大蓑蛾

a）幼虫　b）越冬幼虫

（3）发生规律。一年发生 1 代。以老熟幼虫在护囊中越冬，次年不再转移取食。4 月初老熟幼虫化蛹，4 月下旬开始羽化。雌虫羽化后留在护囊内，雄虫羽化后爬出护囊。性成熟后雌虫将头部伸出护囊外，释放性信息素，招引雄虫飞至护囊上，将腹部伸入末端护囊的孔口与雌虫交尾。2～4 天后，雌虫开始在护囊内产卵而后死亡。幼虫孵化后，在护囊内停留 3～5 天后钻出，靠风力或吐丝扩散蔓延，遇枝叶便降落附着，疾速吐丝缀叶营造护囊，隐蔽其体，终生躲藏其中。取食时将头伸出，负袋转移。6—8 月危害最重。天气干旱，也易猖獗成灾。幼虫喜光，故多聚集于树枝梢头危害。老熟幼虫 10 月以后陆续寻找适宜寄主上的枝条固定护囊，在其内越冬。

（4）防治措施。人工摘除护囊。在幼虫初孵期喷洒 90%敌百虫可溶粉剂、25 g/L 溴氰菊酯乳油、25 g/L 高效氯氟氰菊酯乳油 1 500 倍液。由于此虫有护囊，喷药时要多喷些药液，傍晚喷药效果更好。

三、蛀干害虫

蛀干害虫是指钻蛀花木枝条、茎干内，造成孔洞或隧道的害虫。危害花木的蛀干害虫主要有天牛、木蠹蛾、吉丁虫、茎蜂、大丽花螟蛾等。

1. 天牛

（1）危害。天牛成虫生活于花木上，取食花粉、嫩枝及叶子。幼虫钻蛀危害，常将枝茎蛀空，阻碍树液流通，使树势衰弱，并常易引起其他害虫和病菌侵入。草本花卉的茎被蛀食成隧道，常导致枯萎而死。常见危害花木的天牛有星天牛、桑天牛、菊天牛、茶天牛、光肩星天牛、桃红颈天牛、顶斑筒天牛、双条杉天牛、云斑天牛等。被害花木主要有柑橘、桃、樱花、无花果、海棠、枇杷、菊花、荷兰菊、杭菊、蛇眼菊、金鸡菊、大宾菊等。

（2）形态特征（以星天牛为例）。体长 25～40 mm，黑色，具金属光泽。触角第 3～11 节各节基部具蓝白色毛环。前胸背板中瘤明显，两侧具尖锐粗大的侧刺突。鞘翅基部密布黑色小颗粒突起，翅面具不规则的白色斑点，略呈 5 行排列。卵长椭圆形，长 5～6 mm。初产时乳白色，孵化时黄褐色。老熟幼虫体长 40～60 mm，圆筒形，略扁，乳白色。前胸背板具“凸”字形硬皮板，其前方左右各具 1 个黄褐色飞鸟形斑纹。

（3）发生规律。星天牛一年发生 1 代，以老熟幼虫在树干蛀道内越冬。翌年 4 月幼虫陆续在蛀道内化蛹，5 月中下旬开始羽化，6 月为羽化盛期。成虫啃食寄主幼嫩枝梢补充营养，1～2 周后交尾，6 月中下旬至 7 月上中旬为产卵盛期。卵产于树干的皮层内，以基部向上 10 cm 居多。产卵时先在树干皮层上咬一呈“八”字形或“T”字形刻槽，再于刻槽内产卵 1 粒。雌虫一般可产卵 20～30 粒，高的可达 70 多粒。初孵幼虫蛀食皮层，后逐渐蛀入木质部危害，并向外排泄粪屑，受害部位往往有酱油状液体渗出。发生严重时植株布满蛀道，生长受阻，甚至整株枯死。幼虫 11 月后活动减少，开始陆续越冬。

（4）防治措施。成虫发生期，人工捕杀成虫。经常注意检查，发现有卵和幼虫危害时，立即用利刀除去虫卵，消灭幼虫。从虫孔处注射 90％晶体敌百虫、3％高效氯氰菊酯微囊悬浮剂、8％氯氰菊酯微囊剂、40％噻虫啉悬浮剂、15％吡虫啉微囊悬浮剂 100 倍液，或用棉花等蘸敌百虫液毒杀。

2. 木蠹蛾

（1）危害。危害花木的木蠹蛾主要有六星黑点木蠹蛾、荔枝拟木蠹蛾、咖啡木蠹蛾、柳木蠹蛾等。被害花木主要有石榴、梅花、樱花、蜡梅、木槿、广玉兰、山茶、栀子、丁香、槭、榔榆、白蜡、黄杨等。

（2）形态特征（见图 7－39）。以芳香木蠹蛾东方亚种为例。成虫体灰褐色；前翅翅面灰褐色，密布黑褐色横纹，前缘有 8 条短黑纹；后翅浅褐色。老熟幼虫头部黑色，胸腹部背面紫红色。

图 7－39　芳香木蠹蛾东方亚种成虫

(3) 发生规律。芳香木蠹蛾东方亚种两年发生 1 代，以幼虫在木质部虫道内或土中越冬。幼虫先在皮下蛀食，把木质部表面蛀成槽状蛀坑，致使木皮分离，极易剥落。虫体长大后便蛀入木质部，形成不规则的坑道，破坏输导功能，造成树干、树枝枯死。

(4) 防治措施。冬季结合修剪，剪除虫枝，消灭其中越冬幼虫。成虫发生期，点灯诱杀成蛾。用棉花蘸 40%敌百虫 10～20 倍液塞入洞口，并用黏泥密封，毒杀幼虫。

3. 吉丁虫

(1) 危害。危害花木的吉丁虫主要有金缘吉丁虫、六星吉丁虫、苹果小吉丁虫、柳吉丁虫、合欢吉丁虫等，主要危害梅花、樱花、桃花、五角枫、糖槭等。

(2) 形态特征。苹果小吉丁虫具有以下形态特征。

1) 成虫。体长 6～9 mm，紫铜色，并有金属光泽。头扁平，复眼大、肾形。前胸发达，呈横长方形，前胸背板中央有一突起伸向后方，与中胸愈合。腹部腹面 5 节，第 1、2 节合并；腹部背面可见 6 节，蓝色发亮。

2) 卵。椭圆形，长约 1 mm，初产时乳白色，后渐变为黄褐色。

3) 幼虫。老龄幼虫体长 16～22 mm，体扁，念珠状。淡黄色，无足。头小，褐色，大部缩入前胸内。前胸特别宽大，中后胸较小。腹部 11 节，第 7 节较宽，末节有一对锯齿状褐色尾刺。

4) 蛹。体长 6～8 mm，裸蛹，初为乳白色，渐变为黑褐色。

(3) 发生规律。苹果小吉丁虫在北方果区一年发生 1 代，以幼虫在寄主枝干、枝条皮层内越冬。翌年 3 月中下旬开始活动，继续在皮层内危害，虫道内有褐色粪便阻塞，被害部位皮层枯死，凹陷干裂，表面呈褐色。幼虫喜在向阳面枝干上危害，4—5 月是危害盛期。5 月下旬至 6 月上旬幼虫逐渐老熟，蛀入木质部，并做一船形蛹室化蛹，前蛹期 10 天，蛹期 10～12 天。成虫羽化后一般在虫道内停留 8～10 天，随后将皮层咬成半椭圆形的羽化孔，从中爬出。6 月下旬出现成虫，发生盛期在 7 月中旬至 8 月上旬。成虫有假死性，喜光，多在晴天中午活动，取食叶片成不规则缺刻状。雌虫大都在枝干向阳面的粗皮缝隙和芽的两侧、小枝基部等不光滑的部位产卵。雌虫产卵 50～60 粒，一次产卵 1～3 粒，成虫寿命 20～30 天，卵期 10～14 天。8 月份是幼虫孵化盛期，初孵幼虫蛀入皮层不危害，至 11 月上中旬越冬。

(4) 防治措施。利用成虫假死习性，于清晨人工振枝捕杀。成虫羽化出洞前和幼虫危害期，可在茎干上涂 40%敌百虫 20～30 倍液，重复 2～3 次。

四、地下害虫

地下害虫是指在土中危害花卉根部或近地表主茎的害虫，常见的有蛴螬、地老虎、蝼蛄、大蟋蟀、种蝇幼虫等，危害多种花卉的种子、幼根、幼苗、嫩茎。

1. 黄地老虎

(1) 危害。该害虫在全国均有分布，主要危害植物根部。

(2) 形态特征

1) 成虫。体长 15～18 mm，翅展 32～43 mm，全体淡灰褐色或黄褐色，雄蛾触角双栉形。前翅灰褐色，基线与内横线均双线褐色，后者波浪形，剑纹小，黑褐边；环纹中央有一个黑褐点，黑边，肾纹棕褐色、黑边；中横线褐色，前半明显，后半细弱，波浪形；外横线褐色，锯齿形，亚缘线褐色，外线衬灰色，翅外缘有一列三角形黑点。后翅白色半透明，前后缘及端区微褐，翅脉褐色，雌蛾色较暗，前翅斑纹不显著。

2）卵。高 0.44～0.49 mm，宽约 0.70 mm，扁圆形，顶端较隆起，底部较平，黄褐色。

3）幼虫。体长 35～45 mm，黄色，腹部末端硬皮板中央有黄色纵纹，两侧各具一黄褐色大斑。前胸盾淡褐色，背线、亚背线和气门线淡褐色。

4）蛹。体长 15～20 mm，黄褐色，第 5～7 腹节背面前缘中央至侧面被密而细的刻点 9～10 排，端部刻点较大，半圆形，腹面亦有数排刻点。腹末臀棘稍长，生粗刺 1 对。

（3）发生规律。华北地区一年发生 3～4 代，以老熟幼虫在土壤浅上层越冬。翌年 3 月下旬开始化蛹，4 月中下旬进入化蛹盛期，5 月为羽化盛期。成虫昼伏夜出，喜食糖、醋等香味物质，有趋光性。4 月下旬开始产卵，5 月中旬为产卵盛期，卵多产于叶片背面。6—10 月为幼虫危害期。初孵幼虫取食叶片，严重时造成整株萎蔫死亡。一般春秋两季危害最重，春季危害重于秋季。10 月末幼虫陆续越冬。

（4）防治措施。苗床要精耕细作，适当深翻，适时灌水和除草，并施用充分腐熟的有机肥料，可抑制地下害虫的发生。播种时用 90%敌百虫粉剂拌种，用药量为种子重量的 0.1%即可。

2. 金龟子

（1）危害。金龟子成虫是花木重要的食叶害虫，幼虫是地下害虫。常见危害花木的有铜绿金龟子、白星花金龟子、东方金龟子、苹毛金龟子、四纹丽金龟子、小青花金龟子、豆蓝金龟子、华北大黑鳃金龟子等。被害花木有丁香、月季、菊花、珍珠梅、樱花、木槿、桃、梅花、柑橘等。

（2）形态特征

1）铜绿金龟子。成虫体长 18～21 mm，长卵圆形，头、胸、背部深绿色，前胸背板两侧淡黄色，鞘翅铜绿色，具金属光泽，腹面多乳黄色或黄褐色。

2）白星花金龟子。成虫体长 18～22 mm，背面扁平，古铜色、铜黑色或铜绿色，具中等光泽；前胸背板及鞘翅具众多条形、波形、点状或云状白斑，且大致左右对称；触角黑褐色，10 节，雄虫鳃片部明显长于其前 6 节之和。卵椭圆形或球形，乳白色。老熟幼虫体长 25～40 mm，乳白色，肥大，肛腹片上的刺毛呈倒“U”形两纵行排列。蛹椭圆形，长 20～23 mm。

（3）发生规律。铜绿金龟子发生规律是一年发生 1 代，以幼虫在土中越冬，翌年 4 月间上升土表危害作物幼根，5 月上中旬在 5～10 cm 深的土层中做土室化蛹，蛹期约三周。6 月初出现成虫，6 月中旬至 7 月上旬为羽化盛期。危害严重期集中在 6 月至 7 月上中旬，约 40 天。成虫昼伏夜出，白天潜伏于表土内，傍晚飞入果园群集，以傍晚 20 时至 21 时 30 分灯诱数量最多，22 时以后数量较少。成虫有假死性和很强的趋光性，喜在豆地、花生田、杂草地约 10 cm 深处产卵，雌虫一生可产卵 20～40 粒，产卵期为 4～10 天。幼虫孵化后取食作物根部，秋后下潜深层土内蛰伏越冬。

（4）防治措施。人工捕杀成虫。黄昏时点灯诱杀铜绿金龟子。金龟子盛发期喷洒 90%敌百虫可溶粉剂、25 g/L 溴氰菊酯乳油、25 g/L 高效氯氟氰菊酯乳油、5.7%氟氯氰菊酯乳油、100 亿孢子/g 金龟子绿僵菌乳粉剂 1 500～2 000 倍液等。

五、线虫

（1）危害。线虫主要危害菊科、报春花科、蔷薇科、凤仙花科、秋海棠科等花卉。危害方式主要有两种：一种是线虫侵入幼苗根部，在主根和侧根上产生大小不等的瘤状物，根瘤表面粗糙，呈褐色，受害严重时细根腐烂、叶子枯黄而死，如仙客来根结线虫病等；另一种是线虫从叶表气孔钻入内部组织，受害叶片变成淡绿色，并带有淡黄色斑点，后期斑点呈黄褐色，叶片干枯变黑，受害严重时花细小呈畸形，且易枯萎，如菊花叶枯线虫病等。

（2）症状特征。发病较轻植株地上部症状不明显；病重植株矮小萎黄，影响开花。叶片上尖缘破缩变黄，提早落叶，甚至整株枯死。在发病植株须根部出现成串大小不等的圆形瘤状物。

线虫病病原为北方根结线虫。线虫卵的两端宽而圆，一侧微凹似肾形，包于棕色的卵囊内。幼虫线状，无色透明，头钝，尾稍尖。雌雄成虫异形。雄成虫蠕虫状，灰白色，前端略尖，后部钝圆；雌成虫洋梨形或桃形，乳白色，前端尖细，后端椭圆形、球形或圆形。

（3）发生规律。病原线虫主要以卵和幼虫在根结中或土壤、粪肥中越冬。当土壤温度适宜时，在卵内发育成 1 龄幼虫，破卵而出成为 2 龄幼虫，侵入寄主，在根结内发育为成虫，成虫发育成熟交尾产卵，卵集中在雌虫阴门处的卵囊内。卵囊常外露于根结之外，遗落于土壤中，继续孵化侵染。线虫一年可完成 3 个世代以上。通气良好的近陵地或沙壤土地发病严重，干旱少雨年份发病重。

（4）防治措施

1）选购水仙球、仙客来时，仔细检查是否发育正常，是否有病斑或虫瘿；购买牡丹、芍药等花卉，仔细观察枝叶发育是否正常，必要时打开土球，检查根部是否有虫瘿。

2）改善栽培条件。在伏天翻晒几次花圃内的土壤，可以消灭大量病原线虫；清除病株、病残体及野生寄主；合理施肥、浇水，使植株生长健壮，提高抗病力。

3）土壤消毒。庭园栽植或盆栽都要选用新土或对旧土进行消毒。

4）药剂防治。用 0.5 kg 甲醛加水 57.5 kg 浸球茎，用 20％噻唑膦水乳剂灌根。

单元测试题

1. 花卉的病害分为哪几类？举例说明。
2. 病虫害防治的主要措施有哪几类？
3. 一、二年生花卉主要病害有哪些？举例说明。
4. 宿根花卉主要病害有哪些？举例说明。
5. 球根花卉主要病害有哪些？举例说明。
6. 观赏花木类花卉主要病害有哪些？举例说明。
7. 观叶花卉主要病害有哪些？举例说明。
8. 花卉的主要虫害有哪些？